本书由国家自然科学基金项目（52225902、52170176、72161147003）资助

我国小水电发展及其生态
环境影响研究

庞明月　张力小　著

中国环境出版集团·北京

图书在版编目（CIP）数据

我国小水电发展及其生态环境影响研究 / 庞明月，
张力小著 . -- 北京：中国环境出版集团，2024.8.
ISBN 978-7-5111-5958-8

Ⅰ. X321.2

中国国家版本馆 CIP 数据核字第 2024YJ5374 号

责任编辑　殷玉婷
封面设计　宋　瑞

出版发行　**中国环境出版集团**

　　　　　　（100062　北京市东城区广渠门内大街 16 号）

　　　　　　网　　　址：http://www.cesp.com.cn

　　　　　　电子邮箱：bjg1@cesp.com.cn

　　　　　　联系电话：010-67112765（编辑管理部）

　　　　　　　　　　　010-67112736（第五分社）

　　　　　　发行热线：010-67125803，010-67113405（传真）

印　　刷　北京中科印刷有限公司
经　　销　各地新华书店
版　　次　2024 年 8 月第 1 版
印　　次　2024 年 8 月第 1 次印刷
开　　本　787×1092　1/16
印　　张　20.75
字　　数　375 千字
定　　价　98.00 元

中国环境出版集团郑重承诺：
中国环境出版集团合作的印刷单位、材料单位均具有中国环境标志产品认证。

内容简介

本书详细梳理了我国小型水电站（以下简称小水电，装机容量在 5 万 kW 及以下的水电站）资源分布、开发历史、现状及存在的生态环境问题，基于生物物理视角，系统解析了我国小水电的生态影响机理；从系统生态学出发，将生态系统服务损失作为虚拟投入纳入核算体系，同时将投入产出分析方法与能值分析方法相结合，构建了 Eco-LCA 模型及其数据库；开展了我国不同地区、不同模式、不同梯级强度的小水电开发的可持续性评估，揭示了生态能量视角下小水电开发的生态影响机制；基于生命周期评价方法，系统核算了小水电全生命周期的环境影响及节能减排收益。相关研究结论对权衡开发与保护以及优化小水电开发提供理论支持和实践指导，并为其他发展中国家可持续开发小水电提供范式。

本书可供水利工程、产业生态学等领域的研究人员及政府有关部门的决策人员阅读和参考。

前　言

　　在我国众多可再生能源利用技术中，小水电开发技术最为成熟，投资规模小且电能输出稳定，经济效益相对较好。半个多世纪以来，小水电为我国农村电气化、偏远山区经济发展以及能源结构持续优化作出了重要贡献，对我国实现联合国可持续发展目标以及碳达峰碳中和都具有重要意义。然而，近年来多地小水电过度开发导致河流断流现象频发，其开发备受争议。作为最重要的可再生能源之一，小水电是否是一种低影响的可再生能源选择，成为当前首先要回答的问题。因此，通过梳理我国小水电发展历史、现状及存在的生态环境问题，解析其开发过程中所引起的景观变化、资源消耗等生态影响机制，明确不同开发特点的小水电生态影响，探寻其中相对适宜的开发条件，并系统量化小水电相较化石能源的节能减排收益，对优化小水电发展策略等具有非常重要的意义。

　　在小水电的建设阶段，大量社会经济资源的投入不仅导致当地系统原有景观结构被破坏，森林、草地等自然生态系统被水工建筑物占用，也会在这些社会经济资源的上游生产过程中产生一系列生态环境影响；运行期间，小水电改变了河水的下泄时间，从而改变河流水体的自然时空分布，对河流生态系统产生干扰。研究表明，小水电对本地资源的转化能力较高而环境负荷较低，其系统可持续性要优于大水电，但若挤占河流生态需水，破坏水生生物栖息地，其对当地生态环境的压力会急剧增大，系统表现为不可持续；从采用构建的混合 Eco-LCA 模型进行分析可以看出，在不同地区的小水电开发中，水能资源丰富程度是其生态影响的关键因素；在小水电不同的开发模式中，水工建筑结构简单的引水式生态影响最小，混合式次之，筑坝式对生态系统的扰动最大；在不同强度的梯级小水电开发中，适当密度的梯级开发可以优化河流的水电开发效益，而过于密集的梯级开发则会降低整体效益，出现边际效应；但生命周期评价结果显示，相较化石能源，小水电具有良好的节能减排收益。通过对小水电的生态环境影响进行解析和量化，以期构建我国小水电的全生命周期生态环境影响分析框架，为其他工程项目尤其是可再生能源开发的生态环境影响研究提供方法学参考。

本书的目的在于通过梳理我国小水电的开发历史及现状、解析其在建设和运行过程中的生态环境影响、建立我国小水电开发全生命周期生态环境影响分析模型。通过选取典型案例，对不同地区、不同模式及不同梯级强度小水电的生态环境影响进行对比和分析，并系统量化小水电相较化石能源的节能减排收益，可为可再生能源生态环境影响评估提供参考，亦可为我国小水电战略发展规划提供定量化决策依据，最终实现其可持续发展，并为其他发展中国家提供小水电可持续开发的范式。

本书内容凝聚了我们研究组 10 余年的工作成果，对在实地调研和研究工作中提供大量帮助的北京师范大学郝岩副教授、南京航空航天大学王长波副教授以及英国南安普顿大学 AbuBakr Bahaj 教授等表示诚挚的感谢，在本书的编辑和修改过程中得到了杜燕同学的帮助，在此一并感谢。

书中不足和疏漏之处在所难免，敬请广大读者批评指正。

作者

2023 年 12 月

目 录

第 1 章

能源转型与水电开发

1.1　世界能源转型与可再生能源利用

能源是指可以直接或经转换提供人类所需的光、热、动力等任一形式能量的载能体资源。人类对能源的利用是将不同形式的能量转化为热能，为人类的社会生活提供动力，如利用化石能源的化学能转化为热能为人类供暖、利用水的重力势能进行水力发电等。一直以来，能源是人类文明发展的基础，是推动人类文明进步和人类物质财富上升的驱动力，人类文明发展史也是一部人类能源利用史。世界能源发展经历了 3 个阶段：薪柴时代、煤炭时代和石油时代。

在工业革命之前，薪柴是人类第一代主体能源。自人类在制造和使用工具时发现了摩擦起火的现象，并利用这一规律发明了击石、摩擦、钻木等取火方式，开启了人类以木材为主要能源结构的薪柴时代。人们利用薪柴和晒干的粪肥烹饪和取暖，同时依靠人力来磨谷物，使用马车进行交通运输。为了便于运输和储存，人们还将木材进行干馏生成木炭。木炭具有较高的热值，可以用来烧制陶器、冶炼金属，极大地提高了社会劳动生产力，作为木炭原料的木材成为推动文明进步的重要资源。直至现代，薪柴仍是许多发展中国家农村和偏远地区的主要能源。

16 世纪以后，随着经济不断增长，家庭和工业消费的增加使人们对木柴和木炭的需求日益增大。然而，当时英国工业发展却遇到了森林资源短缺的"瓶颈"。1500—1630 年，英国的木材价格猛涨 7 倍，木柴与木炭也因为短缺而价格暴涨。因此，人类开始开发新能源。18 世纪 70 年代，詹姆斯·瓦特改良蒸汽机，促进了煤炭的使用，其热值远高于薪柴，改良的蒸汽机将煤炭燃烧释放的热能转换成机械能替代人力和畜力，极大地提高了社会生产效率，从而推动了工业和交通领域的机械化进程。煤炭作为一种相对廉价且充足的新能源，满足了英国社会对能源不断增长的需求。煤炭的使用使得生产成本由于规模经济的发展而下降，煤炭快速取代薪柴成为全球第一大能源，带动了钢铁、铁路、军事等工业的迅速发展，极大促进了世界工业化进程，煤炭时代所推动的世界经济发展超过了以往数千年的时间。

1859 年，比利·史密斯在美国宾夕法尼亚西北部的泰特斯维尔地下发现了石油，自此石油作为更加便宜的原料应用于大规模的工业生产中。19 世纪末，人们发明了以汽油和柴油为燃料的内燃机；1896 年，亨利·福特成功制造出世界上第一辆量产汽车，推动了世界石油市场的变化；1903 年，莱特兄弟发明了世界上第一架飞机，使得作为飞机燃料的石油需求量加速上升。随后，石油以其更高热值、更易运输等特点，于 20 世纪 60 年代取代了煤炭第一能源的地位，成为第三代主体能源，更是直接带动了汽车、航空、航海、军工、重型机械、化工等工业的发展，甚至影响着全球的金融业，人类社会也被飞速推进到现代文明时代。可以看出，人类文明的每一次重大进步都伴随着能源的改进和更替，从薪柴到煤炭、从煤炭到油气的两次世界能源转型均呈现出能量密度不断上升、能源形态从固态到液态和气态、能源品质从高碳到低碳的发展趋势和规律。两次世界能源转型极大地推动了工业文明的产生和进步，能源转型可以说是人类文明发展和进步的驱动力（Rhodes，2018）。

然而，随着人类对化石能源的大量开采和消耗，一些国家和地区开始面临化石能源开采殆尽的问题。根据 2021 年世界化石能源的生产和储量状况来推算，在目前的技术水平下，可开采的石油、天然气仅可供人类使用 50 年左右，煤炭储量可够人类使用 140 年左右。化石能源作为不可再生能源，随着人类经济发展水平不断提高，终有被人类开采耗尽的一天。此外，长期以来以煤炭、石油等化石能源为主的能源消费排放出大量温室气体、二氧化硫、颗粒物等，导致全球及区域生态环境问题日益突出，如气候变化、酸雨、雾霾、臭氧污染等。其中，气候变化更是成为全球工业化以来地球生态系统面临的严峻挑战。1990 年，联合国政府间气候变化专门委员会（Intergovernmental Panel on Climate Change，IPCC）发布的第一次气候变化评估报告指出，过去 100 年全球平均地面温度上升了 $0.3 \sim 0.6\,℃$，海平面上升了 $10 \sim 20\ cm$；而在 2021 年发布的《气候变化 2021：自然科学基础》中则指出，人类通过燃烧化石燃料排放温室气体，造成了全球变暖问题，目前大气中二氧化碳的浓度处于至少 200 万年来的最高点；目前全球升温的速度是过去 2 000 年以来最快的。全球平均气温升高、冰川消融、海平面上升、极端天气频发等环境和生态问题不仅对人类生存环境造成了严重的威胁，也危害了全球生物多样性。世界自然基金会（World Wide Fund for Nature，WWF）在其发布的《地球生命力报告 2020》中指出，1970—2016 年，全球野生动物的种群数量不到半个世纪就消亡了 68%，第六次大灭绝似乎已无法避免。

　　因此，温室气体排放和由其导致的全球气候变化等问题也越来越受到国际社会关注。1992 年，在巴西里约热内卢召开的联合国环境与发展大会通过了《联合国气候变化框架公约》，要求到 20 世纪 90 年代末，发达国家每年温室气体的排放量要控制在 1990 年的水平；1997 年，《京都议定书》中规定了 6 种受控温室气体，包括二氧化碳（CO_2）、甲烷（CH_4）、氧化亚氮（N_2O）、氢氟碳化物（HFCs）、全氟化碳（PFCs）和六氟化硫（SF_6），明确要求发达国家要按照一定比例削减本国的温室气体排放量，其目的是将大气中的温室气体含量稳定在一个适当的水平，进而防止剧烈的气候改变对人类造成伤害；2015 年，联合国气候变化巴黎大会签署的《巴黎协定》指出，各方将加强应对全球气候变化的能力，将全球平均气温较前工业化时期上升幅度控制在 2℃ 以内，并努力将温度上升幅度限制在 1.5℃ 以内。IPCC 在 2018 年发布的《全球升温 1.5℃ 特别报告》中提出，2030 年在全球范围内，人为二氧化碳排放量需在 2010 年的水平上减少 40%～60%，在 2050 年前后需达到净零排放。因此，寻找新能源、减少对化石能源的依赖成为人类保障能源安全和应对气候变化的重要选择。

　　相较高碳且日益枯竭的化石能源，水能、风能、太阳能、地热能等可再生能源具有清洁、无碳的天然属性，且资源量十分丰富，在全球范围内开发潜力巨大。以水能资源和风能资源为例，全球水力资源理论蕴藏量约 41 914 TW·h/a，技术可开发量约 15 778 TW·h/a，经济可开发量可达到 9 624 TW·h/a；另外，每年来自外层空间的辐射能为 1.5×10^{18} kW·h，其中 2.5%（即 3.8×10^{16} kW·h）的能量被大气层吸收，产生约 4.3×10^{12} kW·h 的风能资源。其他类型可再生能源的储量也相当丰富。

　　21 世纪以来，许多国家把发展清洁、无碳的可再生能源作为缓解能源供需矛盾、有效应对气候变化以及实现可持续发展的重要措施，并制定了各自的发展战略，提出了明确的发展目标，出台了相应的激励政策。例如，德国自 2000 年起开始实施"固定电价支持＋电量保证购买"的支持政策；英国自 2002 年起实施以"可再生能源配额＋绿证交易"为主的支持政策，均有效支持了处于初期的可再生能源产业的发展。后来，两国均逐步转向基于市场竞争的支持政策。截至 2013 年年初，全球已有 127 个国家制定或出台了可再生能源政策，其中发展中国家和新兴经济体的比重超过了 2/3。总体来看，可再生能源支持政策涵盖了发电、供热（制冷）、交通等各个领域，其中绝大多数支持政策集中在发电行业，主要包括上网电价[①]、可再生能源配额制[②]、净计量电价[③]、财政税收支持政策以及绿色电力价格[④] 等，其中上网电价与配额制应用最为普遍（国家能源局，2014）。发展可再生能源已经成为许多国家能源发展战略的重要组成部分。

近年来，风能、太阳能等清洁能源开发技术经济性和竞争力的不断增强，尤其是设备制造成本的大幅下降使其发电成本急剧下降，已达到或低于化石能源发电成本，具备了同传统化石能源竞争的成本优势。在"可持续中国产业发展行动"2022 年度报告《超越净零碳》中指出，2021 年全球太阳能光伏装机成本较2010 年下降约 82%，陆上风电与海上风电装机成本分别约下降 35% 和 41%。在全球生态环境问题日益凸显的背景下，世界可再生能源发展速度不断加快，产业规模继续扩大。图 1-1 展示了世界能源消费结构自 1900 年以来的演变。可以看出，近半个世纪以来，在世界能源体系中，新能源的消费量和占比稳步上升，能源低碳化、去碳化的趋势持续加强，目前已逐渐形成了煤炭、石油、天然气和可再生能源"四分天下"的格局。据英国石油公司（British Petroleum，BP）统计，2020 年全球一次能源消费总量达到 564.01 EJ，其中煤炭、石油、天然气和可再生能源所占比例分别为 27%、31%、25% 和 13%，此外，核能提供了约 4% 的能源（BP，2020）。

① 上网电价机制，即政府强制要求电网企业在一定期限内按照一定电价收购电网覆盖范围内可再生能源发电量，是全球各国在可再生能源发电领域采用最为广泛的政策。
② 可再生能源配额制，是指用法律的形式对可再生能源发电的市场份额作出的强制性规定，是政府为培育可再生能源市场、使可再生能源发电量达到最低保障水平而采取的强制性手段。
③ 净计量电价，是指拥有可再生能源发电设施的用户可以根据向电网输送的电量，从自己的电费账单上扣除一部分，仅计算用户净消费电量，该政策一般用于用户端的小型发电设施，如太阳能光伏、风能、家用燃料电池等。
④ 绿色电力价格制度的价格形成机制是由政府制定可再生能源产品的价格，包括可再生能源电能、热能以及交通运输燃料等，由消费者按照规定价格自愿认购。其中美国、德国、意大利以及荷兰等是实行此制度的典型国家。除消费者个人和企业自愿绿色购买之外，一些国家政府同样要求公用事业或电力供应商强制使用绿色电源产品，以支持、促进本国可再生能源大规模应用的快速发展。

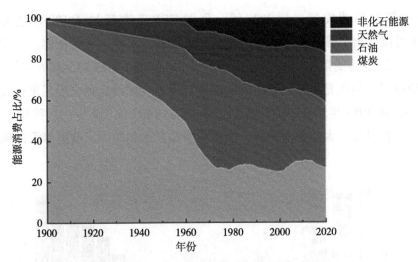

图 1-1　1900—2020 年世界能源消费结构变化情况

数据来源：姚兴佳等，2010；BP，2020。

由图 1-1 可以看出，为积极应对气候变化、保障能源安全，世界正在经历以可再生能源替代化石能源的第三次能源转型，其特点是不断推进能源系统的清洁化、低碳化，以求逐步实现人类能源利用与地球碳循环系统"碳中和"（邹才能等，2021）。2023 年 10 月，在国际可再生能源署（International Renewable Energy Agency，IRENA）、《联合国气候变化框架公约》第 28 次缔约方大会（COP28）主席国和全球可再生能源联盟（Global Renewables Alliance，GRA）联合发布的《迈向 1.5℃可再生能源与能效关键路径》报告中强调，到 2030 年全球可再生能源发电装机容量将增加两倍、能源效率改善速率提高 1 倍，进一步推动低碳、高增长、可持续经济的新模式。

1.2　我国能源消费与温室气体排放现状

自 20 世纪 80 年代初以来，随着经济的快速增长，我国对能源的需求也在持续增加。从图 1-2 可以看出，1980 年，我国一次能源消费总量约为 6.03 亿 t 标准煤，而到 2020 年，达到了 49.83 亿 t 标准煤，增长了 7 倍多，能源行业规模的快速扩张切实支撑了我国经济的高速发展。从具体的数据对比来看，1980 年我国国内生产总值（Gross Domestic Product，GDP）总量仅为 0.46 万亿元，经过40多年的高速发展，到2020年，我国GDP首次超过了100万亿元。从表1-1可以看出，目前我国已成为仅次于美国的世界第二大经济体，在世界经济发展中所占的比重由1980年的1.68%提高到2020年的17.30%。与此同时，作为经济增长的重要支撑，我国能源消费总量占全球的比重也呈现出持续上升的趋势，由1980年的6.22%提高到2020年的26.17%（表1-2）。我国已连续多年成为世界第一大能源消费国，能源消费总量远超美国、欧盟等发达国家或经济体。

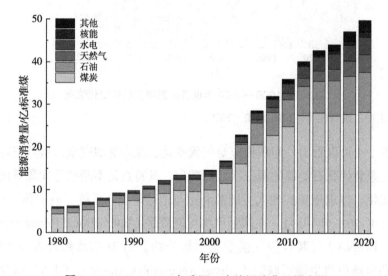

图1-2　1980—2020年我国一次能源消费总量变化

数据来源：中国能源统计年鉴，2021。

表1-1　1980—2020年中国与世界主要发达国家和地区GDP对比情况

年份	全球/万亿美元	中国		美国		欧盟		德国		日本	
		总量/万亿美元	占比/%	总量/万亿美元	占比/%	总量/万亿美元	占比/%	总量/万亿美元	占比/%	总量/万亿美元	占比/%
1980	11.33	0.19	1.68	2.86	25.24	3.3	29.13	0.95	8.38	1.11	9.80
1985	12.86	0.31	2.41	4.34	33.75	2.68	20.84	0.73	5.68	1.4	10.89
1990	22.78	0.36	1.58	5.96	26.16	6.5	28.53	1.77	7.77	3.13	13.74
1995	31.04	0.73	2.35	7.64	24.61	8.3	26.74	2.59	8.34	5.55	17.88

续表

年份	全球 / 万亿 美元	中国		美国		欧盟		德国		日本	
		总量 / 万亿 美元	占比 / %	总量 / 万亿 美元	占比 / %	总量 / 万亿 美元	占比 / %	总量 / 万亿 美元	占比 / %	总量 / 万亿 美元	占比 / %
2000	33.83	1.21	3.58	10.25	30.30	7.28	21.52	1.95	5.76	4.97	14.69
2005	47.78	2.29	4.79	13.04	27.29	11.91	24.93	2.85	5.96	4.83	10.11
2010	66.6	6.09	9.14	15.05	22.60	14.56	21.86	3.4	5.11	5.76	8.65
2015	75.18	11.06	14.71	18.21	24.22	13.55	18.02	3.36	4.47	4.44	5.91
2020	84.91	14.69	17.30	20.89	24.60	15.3	18.02	3.85	4.53	5.04	5.94

表 1-2　1980—2020 年中国与世界主要发达国家和地区能源消费总量对比情况

年份	全球 / EJ	中国		美国		欧盟		德国		日本	
		总量 / EJ	占比 / %	总量 / EJ	占比 / %	总量 / EJ	占比 / %	总量 / EJ	占比 / %	总量 / EJ	占比 / %
1980	279.38	17.38	6.22	74.71	26.74	58.55	20.96	15.26	5.46	15.35	5.49
1985	303.47	22.14	7.30	72.66	23.94	60.43	19.91	15.45	5.09	16.13	5.32
1990	343.90	28.58	8.31	81.38	23.66	62.96	18.31	15.09	4.39	18.79	5.46
1995	363.78	37.27	10.25	87.63	24.09	62.29	17.12	14.31	3.93	21.49	5.91
2000	396.88	42.48	10.70	95.56	24.08	64.79	16.32	14.36	3.62	22.47	5.66
2005	459.23	75.7	16.48	96.88	21.10	67.92	14.79	14.27	3.11	22.55	4.91
2010	508.68	104.6	20.56	93.43	18.37	65.81	12.94	13.85	2.72	21.27	4.18
2015	548.14	127.02	23.17	92.69	16.91	61.26	11.18	13.6	2.48	19.07	3.48
2020	564.01	147.58	26.17	88.54	15.70	57.07	10.12	12.36	2.19	17.13	3.04

数据来源：BP，2020。

近年来，我国积极推动能源供给革命[①]，坚持立足国内多元供应，优先发展水能、风能、太阳能、生物质能等多种可再生能源，能源生产清洁化进程加

[①] 为了促进可再生能源的开发利用，增加能源供应，改善能源结构，保障能源安全，保护环境，实现经济社会的可持续发展，我国于 2005 年 2 月通过了《中华人民共和国可再生能源法》，并于 2006 年 1 月 1 日起施行。其中明确指出，可再生能源包括风能、太阳能、水能、生物质能、地热能、海洋能等非化石能源。

快，但我国能源体系仍呈现出"不清洁、不安全"的特点。首先，我国能源消费长期以来以化石能源为主，其中煤炭仍是第一大能源类型。2020年其消费量达到28.35亿t标准煤，在能源消费总量中的占比达到56.9%；石油和天然气消费量也在持续上升，2020年分别达到9.37亿t标准煤和4.19亿t标准煤，占比分别为18.8%、8.4%。整体来看，化石能源在我国一次能源消费中的占比仍高达84.1%。而包括水电、核能等在内的非化石能源近年来得到了快速增长，所占比例由1980年的4.0%增长到2020年的15.9%。由此可以看出，我国能源消费结构已得到了一定程度的优化，其中煤炭消费占比由2011年的70.2%下降至2020年的56.8%，但煤炭等化石能源依然是我国的主要能源（图1-3）。

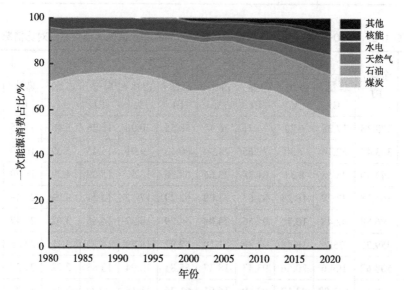

图1-3　1980—2020年我国一次能源消费结构变化

数据来源：中国能源统计年鉴，2021。

其次，我国能源对外依存度不断攀升。2000年，我国能源对外依存度仅为5.71%，而2019年则已上升至18.3%。在不同能源种类中，油气对外依存度偏高，2019年国内油气产量为3.34亿t油当量，进口量则达到了5.63亿t油当量，对外依存度高达62.8%，对我国的能源安全造成了一定的威胁，这和我国"富煤、贫油、少气"的能源资源是紧密相关的。我国具有煤炭资源丰富、油气资源相对不足的先天条件。从具体能源种类来看，截至2019年12月，我国煤炭可采储量为 1 416.0 亿 t，占世界总量的 13.0%；石油可采储量仅为 35.6 亿 t，占世界总量的 1.5%；天然气可采储量为 8.4 万亿 m^3，占世界总量的 4.2%。煤炭在我国能源结构中一直占据主导地位。

最后，由于对高碳的化石能源尤其是煤炭的高度依赖，近年来我国碳排放总量持续增长，如图 1-4 所示。尤其是在 2007 年，我国更是超过美国成为世界上最大的温室气体排放国家。2020 年，我国碳排放总量达到 101.62 亿 t，占世界碳排放总量的比重提升至 28.7%。其中，接近 88% 的二氧化碳排放量来自能源系统。国际能源署（International Energy Agency，IEA）发布的数据显示，我国能源部门的碳排放中，约 70% 来自煤炭，12% 来自石油，6% 来自天然气，约 11% 来自工业过程排放。其中，仅燃煤电厂和供热厂的碳排放量就占我国总排放量的 45% 以上。

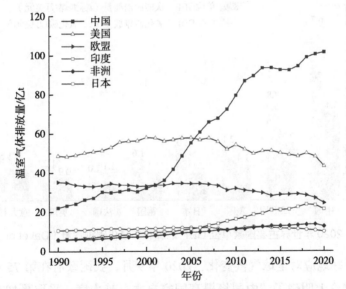

图 1-4 1990—2020 年世界主要经济体温室气体排放变化情况
数据来源：IEA，2020。

长期以来，我国面临着来自国际上巨大的碳减排压力。在 2009 年丹麦哥本哈根气候峰会上，中国承诺到 2020 年我国单位 GDP 二氧化碳排放量将比 2005 年下降 40%~45%。通过调整产业结构，优化能源结构，节约提高能效等一系列措施，到 2020 年年底，我国单位 GDP 二氧化碳排放量比 2005 年下降

48.4%，已经超额完成了在哥本哈根气候峰会上承诺的减排目标。但是，受产业结构偏重、能源结构偏煤、生活用能刚性增长等客观因素影响，我国单位 GDP 能耗仍然较高、碳排放量偏大。如图 1-5 所示，2020 年我国每万美元 GDP 能耗为 3.4 t 标准煤，约为全球单位 GDP 能耗平均值的 1.5 倍，约为主要发达国家单位 GDP 能耗的 2～4 倍；每万美元 GDP 二氧化碳排放量为 6.7 t，约为全球单位 GDP 二氧化碳排放量平均值的 1.8 倍，约为主要发达国家单位 GDP 二氧化碳排放量的 3～7 倍。需要指出的是，我国历史人均累积碳排放量仍低于世界平均水平，且远低于美国、英国、法国等发达国家。此外，由于我国仍是经济快速增长的发展中国家，短期内经济发展仍需要大量的化石能源作支撑，因此碳排放总量也将继续增长，预计在 2028 年前后达到峰值。

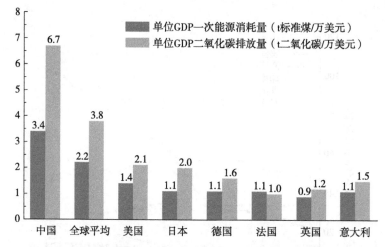

图 1-5　2020 年世界主要国家单位 GDP 能耗和二氧化碳排放量（Dai et al.，2021）

为了更好地应对全球气候变化，2020 年 9 月，我国政府在第 75 届联合国大会一般性辩论上明确了"中国将提高国家自主贡献力度，采取更加有力的政策和措施，二氧化碳排放力争于 2030 年前达到峰值，努力争取 2060 年前实现碳中和"的发展目标。通过"开创合作共赢的气候治理新局面""形成各尽所能的气候治理新体系"，到 2030 年，中国单位 GDP 二氧化碳排放量将比 2005 年下降 65% 以上，非化石能源占一次能源消费比重将达到 25% 左右，成为实现《巴黎协定》目标的中坚力量。因此，我国将继续加快推进化石能源向清洁、低碳的新能源转型，持续优化能源结构，为推动世界能源转型和可持续发展作出重要贡献。

需要指出的是，可再生能源的资源种类很多，包括太阳能、风能、水能、生物质能、地热能、潮汐能、海洋能等。当前世界范围内已能够采取不同的技术方式和利用途径提供多样化的可再生能源产品，然而，不同的技术商业化水平差异较大，开发条件也会受到各种因素的制约。其中，水力发电是现有可再生能源中开发历史最悠久、技术最成熟、经济性最好的能源。尽管近年来由于技术进步、规模化经济、供应链竞争日益激烈和开发商经验日益增长等因素的推动，太阳能光伏、海上风电、陆上风电、生物质能、地热等新能源成本已经大幅降低，达到或低于化石能源发电成本，但根据 IRENA 统计，2019 年度成本最低的清洁能源发电方式仍是水力发电，为 0.047 美元/（kW·h），如图 1-6 所示（IRENA，2020）。水力发电成本低廉使水电上网的电价具有竞争优势。目前，水力发电占世界发电量的 16% 左右，在不同可再生能源发电类型中占比最高，在大规模提供低碳电力和促进清洁能源转型方面发挥着关键作用。

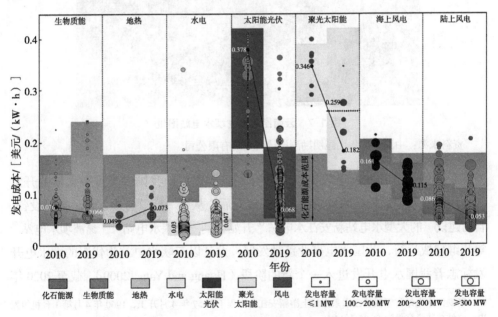

图 1-6　可再生能源发电成本变化趋势（邹才能等，2021）

在全球范围内，水电开发已有一个多世纪的历史，早在 1878 年，法国就建成了世界上第一座水电站，而后随着水电开发技术的进步以及人们对电力需求的快速增长，水电站的规模也在不断扩大（Frey and Linke，2002）。20世纪30年代，西方国家水电站的数量和装机容量均有很大发展，随着筑坝、机械、电气等科学技术的进步，西方国家已能在十分复杂的自然条件下修建各种类型的不同规模的水力发电工程，70年代达到了大坝与水电建设的高峰期。从整体来看，我国水电开发晚于西方国家，我国第一座水电站为1905年建成的台湾龟山水电站，装机容量为600 kW。石龙坝水电站是我国大陆地区最早建成的水电站，1912年建成于云南省昆明市，装机容量为480 kW（图1-7）。

图1-7　云南昆明石龙坝水电站旧址

资料来源：中国电建集团昆明勘测设计研究院有限公司。

我国的水电开发真正起步于1949年。自此之后，我国一直重视水电的开发与利用，并取得了长足的发展。新中国成立后，从第一座"自主设计、自制设备、自己建设"的大型水电站新安江水电站[①]开始，到三门峡水电站[②]、葛洲坝水电站[③]等相继建成运行，我国水电事业蓬勃发展，尤其以三峡水电站为代表的大水电开发标志着我国水电开发进入一个新的阶段（Huang and Yan，2009）。截至2020年

①　新安江水电站位于钱塘江水系干流上游新安江，工程于1957年4月开工，1960年4月第1台机组发电，电站总装机容量为66.25万kW。
②　三门峡水电站位于黄河中游下段的干流上，工程于1957年4月开工，1962年2月第1台机组发电，电站总装机容量为45万kW。
③　葛洲坝水电站位于长江三峡末端河段上，工程于1971年5月开工，1981年7月第1台机组发电，电站总装机容量为271.5万kW。

年底，我国水电总装机容量达到 3.7 亿 kW，年发电量达到 13 552 亿 kW·h，在我国电源结构中的占比分别为 16.82% 和 17.78%，在一次能源消费总量中的占比约为 8.1%。从图 1-3 中可以看出，虽然近年来风电、太阳能光伏发电等新能源利用增长较快，但水电一直是我国占比最高的可再生能源。

1.3　水力发电技术概述

人类利用水能的历史悠久，但早期主要是将水能转化为机械能。早在公元前，中国、埃及和印度就已经利用湍急的河流、跌水、瀑布的水能资源，建造水车、水磨和水碓等机械，进行提水灌溉、粮食加工、舂稻去壳、排涝等工作。18 世纪 30 年代，欧洲出现了集中开发利用水力资源的水力站，为面粉厂、棉纺厂和矿山开采等大型工业提供动力。但直到 19 世纪 80 年代，当电被发现后，人们根据电磁感应原理制造出水力交流发电机，水能才开始被大规模利用，目前水力发电几乎成为水能利用的唯一方式。在当前技术水平下，水力发电具有技术成熟、开发经济、调度灵活、清洁低碳、安全可靠等优点，并可兼顾灌溉、防洪、航运等社会效益，世界各国将水力发电作为能源发展与基础设施建设的优先选择。

1.3.1　水力发电原理

水力发电是一种能量转换的过程，其基本原理为水轮机将具有较高势能的水转化为机械能，并带动同轴发电机将机械能转换为电能，后经变压器升压后联网输送至电网，电网再将电能送至用户。水力发电站是把水能转化为电能的工厂。为了把水能转化为电能，需要修建一系列水工建筑物，在厂房内安装水轮机、发电机和附属机电设备。水工建筑物和机电设备的总和，称为水力发电站。供给水轮机的水力能有 2 个要素，即水头和流量。

水头，是指水流集中起来的落差，即水电站上、下游水位之间的高度差，单位为 m。作用在水电站水轮机的工作水头还要从总水头中扣除水流进入水闸、拦污栅、管道、弯头和闸阀等造成的水头损失，以及从水轮机出来，与下游接驳的水位降。

流量，是指单位时间内通过水轮机水体的容积，单位是 m^3/s。一般取枯水季节河道流量的 1～2 倍作为水电站的设计流量。

水电站功率（即出力）的理论值（N_s，kW），等于每秒通过水轮机水的重量与水轮机工作水头的乘积，可表达为

$$N_s = \gamma QH \times 10^{-3} \qquad (1-1)$$

式中，γ 为水的重度，γ=9 810 N/m³；Q 为水轮机的引水流量，m³/s；H 为水轮机的工作水头，m。

水电站的理论功率值也可以表达为

$$N_s = 9.81QH \qquad (1-2)$$

实际上，水流通过水轮机并带动发电机发电的过程中，还有一系列的能量损失，如水轮机叶轮的转动损失、发电机的转动损失以及传动装置的损失等，剩下的能量才用于发电。因此，水轮机的实际功率为

$$N_0 = 9.81\mu QH \qquad (1-3)$$

式中，N_0 为水电站的实际功率（也称实际出力），kW；μ 为机组效率，等于水轮机效率 μ_t、发电机效率 μ_g、传动效率 μ_i 三者的乘积。

大型水电站的 μ 一般为 0.8～0.9；小型水电站的 μ 一般为 0.6～0.8。为了简化，一般可以用出力系数 A 代表 9.81μ，式（1-3）也可以表达为

$$N_0 = AQH \qquad (1-4)$$

1.3.2 水电站的构成

一般来说，水电站由水工建筑物、流体机械、电气系统及水工金属构件等组成，由此实现从水能到电能的转换。

1.3.2.1 水工建筑物

水电站的水工建筑物包括挡水建筑物、引水建筑物、泄水建筑物和水电站厂房。

（1）挡水建筑物

挡水建筑物，其作用为形成堤坝，雍高水位，形成有调节能力的水库。根据筑坝材料不同主要分为混凝土坝和土石材料坝两大类。其中，混凝土坝的主要坝型包括重力坝、拱坝、支墩坝以及碾压混凝土坝；土石材料坝的主要坝型包括土

坝、堆石坝以及土石混合坝。

混凝土重力坝依靠坝体自重维持稳定，所以大多建在岩石基础上，坝的横断面基本呈三角形，下游坝坡度为1：0.6～1：0.85；上游面多为垂直，有时下部略向上游倾斜，以增强坝体的稳定性并改变坝体应力条件，此外还有用浆砌石筑成的浆砌石重力坝。混凝土重力坝强度高、安全可靠、结构简单、可高度机械化施工，同时适应于各种气候条件，不怕冰冻，便于管理和分期扩建加高等。

拱坝按建筑材料可分为混凝土拱坝和浆砌石拱坝，是一种压力结构建筑物，它向河上游方向弯曲，拱的作用可将水压载荷转化为拱推力传至两岸岩石，能充分利用混凝土或浆砌石等材料的抗压性能，坝体各部位应力有自行调整以适应外载荷的潜力，因此超载能力大，在岩石较好的峡谷上建浆砌石坝时，常布置成拱坝。浆砌石拱坝在我国小水电建设中发展较快，其主要原因是山区石多土少，便于就地取材。

支墩坝是由具有一定间距的支墩及其所支撑的挡水板（或实体）所组成的坝，坝体所受水、泥沙等载荷，通过挡水板面、支墩传至坝基，支墩坝较重力坝体积小，属于轻型坝的范畴，需建在岩质坝基上。其优点主要包括支墩间空隙大，有利于采取排水措施；倾斜的迎水面上的水重对坝体的稳定有利；坝体体积一般仅为重力坝的1/3～2/3；同时可根据工程的具体情况调整坝的结构与参数，使材料的强度得以充分利用。

碾压混凝土坝是用振动碾分层碾压干硬性混凝土筑成的坝，是对用混凝土材料筑坝传统方法的一次重大改革，可采用常规土石工程施工机械进行施工。它工艺简单，可缩短工期，筑坝材料中可掺用大量粉煤灰（也可用火山灰），以减少水泥用量，降低成本，节省投资，温度控制措施较常规混凝土施工简单。

土石材料坝是以土石材料为主建造的坝，一般由坝土体、防渗层、反滤层、排水体、过滤层、保护层（护坡）等部分组成。筑坝材料包括黏性土、砾质土、砂、沙砾石、块石和碎石等天然材料以及混凝土、沥青等人工制备材料。土石坝可以就地取材，充分利用开挖渣料，节约水泥、钢材，减少外来材料的运输，能适应地质、地形条件较差的坝址，具有造价低、工期短、便于分期建设等优点。但土石坝是由散粒材料组成，只能挡水，不能过水（如坝顶不能溢流，导致泄洪时需另作处理）。按建筑材料划分，土石坝可分为土坝、堆石坝和土石混合坝。

土坝的坝体主要由土料构成，坝体强度和稳定性由填土控制，其土质材料占坝体体积的 50% 以上。根据不同的结构，土坝可分为均质坝、心墙坝、非均质坝和斜墙坝。土坝的心墙和斜墙材料可采用透水性小的土料、钢筋混凝土或沥青混凝土等。非均质坝的坝壳可以是均质的，也可以是多种土质的。在坝下坡角处设置了块石排水体，排水有利于坝坡稳定。排水体与土料接触处敷设反滤层，以免渗水带走土料，反滤层由砂、砾石、卵石构成，其粒径沿渗流方向由小到大，只渗水而不带走土料。

堆石坝的坝体主要由石料构成，坝体强度和稳定性由堆石控制，其石料占坝体体积的 50% 以上。堆石体的孔隙大，渗透系数大，因此相对于土坝，堆石坝更需要设置专门的防渗体。根据防渗体的构造不同，堆石坝可分为心墙堆石坝、斜墙堆石坝和面板堆石坝。堆石坝的心墙和斜墙一般采用黏性土材料，面板堆石坝一般采用钢筋混凝土材料。在石多土少的山区，可建堆石坝，它要求坝基有较好的抗压强度，因此大多建在岩石上。

土石混合坝是从建筑材料方面难以明确划分的土石坝。它是根据当地的自然条件、材料来源、技术要求、经济条件等设计和施工的土石混合材料的坝。

（2）引水建筑物

引水建筑物，即将水引至水电站厂房的建筑物，包括进水口、引水道（或隧洞）、压力前池（或调压室）、压力水管等，其作用是从水库或河流引取厂房机组所需要的水流量。由于水电站的自然条件和开发方式不同，引水建筑物的组成也有所不同。在坝式水电站中，坝后式水电站引水线路很短，进水口设在坝的上游面，引水道即压力水管穿过坝身后进入厂房；而河床式水电站的引水线路更短，由引水口引进的水直接进入水轮机蜗室；无压引水式水电站的引水建筑物有进水口、沉砂池、无压引水渠道（也有用无压引水隧洞的）、日调节池、压力前池、压力水管等；混合式水电站的引水建筑物有进水口、压力隧洞、调压室和压力水管等。

其中，进水口根据水流状态可分为无压进水口和有压进水口两种。无压进水口以引进表层水为主，进水口范围内的水流为无压流，进水口后接无压引水建筑物（引水渠或无压引水隧洞）；有压进水口则是进水口位于水库水面以下，水流处于有压状态，以引进深层水为主，其后接有压引水隧洞或水管。

引水渠道有引水和形成水头的双重作用，可分为引水明渠和引水隧洞。引水明渠一般沿等高线绕山而行，在地质、地形条件允许时，也可开凿一段隧洞，以减少渠线长度。引水隧洞则是在山体内开挖成的引水道，按洞内水流有无自由水面，又可分为无压和有压两种。有压引水隧洞能以较短的路径集中较大的落差，一般为圆形断面，沿线要求岩石为基础，通常需进行衬砌，以承受内水压力和山岩压力。在无压引水式水电站中，为了缩短引水渠道长度或避开引水道沿线地表不利的地形和地质条件，有时用无压引水隧洞代替引水渠道。

压力前池，即在引水渠道末端设置的一个扩大的水池（以下简称前池），一般由前室、进水室和溢流堰三部分组成。前池中设有拦污栅、控制闸门、泄水道等，主要作用是把引水渠道的来水均匀地分配给各压力管道；泄走多余来水，以防漫顶；拦截和排除渠内漂浮物、泥沙和冰块，以免进入压力水管等。

调压室是修建在有压引水道与高压水道之间的建筑物。调压室水容量较大，并有自由水面，当引水渠道中压力发生变化时，调压室的水面会升高或下降，从而很快地消化了水锤产生的突变压力，使其衰减，并很少传向引水管道。

压力管道，即从水库、压力前池或调压室向水轮机输送水的管道，一般为有压状态。其特点是集中了水电站大部分或全部的水头，安装坡度较陡，内水压力大，还承受动水压力的冲击（水锤压力），且靠近厂房，压力管道一旦破坏会严重威胁厂房的安全。所以压力水管具有特殊的重要性，按材料划分有钢管、钢筋混凝土管、铸铁管等。

（3）泄水建筑物

泄水建筑物，即为宣泄洪水或其他需要放水而设置的水工建筑物。其作用主要包括：①汛期泄放洪水，控制上游水面高度，调整下泄洪水流量，减轻上游和下游的洪水灾害；②非汛期有计划地放水，以保证下游通航、灌溉、工业和生活用水；③排放泥沙，减轻水库淤积和对水轮机的磨损；④在维修大坝或紧急情况下降低水库水位；⑤排放污物或冰块，以免拦污栅被堵塞或破坏等。一般来说，泄水建筑物由控制段、泄流段和消能设施等组成。

泄水建筑物形式繁多，按其所在位置不同，可分为河床式与河岸式两大类。

河床式泄水建筑物位于拦河坝坝体范围之内，有溢流坝、坝身泄水孔和泄水闸等。溢流坝常设于混凝土和砌石坝上，泄洪通过坝顶或泄水孔溢流，兼具挡水和泄洪的作用。坝身泄水孔是通过混凝土坝或砌石坝坝身孔口过流的泄水建筑物，设置在坝身中间或坝底，在水库高、低水位时均可泄水，有利于水库排沙。建在河床上的泄水闸是低水头泄水建筑物，也起到挡水作用，由闸室和上游、下游连接段组成，闸室是泄水闸的主体，设有闸门。

土坝和堆石坝坝体不宜布置泄洪建筑物，一般采用河岸式泄洪。根据结构形式不同，可分为溢洪道和泄洪隧洞两类。溢洪道修建在与坝有一定距离的岸边，它由进水渠、控制段、泄洪槽、消能段和退水渠等部分组成。河岸泄洪道一般利用岸坡天然台地布置，也可利用河流弯道或水库岸边的垭口地形布置。泄洪隧洞主要用于泄洪，有的也兼有冲沙作用，按其布置和隧洞内水流特点，可分为无压型、有压型和混合型 3 种，一般由引水段、控制段、泄流段、消能段和退水渠组成。

（4）水电站厂房

水电站厂房，即安装水轮发电机组及其他附属机电设备和辅助生产设施的建筑物，是水电站的运行和管理中心。它通常由主厂房和副厂房组成，有的小型水电站不设副厂房。主厂房又分为主机间和安装间。主机间装置水轮机、发电机及其附属设备；安装间是安装机组和维修时摆放、组装和修理主要部件的场所。副厂房包括专门布置各种电气控制设备、配电装置、电厂公用设施的车间以及生产管理工作间。

按其结构及布置特点，水电站厂房可以分为地面式厂房、溢流式厂房、坝内式厂房和地下式厂房等。其中地面式厂房有坝后式、河床式等。坝后式厂房是位于拦河坝非溢流坝段下游坝址附近的地面式厂房，多适用于混凝土坝，在中小型工程中也有用于土石坝的。河床式厂房是位于天然或人工开挖河道上兼有壅水作用的地面式厂房，适用于水头小于 50 m 的水电站，站内多安装立轴轴流式机组。溢流式厂房位于溢流坝段坝址的下游，泄洪时坝上溢下的水流经过厂房泄入下游河道，有厂顶溢流式厂房和厂前挑流式厂房之分。坝内式厂房设在混凝土坝空腔内，当河谷狭窄，下泄洪水流量大时，有时可采用坝内式厂房的方案。地下式厂房位于地表以下岩体中，按埋置方式可分为全地下式、半地下式和窑洞式3 种。

1.3.2.2 流体机械

在常规水电站中，流体机械的主体是水轮机，其作用是将水流能量转换为旋转机械能，再通过发电机将机械能转换为电能。流体机械的附属设备包括调速器和油压装置，以及为满足主机正常运行、安装、检修所需要的辅助设备，如进水阀、起重设备、技术供水系统、检修排水系统、渗漏排水系统、透平油系统、绝缘油系统、压缩空气系统、水力测量系统、机修设备等。

1.3.2.3　电气系统

水电站的电气系统包括电气一次系统、电气二次系统和通信系统三部分。

电气一次系统具有发电、变电、分配和输出电能的作用。在电站与电力系统的连接方式已经确定的基础上，以电气主接线为主体，与厂用电接线以及过电压保护、接地、照明等系统构成一个整体。主要电气设备包括发电机、主变压器、断路器、换流设备、厂用变压器、并联电抗器、消弧线圈、接地变压器、隔离开关、互感器、避雷器、母线、电缆等。

电气二次系统对全厂机电设备进行测量、监视、控制和保护，保证电站能安全、可靠、经济地发送合乎质量要求的电能，并在机电设备出现异常和事故时发出信号或自动切除故障，以缩小事故范围。该系统主要包括自动控制、继电保护、二次接线、信号、电气测量等。

通信系统是用来保证水电站安全运行、生产管理和经济调度的一个重要手段，在任何情况下都要求畅通无阻。

1.3.2.4　水工金属构件

水工金属构件一般包括压力钢管、拦污栅、清污设备、闸门及启闭设备等。这些金属构件的作用在于拦污、清污、挡水、引水、排沙、调节流量、检修设备时隔断水体等。水工金属构件是水工建筑物的组成部分。

1.3.3　水电站的分类

根据水电站的运行方式、形成水头的方式、装机容量大小以及最大水头的高低等，水电站有不同的分类。

按照运行方式，水电站可分为常规水电站和抽水蓄能水电站。常规水电站利用天然河流、湖泊等水源发电；抽水蓄能电站利用电网中负荷低谷时多余的电力，将低处下水库的水抽到高处上水库存蓄，待电网负荷高峰时放水发电，尾水至下水库，从而满足电网调峰等电力负荷的需要。目前大部分已建成的水电站属于常规水电站。而抽水蓄能电站对于调节电源具有重要意义，是目前技术最成熟、经济性最优、最具大规模开发条件的储能方式，为昼夜和季节性负荷转移发挥重要的调峰作用。近年来，我国抽水蓄能电站装机规模得到了显著增长，截至2021年年底，我国已投产的抽水蓄能电站总规模已达到36 GW，居全球首位。在全球抽水蓄能电站总装机中的比例已从2012年的19%提升至2021年的28%（IRENA，2022；国家能源局，2021）。根据开发方式不同，抽水蓄能电站可以分为纯抽水蓄能电站和混合式抽水蓄能电站。纯抽水蓄能电站上水库没有（或几乎没有）天然径流来源，其发电量全部来自抽水蓄存的水能，发电的水量等于抽水蓄存的水量，仅需少量天然径流补充蒸发和渗透损失。补充水量主要源于上下水库的天然径流。我国大部分已建和在建抽水蓄能电站均属于该类型。而混合式抽水蓄能电站厂内既设有抽水蓄能机组，也设有常规水轮发电机组。上水库有天然径流来源，既可利用天然径流发电，也可从下水库抽水到上水库再根据需要发电。其上水库一般建于河流上，下水库可设在现有梯级电站或另择址建设。

按照形成水头的方式，水电站可分为筑坝式水电站、引水式水电站、混合式水电站、抽水蓄能电站和潮汐电站。筑坝式水电站即在河道上修建拦河坝，抬高水位，形成落差，用输水管或隧洞把水库里的水引至厂房，通过水轮发电机组发电，其适用于坡降较平缓、水头较大的河段。引水式水电站一般无库容调节，布置在低坝取水，通过较为平缓的、人工引水渠道将河水平缓地引至与进水口有一定距离的河段下游来集中落差，使引水道的水位远高于河道下游的水位，引水式水电站适用于流量小、坡降较大的河段。混合式水电站则将筑坝式和引水式两种开发方式的特点结合，多应用于上游适于筑坝、下游坡降较大的河段，既有水库可以调节径流，也有引水渠道可以集中较高的水头。潮汐电站通过海潮涨落形成水位差，推动水轮机转动，从而带动发电机组发电，将潮汐能转化为电能（Okot，2013；姚兴佳等，2010）。目前大部分已建成的水电站属于坝式水电站。

按照装机容量大小进行分类，水电站可以分为大型水电站、中型水电站和小型水电站。不同国家对其定义不同。在我国，大型水电站是装机容量在30万kW及以上的水电站，小型水电站是装机容量在5万kW及以下的水电站，中型水电站则是装机容量介于 5 万 kW 和 30 万 kW 之间的水电站。

按照最大水头高低将水电站划分为低水头水电站（最大水头在 40 m 及以下）、中水头水电站（最大水头介于 40～200 m）以及高水头水电站（最大水头在 200 m 及以上）。

1.3.4　水轮机的分类

水轮机（Hydro Turbine）是把水流的能量转换为旋转机械能的动力机械，是利用水流做功的水力机械。水轮机通过主轴带动发电机将旋转机械能转换成电能。水轮机与发电机通过主轴连接而成的整体称为水轮发电机组，是水电站的主要设备之一。选择适宜的水轮机对水电站的稳定运行具有重要意义。水轮机的种类很多，目前根据水轮机对水流能量的转换特征的不同可以分为两大类，即反击式水轮机和冲击式水轮机，每种水轮机可根据转轮区内水流流动特征和转轮结构特征的不同进一步划分。

（1）反击式水轮机

其转轮区内的水流在通过转轮叶片流道时，始终是连续地充满整个转轮的有压流动，并在转轮空间曲面型叶片的约束下，连续不断地改变流速的大小和方向，从而对转轮产生反作用力，驱动转轮旋转。当水流通过转轮后，其动能和势能（包括位能和压能）均大部分被转换成转轮的旋转机械能。反击式水轮机按转轮区内水流相对于主轴流动方向的不同，分为混流式水轮机、轴流式水轮机、斜流式水轮机和贯流式水轮机 4 种。根据转轮叶片是否可以转动，又将轴流式水轮机、斜流式水轮机和贯流式水轮机分为定桨式水轮机与转桨式水轮机。

混流式水轮机即来自引水室的水流沿径向流入转轮，然后以轴向流出转轮，其主要部件包括蜗壳、座环、导水机构、顶盖、转轮、主轴、尾水管等。混流式水轮机又称弗朗西斯水轮机，由美国工程师弗朗西斯（Francis）于 1849 年发明，应用水头范围广、结构简单、运行稳定且效率高，是目前应用最广泛的水轮机之一。

轴流式水轮机即导叶与转轮之间由径向流动转变为轴向流动，而在转轮区内保持轴向流动。根据转轮叶片在运行中能否转动，分为轴流定桨式和轴流转桨式两种。轴流定桨式水轮机的转轮叶片是固定的，因而结构简单、造价较低，但在偏离设计工况时效率会急剧下降，主要应用于水头较低、出力较小以及水头变化幅度较小的水电站。轴流转桨式水轮机是由奥地利工程师卡普兰（Kaplan）于 1913 年发明的，故又称卡普兰水轮机，其叶片可根据运行工况的改变而转动，从而扩大了高效率区的范围，提高了运行的稳定性。但是，这种水轮机需要有一个操作叶片转动的机构，因此其结构较复杂，造价较高，一般应用于水头、出力均有较大变化幅度的大中型水电站。

斜流式水轮机即水流在转轮区内沿着与主轴成某一角度的方向流动。斜流式水轮机是为了提高轴流式水轮机的适用水头而在轴流转桨式水轮机的基础上改进提出的新机型，由瑞士工程师德里亚（Deriaz）于 1956 年发明，故又称德里亚水轮机，其结构形式及性能特征与轴流转桨式水轮机类似，但由于其倾斜桨叶操作机构的结构特别复杂，加工工艺要求和造价均较高，一般在大中型水电站中使用。

贯流式水轮机是一种流道近似直筒状的卧轴式水轮机，不设引水蜗壳，叶片可采用固定的或可转动的两种。根据发电机装置形式的不同，可分为全贯流式和半贯流式两类。全贯流式水轮机的发电机转子直接安装在转轮叶片的边缘，其优点是流道平直、过流量大、效率高。但由于转轮叶片外缘的线速度大、周线长，旋转密封困难，故很少使用。而半贯流式水轮机有轴伸式水轮机、竖井式水轮机和灯泡式水轮机。轴伸贯流式水轮发电机组采用卧式布置，也可倾斜安装。竖井贯流式水轮机是将发电机组安装在水轮机上游侧的一个混凝土竖井中，水轮机部分主要由导叶机构、转轮室、转轮、尾水管组成。转轮主轴伸入混凝土竖井中，通过齿轮箱等增速装置连接到发电机。灯泡贯流式水轮机组的发电机密封安装在水轮机上游侧一个灯泡形的金属壳体中，发电机水平方向安装，发动机主轴直接连接水轮机转轮。灯泡贯流式水轮机组的水轮机部分由转轮室、导叶机构、转轮、尾水管组成；发电机轴通过轴承支持环固定在灯泡外壳上，转轮端轴承固定在灯泡尾端外壳上，发电机轴前端连接到电机滑环与转轮变桨控制的油路装置。钢制灯泡通过上支柱、下支柱固定在混凝土基础中，上支柱也是人员出入灯泡的通道。

（2）冲击式水轮机

冲击式水轮机转轮始终处于大气中，来自压力钢管的高压水流在进入水轮机之前已转变成高度自由射流，该射流冲击转轮的部分轮叶，并在轮叶的约束下发生流速大小和方向的改变，从而将其动能大部分传递给轮叶，驱动转轮旋转。在射流冲击轮叶的过程中，射流内的压力基本保持大气压不变，而转轮出口流速明显减小。冲击式水轮机按射流冲击转轮的方式不同，可分为水斗式（切击式）水轮机、斜击式水轮机和双击式水轮机。

切击式水轮机即从喷嘴出来的高速自由射流沿转轮圆周切线方向垂直冲击轮叶。切击式水轮机由美国工程师培尔顿（Pelton）于1889年发明，又称水斗式水轮机或培尔顿水轮机。切击式水轮机适用于高水头、小流量的水电站，尤其适用于超高水头，是冲击式水轮机中应用最广泛的一种水轮机。

斜击式水轮机即从喷嘴出来的自由射流沿着与转轮旋转平面成同一角度的方向，从转轮的一侧进入轮叶，再从另一侧流出轮叶。与水斗式水轮机相比，斜击式水轮机过流量大，但效率较低，多用于高水头、中小型的水电站。

双击式水轮机即从喷嘴出来的射流先后两次冲击转轮叶片。具体来说，水流从喷嘴流出后，从转轮外周通过径向叶片进入转轮中心，进行第一次能量交换，再从转轮中心通过径向叶片流出转轮，完成第二次能量交换。使用水头范围为10～150m，结构简单、效率较低，处理量较小，应用不多。

除反击式水轮机和冲击式水轮机两大类外，还有可逆式水轮机，也称水泵水轮机，是一种既可以作水轮机使用又可以作水泵使用的水力机械。可逆式水轮机作水轮机运行时，转轮顺时针旋转，逆时针旋转时作水泵运行。理论上讲，混流式水轮机、轴流式水轮机、贯流式水轮机和斜流式水轮机都可以实现可逆运转，实际上要经过专门设计才能在两种运行状态下高效运行。具体来讲，轴流可逆式水轮机应用水头范围为3～40m，应用较少；贯流可逆式水轮机应用水头范围为2～20m，主要用于潮汐电站；斜流可逆式水轮机应用水头范围为40～120m，由于结构复杂、造价较高，故应用较少；混流可逆式水轮机根据不同型号应用水头范围为30～40m到600～700m，是目前抽水蓄能电站应用最广的水轮机型。表1-3总结了不同水轮机类型与适用水头范围。

表1-3 水轮机类型与适用水头范围

类型	型式		适用水头范围/m
反击式	混流式		25～700
	轴流式	轴流转桨式	3～90
		轴流定桨式	3～50

续表

类型	型式		适用水头范围 /m
反击式	斜流式	斜流式	40～200
		斜流可逆式	40～120
	贯流式	贯流转桨式	2～30
		贯流定桨式	2～30
冲击式	水斗式（切击式）		300～1 700
	斜击式		20～300
	双击式		10～150

注：在不同资料中，不同类型水轮机的水头范围有所区别。本表数据可供参考。

在设计及修建水电站时，水轮机的类型与参数的选择是否合理，对于水电站运行的经济性、稳定性及可靠性都有重要影响。一般来说，水轮机的选型主要根据水电站的水力资源、开发方式、水工建筑物的布置等。其中，水电站的水头是水轮机类型选择的主要依据。由于各类水轮机的应用水头是交叉的，故存在交界水头段。在选择水轮机时，如果同一水头段有多种机型可供选择，则需要认真分析各类水轮机的特性并进行技术、经济比较（如机组造价、发电效益、土建投资等），以确定最合适的机型。

1.4 水能资源统计分级

蕴藏于河川水体中的位能和动能，在一定技术和经济条件下，其中一部分可以开发利用。按资源开发可能性的程度，一般将水能资源分 3 级进行统计，包括理论蕴藏量、技术可开发资源和经济可开发资源。一般按多年平均发电量进行统计（姚兴佳等，2010）。

（1）理论蕴藏量

世界各国的具体计算方法不完全一致，有的按地面径流量和高差计算，有的则按降水量和地面高差计算，计算结果也存在较大差异。中国采取将一条河流分成河段，按通过河段的多年平均年径流量及其上下游两段断面的水位差，用多年的平均功率表示，即

$$P = 9.81QH \tag{1-5}$$

式中，P 为以多年平均功率表示的理论蕴藏量，kW；Q 为通过河段的多年平均径流量，m^3/s；H 为河段两端水位的高程差，m。

一条河流、一个水系或一个地区的水能资源理论蕴藏量是其范围内各河段理论蕴藏量的总和。

（2）技术可开发资源

技术可开发资源是指按当前技术水平可开发利用的水能资源。根据各河流的水文、地形、地质、水库淹没损失等条件，经初步规划拟定可能开发的水电站。统计这些水电站的装机容量和多年平均发电量，称为技术可开发资源。按技术可开发资源统计的多年平均年发电量比理论蕴藏量少，差别在于计算技术可开发资源时：①不包括不宜开发河段的资源；②对可开发河段考虑了由于水轮机过水能力的限制，库水位变动和引水系统输水过程中的损失等因素，部分水量和水头未能被利用；③采用实际可能的能量转换效率 $\eta < 1.0$。由于技术可开发资源随技术水平和社会环境等条件的发展而变化，故技术可开发资源的数量也随时间发展而有所变化。

（3）经济可开发资源

经济可开发资源是根据地区经济发展要求，经与其他能源发电分析比较后，对认为经济上有利的可开发水电站，按其装机容量和多年平均年发电量进行统计。经济可开发水电站是从技术可开发水电站群中筛选出来的，故其数值小于技术可开发资源。经济可开发资源与社会经济条件、各类电源相对经济性等情况有关，故其数量不断变化。

综上所述，对于以上 3 级水能资源的统计，经济可开发资源 < 技术可开发资源 < 理论蕴藏量。

1.5　我国水能资源蕴藏量及开发现状

全球水能资源十分丰富，蕴藏总量达到 50.5 亿 kW，技术可开发装机容量为 22.6 亿 kW。但受地理环境和气候条件影响，全球水能资源分布很不均匀，从技术可开发量来看，亚洲占比为 50%，南美洲占比为 18%，北美洲占比为 14%，非洲占比为 9%，欧洲占比为 8%，大洋洲占比为 1%。我国幅员辽阔，河流纵横密布、径流充沛、落差巨大，蕴藏着丰富的水能资源。2005 年水力资源复查结

果显示，我国水力资源理论蕴藏量为6.94亿kW，年理论发电量可达6.08万亿
kW·h，居全球第一位。其中，技术可开发装机容量为5.42亿kW，技术可开发
年发电量为2.47万亿kW·h；经济可开发装机容量为4.02亿kW，经济可开发年
发电量为1.75万亿kW·h。

我国水能资源分布广泛，但受地形、地势等影响，其空间分布很不均匀，呈
现西部多、东部少的特点，特别是西南地区云南、贵州、四川、重庆、西藏占总
量的66.7%（中国可再生能源发展战略研究项目组，2008）。从流域来看，我国
水能资源富集于金沙江、雅砻江、大渡河、澜沧江、乌江、长江上游、南盘江
红水河、黄河上游、湘西、闽浙赣、东北、黄河中游、怒江、雅鲁藏布江以及新
疆诸河。我国相继规划了13个大型水电基地，其水能资源量超过全国的一半，
且聚集了我国最优质的水电资源，已规划总装机容量超过28 576万kW，目前
在建和筹建的大中型水电站也多集中于此（中国水利发电工程学会，2018），如
表1-4所示。

表1-4   2018年我国13个大型水电基地规划开发规模及已建成规模

序号	名称	规划装机容量 / 万kW	已建成装机容量 / 万kW	已开发比例 / %
1	金沙江水电基地	7 209	3 072	42.61
2	雅砻江水电基地	2 971	1 470	49.48
3	大渡河水电基地	2 552	1 726	67.63
4	乌江水电基地	1 348	1 018	75.52
5	长江上游水电基地	3 211	2 522	78.54
6	南盘江红水河水电基地	1 208	672	55.63
7	澜沧江干流水电基地	2 582	1 906	73.82
8	黄河上游水电基地	1 555	1 315	84.56
9	黄河中游水电基地	597	163	27.30
10	湘西水电基地	661	286	43.27
11	闽浙赣水电基地	1 417	—	—
12	东北水电基地	1 132	483	42.67
13	怒江水电基地	2 132	360	16.89

注：—表示数据缺失，暂时无法获得。

除以上 13 个大型水电基地外，我国又相继规划了雅鲁藏布江下游水电基地以及新疆诸河大型水电基地等，以期进一步推进水电开发。从图 1-8 可以看出，尽管我国水电开发起步较晚，但发展迅速。截至 1995 年，我国水电累计装机容量已突破 5 000 万 kW；2004 年 9 月，随着 "西电东送" 北部通道骨干电源点之一的黄河公伯峡水电站首台 30 万 kW 机组正式投产发电，我国水电装机总容量突破了 1 亿 kW，并超过美国成为世界上水电装机容量最多的国家；2010 年突破 2 亿 kW；2014 年突破 3 亿 kW；2020 年达到 3.7 亿 kW，提前超额完成了《可再生能源中长期发展规划》中规划的 "到 2020 年，全国水电装机容量达到 3 亿 kW，其中大中型水电 2.25 亿 kW，小水电 7 500 万 kW" 的发展目标（中国水利统计年鉴，2021；国家发展和改革委员会，2007）。2020 年，我国水电装机规模继续稳居全球首位，在当年全球水力发电总装机容量（累计装机规模达到 13.3 亿 kW）中占比增长至 27.8%，其次为巴西（1.09 亿 kW）、美国（1.02 亿 kW）、加拿大（8 200 万 kW）和印度（5 050 万 kW）（IHA，2021）。

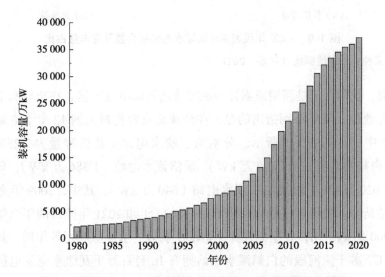

图 1-8　1980—2020 年我国水电开发累计装机容量变化情况

数据来源：中国水利统计年鉴，2021。

由于我国水能资源分布具有区域性特点，近年来以水能资源最为丰富的西南地区四川、云南、贵州为重心，我国积极推进大型水电基地开发，包括长江、金沙江、雅砻江、大渡河、乌江等水系的水能资源。2020 年，从装机容量来看，四川、云南、湖北依次排在前三位，三个省份的水电装机容量占全国水电装机总量的 51.6%，排名前六位的省份（还包括贵州、广西和广东）装机容量占比达到 67.1%；而从年度发电量来看，四川、云南、湖北三个省份的水力发电量占全国水力发电量的 60.1%，排名前六位的省份水力发电量占比则达到 72.8%（图 1-9）。

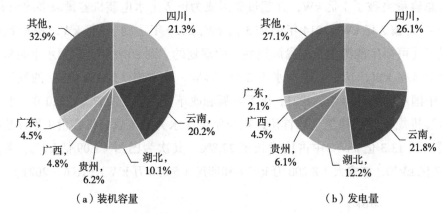

（a）装机容量　　　　　　　　　　　　（b）发电量

图 1-9　2020 年我国部分区域水电装机容量及发电量占比

数据来源：中国能源统计年鉴，2021。

目前，我国无论是新增或累计装机容量还是水电发电量，在全球水电行业都处于领先地位。需要特别指出的是，在全球装机容量最大的 12 个水电站中，有 5 个位于中国，如表 1-5 所示，分别为三峡水电站（装机容量为 2 250 万 kW，下同）、白鹤滩水电站（1 600 万 kW）、溪洛渡水电站（1 386 万 kW）、乌东德水电站（1 020 万 kW）以及向家坝水电站（640 万 kW）。其中，2009 年完工的三峡水电站是全球装机容量最大的水电站，2020 年和 2021 年连续两年全年发电量突破 1 000 亿 kW·h，并全面发挥了防洪、航运、水资源利用等作用。此外，位于金沙江下游干流河段的白鹤滩水电站拥有 16 台百万千瓦级水电发电机组，是世界上在建规模最大、综合技术难度最高的大型水电工程，已于 2022 年年底全部投产发电。至此，长江干流上的 6 座巨型梯级水电站（依次为乌东德水电站、白鹤滩水电站、溪洛渡水电站、向家坝水电站、三峡水电站以及葛洲坝水电站）东西跨越 1 800 km，总装机容量达到 7 169.5 万 kW，共同形成了世界最大的清洁能源走廊，年均发电量可达到 3 000 亿 kW·h，不仅对保障长江流域防洪、发电、航运、水资源综合利用和水生态安全具有重要意义，也可有效缓解华中地区、华东地区及川、滇、粤等省份的用电紧张，为电网安全稳定运行和"西电东送"提供有力支撑。

表 1-5　全球装机容量前 12 的水电站信息汇总（截至 2022 年年底）

序号	名称	位置	建成时间	总装机容量 / 万 kW
1	三峡水电站	中国	2009 年	2 250
2	白鹤滩水电站	中国	2022 年	1 600
3	伊泰普水电站	巴西巴拉圭	2003 年	1 400
4	溪洛渡水电站	中国	2014 年	1 386
5	美丽山水电站	巴西	2017 年	1 123
6	古里水电站	委内瑞拉	1986 年	1 030
7	乌东德水电站	中国	2021 年	1 020
8	图库鲁伊水电站	巴西	2006 年	837
9	拉格朗德水电站	加拿大	1991 年	732.6
10	大古里水电站	美国	1979 年	649.4
11	向家坝水电站	中国	2014 年	640
12	萨扬－舒申斯克水电站	俄罗斯	1987 年	640

截至 2020 年年末，我国常规水电技术开发程度达到 68.5%，其余的水电资源主要分布在西部（西南偏远地区、西北青藏高原）河流上游，受地理位置、资源条件等因素影响，项目推进难度加大、整体成本上升。然而，除提供相较传统化石能源更加清洁的可再生电力之外，在"碳中和"背景下，风电、太阳能光伏等将迎来大规模发展，在新型储能尚未普及的情况下，大量的风电、光电接入将给电网安全运行带来一定压力，水电的调峰能力将更加凸显。因此，2021 年印发的《中华人民共和国国民经济和社会发展第十四个五年规划和 2035 年远景目标纲要》明确提出，"构建现代能源体系，建设雅鲁藏布江下游水电基地，建设金沙江上下游、雅砻江流域、黄河上游和几字湾、河西走廊、新疆、冀北、松辽等清洁能源基地"。预计到 2025 年年末，我国常规水电累计装机规模将达到 3.8 亿 kW，到 2030 年年末，装机规模将达到 4.2 亿 kW。根据《BP 世界能源展

望》预测，随着未来能源消费总量的稳定增长及储能调峰需求，2050 年年末水电在我国能源消费中的占比有望提升至 11%，较 2019 年可增加 3 个百分点。

此外，在我国丰富的水能资源中，小水电资源所占比重很大，一般分布在支流。其技术可开发量占全国技术可开发水能资源的 23.6%，达到 1.28 亿 kW，居全球首位。这些丰富的小水电资源主要分布在中西部地区和少数民族地区等 1 700 多个县（市），同时，这些地区也是我国经济发展相对落后、农村人口相对较多的地区。其中，西南地区小水电资源最为丰富，可开发量为 4 911 万 kW，占规划区可开发总量的 49.0%（中国可再生能源发展战略研究项目组，2008）。因此在我国，小水电特别适用于农村和偏远地区的发展，是解决农村和偏远地区用电的有效技术之一。新中国成立以后，小水电快速增长，成为我国解决农村地区生产生活用电、减少贫困、促进经济社会发展的重要手段。到 2020 年年末，全国已建成小水电站 4.7 万多座，装机容量达到 8 133.8 万 kW，占全国水电装机容量的 22%，而全年发电量已达到 2 423.7 亿 kW·h，占全国水力发电量的 17.9%（中国水利统计年鉴，2021）。

1.6 大水电开发的迷思与小水电生态影响的争议

水电工程一般是综合型的水利枢纽工程，其大型建筑物包括大坝（水坝）、水电站厂房、闸和进水、引水、泄水建筑物等。其中，水坝是水电工程的主体建筑。作为一种技术人工物，水坝曾长期被视为现代文明的象征。工业革命以来，在"利用自然、征服自然"的生态观指导下，人类在全球各大江河上矗立起形形色色的水坝。据统计，20 世纪的 100 年内，在世界上 227 条大河上，60% 的河流被大坝、引水工程及其他基础设施控制起来。特别是 20 世纪 30 年代美国胡佛大坝建成以来，有人宣称人类进入"大坝时代"。我国自新中国成立后共建有各类水库约 9.8 万座，总库容达到 9 323 亿 m³。这些水坝工程往往兼具防洪抗旱、灌溉、供水、发电等多种作用，其中大规模的水力发电，将水的势能转化为动能，提供源源不断的清洁电力，对整个世界的工业化进程都产生了非常深远的影响。

然而，自水坝出现以来，就一直存在争议，这主要是因为水坝的建设和运行改变了自然河流流域生态并产生了其他一系列影响。20 世纪 70 年代，埃及阿斯旺大坝运行导致严重的泥沙淤积问题，引起了人们的广泛争议。自此，人们开始关注大水电开发带来的一系列负面生态环境效应，包括影响河流水质、导致泥沙淤积、阻断鱼类洄游通道等。建造水坝对周边生态环境不可避免地造成负面影响，包括改变河流原有水文情势（流量、流速、水温、脉冲水流等）、冲毁或恶化水生生物栖息地、分割自然种群、阻隔鱼类洄游路线、减少生物多样性等。根据世界自然保护联盟统计，水坝是造成美国 40% 淡水鱼种群濒危、灭绝的最主要原因。于是在国际上，反坝运动（Anti-dam Movement）开始出现，生态学家、环保主义者 E. Goldsmith 和 N. Hildyard 先后于 1984 年、1986 年、1992 年合作出版了三卷本的《大坝对社会和环境的影响》，首次把水电工程的技术、经济与社会影响联系在一起，并提出了"No Dam Good"的口号，从根本上否定水电工程。美国学者麦考林的《大坝经济学》和世界水坝委员会（World Commission on Dams）撰写的《水坝与发展——决策的新框架》都对水电工程的负面生态效应进行了大肆批判。人们不仅直接批评水电对水生生物、泥沙和河道的影响，对大气的影响，对地质灾害的影响以及对移民安置区域和历史人文景观的影响，还因水电工程对生态的影响具有不确定性、不可逆性、累加性和系统性而对未来倍感担心。大水电一度被认为不属于可再生能源范畴，其开发进程也因此变缓（Abbasi T and Abbasi S A，2011）。

更重要的是，20 世纪末至 21 世纪初，美国的"拆坝运动"引起了世界各国的广泛关注，但事实上，如图 1-10 所示，早在 20 世纪初期，美国就开启了长达一个多世纪的"拆坝"之路，截至 2021 年年底，共拆除水坝 1 785 座。然而，从美国拆坝的政策和实践来看，拆坝往往是在综合考虑各种因素基础上对比分析利弊，并进行成本效益考量所作出的决策，并不全然由生态因素导致。根据已有资料及相关文献显示，目前 700 座已拆除的水坝明确记录了拆除原因[①]，其中，306 座水坝拆除的主要原因是生态因素，约占总数的 44%。此外，还包括经济因素（82 座水坝，约占 12%）、安全因素（79 座水坝，约占 11%）、综合原因

---

① 生态因素是指因建造水坝对周边生态环境造成负面影响，包括影响河流水质、导致泥沙淤积、阻断鱼类洄游通道等。经济因素是指综合衡量水坝的成本效益从而确定是否拆坝，由于坝体老化、泥沙淤积和库容缩减、运行效率降低、服务功能减弱等问题，同时因电力需求降低或其他能源替代，水坝丧失了原本的设计功能，经济价值可能会急剧下降。安全因素是指水坝在拦蓄和引流过程中会承受不同程度的压力，导致坝体损伤、退化或寿命缩短，一旦超过承受能力或结构遭到严重破坏，会给下游造成重大的生命和财产损失。重建违建因素即一些水坝由于未经批准、构建不当等原因被拆除。

（218 座水坝，约占 31%）以及重建违建因素（15 座水坝，约占 2%）等。从拆除的水坝坝龄来看，有坝龄记录的 709 座水坝中，约 81% 的水坝拆除时坝龄已超过 50 年，其中 12% 的水坝坝龄超过了 150 年。

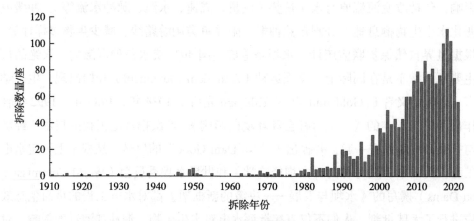

图 1-10　1912—2021 年美国大坝的拆除数量

数据来源：美国河流大坝拆除数据库（American Rivers Dam Removal Database）。

到目前为止，尽管国内外关于大型水电开发的生态影响有较多研究（Abbasi T and Abbasi S A，2011；Nilsson et al.，2005；McCully，1996），但目前仍很难作出定论。国内相关的争议更为明显，如水利专家和生态专家对 2010 年前后华南地区接连不断的极端气候、鄱阳湖的时段性干枯是否由三峡大坝引起持截然不同的观点（Qiu，2012；Zhang et al.，2012）。在这样的背景下，争议一直伴随国内大中型水电的开发，如怒江干流的水电开发，由于生态问题而一度搁浅（Magee and McDonald，2006），西藏雅鲁藏布江流域的梯级水电开发的规划建设也引起了国内外的广泛关注和争论（李志威等，2015；Hennig et al.，2013）。

相比备受争议的大水电，小水电由于规模小、无大坝建设、无移民等相关问题，一直是国际公认的"环境友好""绿色""可持续"的可再生能源选择。诸多关于激励小水电开发的政策也体现了世界各国政府决策者对于小水电环境友好性的认可（Kaldellis et al.，2013；Darmawi et al.，2013；Kosnik，2010；Bakis，2007；Yuksek et al.，2006；Paish，2002）。例如，自 2005 年开始，美国联邦政府就在国家层面制订能源开发利用相关法规和战略规划，明确了可再生能源在美国能源开发利用中的重要地位和发展方向，推广可再生能源使用，同时，美国政府在法规中明确了水电是可再生能源的重要类型。美国联邦政府持续不断地加大政府投入，扩大可再生能源生产和使用，促进形成可再生能源市场，有力推动了小水电的发展。瑞士联邦政府也通过制定《能源法》《2016—2019 年可持续发展战略》《2050 年能源战略》，明确将水电、风电等可再生能源作为国家能源战略发展的核心，并通过按成本收取报酬和一次性投资补贴两种经济手段鼓励可再生电力生产，从而促进了小水电产业的发展；同时为了保障小水电绿色发展，瑞士政府制定了专项基金、生态电价补贴等激励政策。此外，新中国成立后我国相继出台了一系列激励政策，如"以电养电"[①]"自建、自管、自用""同网同价"等，2006 年开始施行的《中华人民共和国可再生能源法》也明确将小水电列为清洁可再生能源，促进了我国小水电的快速增长。

　　然而这种对小水电环境友好的认知往往基于直观判断（Premalatha et al.，2014；Abbasi T and Abbasi S A，2011）。近年来，我国许多地区小水电过度开发水资源导致河流断流现象的频发使得人们开始关注小水电的生态影响（Pang et al.，2015；方玉建等，2014）。2011 年，新华网报道的《百座小水电肢解神农架河流》指出，具有"华中之肺"美称的神农架国家级自然保护区内已建成小水电90 座，在建 10 座，在已建成的 90 座水电站中，88 座为梯级开发的引水式水电站，河水被坝体拦截后，通过山体内开掘的隧道，引到下游发电后排出。小水电运行造成河流反复断流，神农架整体生态遭受威胁。2015 年 9 月，新华社报道祁连山小水电项目陆续上马等行为，导致祁连山生态破坏严重；2017 年 1 月，中央电视台对祁连山生态保护中存在的小水电生态用水下泄不符合规范等问题进行了跟踪报道。报道指出，祁连山是我国西部重要生态安全屏障，是黄河流域重要水源产流地，是我国生物多样性保护优先区域。然而，在祁连山区域的黑河、石羊河、疏勒河等流域高强度开发水电项目，共建有 150 多座水电站，其中 42 座位于保护区内，因水电站在设计、建设、运行中对生态流量考虑不足，导致下游河段出现减水甚至断流现象，水生态系统遭到严重破坏。2018 年 6 月，国家审计署发布了首份《长江经济带生态环境保护审计结果》，明确指出，小水电密集且无序地开发是长江流域生态环境保护方面存在的首要问题。小水电站之间的最小间距小于 100 m，开发强度较大，5 个省"十二五"期间新增小水电超过规划

[①]　以电养电，即小水电的发电、供电利润不纳入各级财政预算，完全用于小水电的建设和改造。

装机容量。此外，8个省有930座小水电未经环评即开工建设，6个省在自然保护区划定后建设78座小水电，7个省建有生态泄流设施的6661座小水电中86%未实现生态流量在线监测。长江经济带小水电过度开发导致333条河流出现了不同程度的断流，总长度超过1017 km。这份审计报告将小水电造成的生态影响带到了公众视野中，引起了关于小水电开发及其生态影响的激烈争议，关于小水电的清退也逐渐提上了日程。如何正确地认识小水电开发带来的生态环境影响，从而科学地优化我国小水电开发，避免盲目关停和退出，实现其可持续发展，已成为亟待解决的问题。

1.7 总体研究思路与章节安排

本书的内容主要涉及我国小水电的开发历程及其生态环境影响。首先，系统分析了我国小水电开发的历程、现状，以及当前面临的挑战。其次，通过构建不同的系统模型，从不同视角定量对比分析了不同地区、不同模式以及不同梯级强度的小水电开发造成的生态影响，探究不同维度下小水电相对适宜的开发条件。此外，本书基于生命周期评价方法，核算了我国小水电开发的全生命周期环境影响及其节能减排效益。在此基础上，探讨了我国小水电开发未来可能的绿色转型策略。本书的章节安排如下：

第1章 能源转型与水电开发

第2章 小水电发展历史及现状

第3章 基于生态能量视角的我国小水电可持续性研究

第4章 基于能值分析的我国小水电生态影响研究

第5章 混合Eco-LCA模型的构建

第6章 不同地区小水电生态影响比较

第7章 不同模式小水电生态影响比较

第8章 梯级小水电开发生态影响核算与分析

第9章 基于生命周期评价的我国小水电环境影响分析

第10章 我国小水电开发的绿色转型策略研究

第11章 结论与展望

参考文献

方玉建，张金凤，袁寿其，2014. 欧盟 27 国小水电的发展对我国的战略思考 [J].
　　排灌机械工程学报，32(7): 588-599.

国家发展和改革委员会，2007. 可再生能源中长期发展规划 [R]. 北京 .

国家能源局，2014. 浅析世界可再生能源政策及发展 [R]. 北京 .

国家能源局，2021. 抽水蓄能中长期发展规划（2021—2035 年）[R]. 北京 .

李志威，王兆印，余国安，等，2015. 雅鲁藏布大峡谷水电开发对边坡稳定性的
　　影响 [J]. 山地学报，33(3): 331-338.

姚兴佳，刘国喜，朱家玲，等，2010. 可再生能源及其发电技术 [M]. 北京：科学
　　出版社 .

中国可再生能源发展战略研究项目组，2008. 中国可再生能源发展战略研究丛书
　　（综合卷）[M]. 北京：中国电力出版社 .

中华人民共和国国家统计局，2022. 中国能源统计年鉴 2021[M]. 北京：中国统计
　　出版社 .

中华人民共和国水利部，2022. 中国水利统计年鉴 2021[M]. 北京：中国水利水电
　　出版社 .

中国水利发电工程学会 . 2018. 7.2 亿千瓦！13 大水电基地、9 大煤电基地、7 大
　　风电基地、10 大光伏领跑者基地 [OL]. http://www.hydropower.org.cn/showNews
　　Detail.asp?nsId=23208.

邹才能，何东博，贾成业，等，2021. 世界能源转型内涵、路径及其对碳中和的
　　意义 [J]. 石油学报，42(2): 233-247.

Abbasi T, Abbasi S A, 2011. Small hydro and the environmental implications of its
　　extensive utilization[J]. Renewable and Sustainable Energy Reviews, 15: 2134-
　　2143.

Bakis R, 2007. The current status and future opportunities of hydroelectricity[J].
　　Energy Sources Part B-Economics Planning and Policy, 2(3): 259-266.

British Petroleum, 2020. Statistical Review of World Energy 2020[R]. London.

Dai H L, Su Y N, Kuang L C, et al., 2021. Contemplation on China's energydevelopment strategies and initiatives in the context of its carbon neutrality goal[J]. Engineering, 7: 1684-1687.

Darmawi, Sipahutar R, Bernas S M, et al., 2013. Renewable energy and hydropower utilization tendency worldwide[J]. Renewable and Sustainable Energy Reviews, 17: 213-215.

Frey G W, Linke D M, 2002. Hydropower as a renewable and sustainable energy resource meeting global energy challenges in a reasonable way[J]. Energy Policy, 30: 1261-1265.

Hennig T, Wang W L, Feng Y, et al., 2013. Review of Yunnan's hydropower development. Comparing small and large hydropower projects regarding their environmental implications and social-economic consequences[J]. Renewable and Sustainable Energy Reviews, 27: 585-595.

Huang H L, Yan Z, 2009. Present situation and future prospect of hydropower in China[J]. Renewable and Sustainable Energy Reviews, 13: 1652-1656.

International Energy Agency (IEA), 2020. World Energy Outlook 2020[R]. Pairs.

International Hydropower Association (IHA), 2021. 2021 Hydropower Status Report[R]. London.

International Renewable Energy Agency (IRENA), 2022. Renewable capacity statistics 2022[R]. Abu Dhabi.

International Renewable Energy Agency (IRENA), 2020. Renewable power generation costs in 2019[R]. Abu Dhabi.

Kaldellis J K, Kapsali M, Kaldelli El, et al., 2013. Comparing recent views of public attitude on wind energy, photovoltaic and small hydro applications[J]. Renewable Energy, 52: 197-208.

Kosnik L, 2010. The potential for small scale hydropower development in the US[J]. Energy Policy, 38: 5512-5519.

Magee D, McDonald K, 2006. Beyond Three Gorges: Nu River hydropower and energy decision politics in China[J]. Asian Geographer, 25(1-2): 39-60.

McCully P, 1996. Silenced Rivers: The Ecology and Politics of Large Dams[M]. London and New York: Zed Books.

Newell R G, Raimi D, Villanueva S, et al., 2020. Global Energy Outlook 2020: Energy Transition or Energy Addition? Resources for the Future[R].

Nillson C, Reidy C A, Dynesius M, et al., 2005. Fragmentation and flow regulation of the world's large river systems[J]. Science, 308: 405-408.

Okot D K, 2013. Review of small hydropower technology[J]. Renewable and Sustainable Energy Reviews, 26: 515-520.

Paish O, 2002. Small hydro power: Technology and current status[J]. Renewable and Sustainable Energy Reviews, 6: 537-556.

Pang M Y, Zhang L X, Ulgiati S, et al., 2015. Ecological impacts of small hydropower in China: Insights from an emergy analysis of a case plant[J]. Energy Policy, 76: 112-122.

Premalatha M, Abbasi T, Abbasi T, et al., 2014. A critical view on the eco-friendliness of small hydroelectric installations[J]. Science of the Total Environment, 481: 638-643.

Qiu J, 2012. Trouble on the Yangtze[J]. Science, 20: 288-291.

Rhodes R, 2018. Energy: A human history[M]. New York: Simon and Schuster, Inc.

United Nations (UN), 2020. United Nations Climate Change Annual Report 2019[R]. https://unfccc.int/documents/234048.

Yuksek O, Komurcu M I, Yuksel I, et al., 2006. The role of hydropower in meeting Turkey's electric energy demand[J]. Energy Policy, 34: 3093-3103.

Zhang Q, Li L, Wang Y G, et al., 2012. Has the Three-Gorges Dam made the Poyang Lake wetlands wetter and drier [J]. Geophysical Research Letters, 39: 20402.

第 2 章

小水电发展历史及现状

2.1　全球小水电发展概况

　　世界上水力发电是从小水电开始的，很多欧美国家在 19 世纪末就开始了小水电的建设。20 世纪 30 年代，由于大中型水电站和电力事业的发展，许多国家出现了关闭小水电站或减少小型水电站数量和装机容量的现象。例如，1930—1970 年美国关闭了 3 000 余座小水电站，1963—1975 年法国小水电站的发电量减少了 78%，1960 年以后，苏联小水电站的数量和装机容量均在下降。然而到 70 年代后期，由于世界性石油价格上涨，出现能源危机，许多发达国家又重新关注小水电，通过小水电开发提供可再生的电力；之后，小水电又有了不同程度的发展（Paish，2002）。发展中国家的小水电发展一直与偏远山区的农村电气化密切相关，这些地区由于地处偏远、人口稀少等原因无法被主电网覆盖。小水电作为一项技术成熟且具有成本效益的电力来源，可以为当地居民提供相对稳定和廉价的电力，切实提高其生活水平（Hicks，2004）。

　　除此之外，在当前化石能源日益枯竭、全球气候变化不断加剧等背景下，小水电作为国际公认的清洁、可再生能源，是一个极具吸引力的选择，可以有效促进能源的清洁转型，促进经济增长并且与化石能源利用相关的温室气体（Greenhouse Gas，GHG）排放脱钩。因此，小水电在世界范围内一直享有良好的声誉（Hennig and Harlan，2018；Cheng et al.，2015）。全球对小水电没有统一的定义，不同国家和地区对小水电的装机上限定义不同，如表 2-1 所示，在美国某些地区小水电的装机容量上限高达 100 MW，在英国则低至 5 MW，两者之间相差近 20 倍（Premalatha et al.，2014）。国际小水电中心（International Center on Small Hydro Power）[①] 将小水电定义为装机容量不超过 10 MW 的水电站（UNIDO，2016）。

表 2-1　不同国家对小水电定义的装机容量上限

国家	小水电装机容量上限 /MW
英国	5
瑞典	15

① 1994 年，由联合国工业发展组织、联合国开发计划署等国际组织和中国政府共同倡议，经各成员组织间的多边协商，成立了有 60 多个国家 200 多个成员参加的国际小水电组织，其秘书处为国际小水电中心，地点设在中国杭州。

续表

国家	小水电装机容量上限 /MW
哥伦比亚	20
澳大利亚	20
印度	25
中国	50
菲律宾	50
新西兰	50
美国	30~100

根据上述定义，全球小水电资源总量约为 2.17 亿 kW。2016 年，全球 160 个国家和地区的小水电装机容量约为 7 800 万 kW，全球小水电资源总潜力已开发将近 36%。小水电约占全球总发电装机容量的 1.9%，占可再生能源总装机容量的 7%，占水电总装机容量（包括抽水蓄能）的 6.5%（10 MW 以下）。2016 年全球可再生能源装机容量中，大水电装机容量排名第 1 位，占 54%，随后是风能和太阳能，占比分别为 22% 和 11%，作为全球最重要的可再生能源之一，小水电装机容量排第 4 位（图 2-1）。

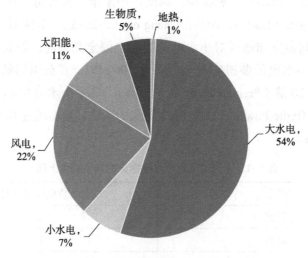

图 2-1　2016 年全球可再生能源装机容量占比

数据来源：UNIDO，2016。

  中国在小水电开发方面处于全球领先地位，由图 2-2 可以看出，根据 10 MW 装机容量的定义，我国小水电装机容量达到 3 980 万 kW，占全球总装机容量的 51% 左右（UNIDO，2016）。在中国之后，装机容量较多的是有着悠久小水电开发历史的美国、日本以及欧洲一些国家（如意大利、挪威、西班牙、法国）等。可以看出，中国小水电的装机容量是美国、日本、意大利和挪威四国总装机容量的 3 倍多。小水电装机容量排名前五的国家，即中国、美国、日本、意大利和挪威，一起构成了约 67% 的全球小水电总装机容量。需要指出的是，近年来，印度、巴西、尼泊尔等诸多发展中国家开始重视小水电资源的开发，装机容量也得到了较为快速的增长（Ferreira et al.，2016；UNIDO，2016；Kumar and Katoch，2014）。

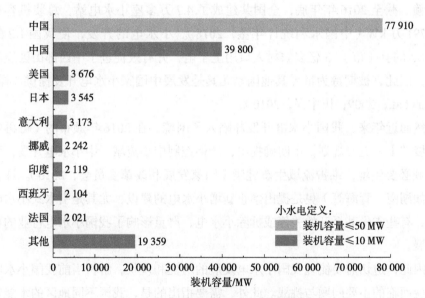

图 2-2 2016 年全球小型水电站发展概况

数据来源：UNIDO，2016；中国水利统计年鉴，2018。

  以印度和巴西为例，在印度，小水电的装机容量上限为 2.5 万 kW，据调查，其可开发资源量约为 1 500 万 kW。截至 2011 年，小水电装机总容量为 243 万 kW，资源开发比例仅为 16%（Nautiyal et al.，2011）。印度政府计划在其"十二五"规划结束之前（2017 年）将小水电装机容量增加至 700 万 kW，并出台了一系列相应的政策，包括财政补贴等，来刺激政府和私人投资者建设新的小水电站。在巴西，小水电的装机容量上限为 3 万 kW，按照该上限，巴西拥有丰富的小水电资源，约为 2 250 万 kW。2001 年，巴西共有 303 座小水电站，总装机容量为 85.5 万 kW；到 2013 年，小水电站数量增长至 480 座，总装机容量达到 465.6 万 kW。巴西政府计划在 2019 年将小水电装机容量增加至 670 万 kW（Ferreira et al.，2016）。

在我国，小水电的定义为装机容量在 5 万 kW 及以下的水电站[①]。按照这个定义，我国拥有丰富的小水电资源，技术可开发资源量达到 1.28 亿 kW，居世界第 1 位（中国水利统计年鉴，2018；中国可再生能源发展战略研究项目组，2008）。新中国成立 70 多年来，我国大力推动小水电的开发，来提高农村电气化水平，发展偏远山区农村经济，同时提供清洁、低碳的可再生电力以减少对化石能源的依赖。截至 2016 年年底，全国共建成了 4.7 万多座小水电站，总装机容量达到 7 791 万 kW（中国水利统计年鉴，2018）。小水电的开发，使我国 1/2 的地域、1/3 的县（市）、3 亿多农村人口用上了电，并有效促进了中西部山区经济的发展，因此，被期待为世界其他国家尤其是发展中国家小水电开发提供"样板"（Zhou et al.，2009；田中兴，2010）。

然而近年来，我国小水电开发却陷入了困境。在 2016 年颁布的《可再生能源发展"十三五"规划》中明确提出，严格控制中小流域、中小水电开发，以保留流域必要生境，维护流域生态健康（国家发展和改革委员会，2016）。许多省份（如湖南、青海等）更是提出禁止新增小水电的建设，尤其是引水式小水电的建设，有些省份甚至开始关停或拆除小水电，严重影响了我国小水电行业的可持续发展。

因此，迫切需要梳理我国小水电发展的历史和现状，解析当前我国小水电行业发展面临的主要问题与挑战。此外，需要指出的是，我国不同地区的水能资源丰富程度及特点不同，小水电所处的开发阶段也不同，如目前大多数中东部省份小水电开发比例较高，而西藏小水电开发比例依然偏低，相应地，这些地区小水电开发的特点也就存在很大差异。因此，本章内容还包括基于课题组在西藏那曲

---

① 新中国成立后，我国对小水电的定义不是一成不变的，而是随着国民经济的发展，农村用电水平不断提高，小水电装机容量也不断扩大。20 世纪 50 年代，小水电指 500 kW 及以下的水电站；60 年代，指 3 MW 及以下的水电站；80 年代，指 12 MW 及以下的水电站；进入 90 年代，小水电则是指 50 MW 及以下的水电站，并沿用至今。

地区①的实地调研，深入解析西藏小水电开发的现状、特点以及存在的问题等，以期探索我国不同地区实现小水电可持续发展的可能转型策略及途径。

2.2 我国小水电资源的分布及特点

2.2.1 我国小水电资源的分布

我国小水电资源丰富，主要分布在湖北、湖南、广东、广西、贵州、重庆、浙江、福建、江西、云南、四川、新疆和西藏等。这些地方多为雨量充沛、河床陡峻的多山区，是中小型水电发展的重要地区。从不同区域来说，西南地区（包括云南、四川、贵州、西藏和重庆）拥有的小水电资源最多，占全国技术可开发资源量的 50.7%，其次分别是华中、华南、西北、华东、东北和华北地区，所占比例分别为 18.8%、14.1%、11.6%、2.9% 和 1.8%（表 2-2）。

表 2-2 我国各省（区、市）小水电技术可开发资源量

地区		技术可开发资源量 / 万 kW	年发电量 /10^6 kW·h	占全国比例 /%
华北	总计	290.8	9 799.9	1.8
	北京	18.6	421.0	0.1
	天津	0.5	20.0	0.0
	河北	120.6	3 848.8	0.7
	山西	85.3	3 380.9	0.6
	内蒙古	65.8	2 129.2	0.4
东北	总计	555.0	15 259.5	2.9
	辽宁	66.7	1 889.0	0.4
	吉林	166.2	5 646.8	1.1
	黑龙江	322.1	7 723.7	1.4

---

① 2017 年，西藏自治区撤销那曲地区和那曲县，设立地级那曲市和色尼区，以原那曲县的行政区域为色尼区的行政区域。为全文统一，本书中沿用"那曲地区"和"那曲县"。

地区		技术可开发资源量 / 万 kW	年发电量 /10^6 kW·h	占全国比例 /%
华东	总计	1 883.9	61 991.9	11.6
	山东	6.4	158.6	0.0
	江苏	5.8	173.0	0.0
	上海	0.0	0.0	0.0
	浙江	462.5	12 035.9	2.2
	安徽	137.1	3 952.8	0.7
	福建	849.2	30 955.3	5.8
	江西	422.9	14 716.3	2.8
华中、华南	总计	2 705.7	100 851.9	18.8
	河南	87.5	3 109.4	0.6
	湖南	800.1	30 410.5	5.7
	湖北	545.5	19 680.8	3.7
	广东	690.1	23 715.3	4.4
	广西	519.3	21 667.2	4.0
	海南	63.2	2 268.7	0.4
西南	总计	5 674.0	271 442.6	50.7
	云南	1 633.0	76 906.7	14.4
	贵州	733.5	25 606.0	4.8
	四川	2 069.8	108 312.7	20.2
	重庆	333.0	13 216.6	2.5
	西藏	904.7	47 400.6	8.9
西北	总计	1 693.7	75 669.0	14.1
	陕西	311.6	12 432.1	2.3
	甘肃	396.0	19 283.0	3.6
	青海	234.1	10 727.3	2.0
	宁夏	1.3	36.0	0.0
	新疆	750.7	33 220.6	6.2
总计		12 803.1	535 044.8	100

数据来源：姚兴佳等，2010。

2.2.2　我国小水电资源分布的特点

由表 2-2 可以看出，我国小水电资源主要分布在西部地区，这些地方多是少数民族地区、革命老区、边疆地区。这些地区国土辽阔，人烟稀少，用电负荷分散，大电网难以覆盖，不适宜大电网长距离输送供电。而小水电具有分散开发、就地成网、就近供电、开发成本低等特点，是大电网的有益补充，在农村电气化方面具有不可替代的优势，小水电在西部大开发中具有突出的区位优势和比较优势。

与此同时，小水电资源主要集中在长江中上游、黄河中上游。这些地区是天然林保护区、退耕还林还草区、重要的生态保护区和主要的水土流失区。在这些地区开发小水电，替代薪柴等燃料，是保护和改善生态环境的重要途径，也具有显著的优势。

2.3　我国小水电资源的开发

2.3.1　我国小水电的发展历程

石龙坝水电站于 1912 年建成，这是我国第一座水电站（不包括台湾地区数据），位于云南省昆明市近郊，装机容量为 480 kW，主要为昆明市居民提供生活用电（Hennig et al.，2013）。然而此后的 30 多年里，受战争、资金、技术等因素影响，小水电的发展一直非常缓慢，到 1949 年新中国成立时，我国小水电总装机容量仅为 0.36 万 kW（中国水利统计年鉴，2009）。

新中国成立后，我国小水电在不同时期基于不同的开发要求得到了快速的发展，如图 2-3 所示，大致可分为 3 个阶段，并在不同阶段承担了不同的角色：新中国成立初期，小水电因规模小、投资少、技术成熟、开发方式灵活等优点，成为我国满足离网地区居民用电需求的重要方式（Cheng et al.，2015），但受到资金等因素影响，小水电发展总体上较为缓慢；自 20 世纪 80 年代起，除为离网地区居民提供生活用电外，小水电依托于电网的迅速发展，可向电网售电，从而成为山区农村经济发展和社会进步的主要推动力，小水电呈现快速发展的态势；进入 21 世纪后，在我国面临日益严峻的能源安全和碳减排双重压力下，小水电作为重要的可再生能源，成为我国优化能源结构、减少对化石能源依赖的重要选择，小水电开发速度保持高位增长（Cheng et al.，2015；李雷鸣和马小龙，2013；Zhang，2010）。

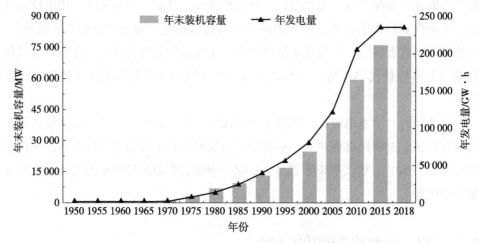

图 2-3　1949—2018 年我国小水电装机容量及年发电量变化

数据来源：中国水利统计年鉴，2019；中国水利统计年鉴，2009。

2.3.1.1　农村电气化的重要实现途径

电气化是人们生活水平的重要指标，是现代文明进步的重要标志。20 世纪 50 年代初，由于严重的电力短缺和农村电网建设落后，我国数亿农村居民用不上电（田中兴，2010）。他们只能依靠传统的生物质烹饪、取暖和照明。小水电是当时技术最成熟、成本最经济的电力来源，成为社会福利的重要组成部分。一直以来，我国政府十分重视农村水电的开发。1953 年在水利部设置了农村水电的专管机构，1955 年，党中央提出积极试办小型水电站，接着在《1956 年到 1967 年全国农业发展纲要》中正式提出，凡是能够发电的水利设施，应当尽可能同时进行中小型水电建设，结合国家大中型电力工程建设，逐步增加农村用电。由此，小水电成为照亮我国广大山区的第一根火柴。当时的小水电主要由中央政府、地方政府和农村合作社投资（Liu et al.，2015）。1963 年，中央批准在水利电力部设立农村电气化局；1969 年，水利电力部在福建永春召开的"南方山区小型水利水电座谈会"上制定了"小型为主、地方群众自办为主、设备地方

"自制为主"和国家在资金与主要原材料上给予补助的促进农村水电发展的政策措施，农村水电发展被正式纳入国家计划（肖中华，2008）。

此后，政府相继出台了一系列激励措施，如"以电养电""谁建、谁管、归谁所有"等政策，来鼓励小水电开发。在资金上，也主要依靠集体经济和地方自筹，国家给予适当补助。20 世纪 80 年代初起，中央政府陆续启动了小水电农村电气化工程，进一步推动偏远山区的农村电气化。与此同时，在很多梯级电站上游修建了水库，提高了调节能力，80% 以上的电站不再是单站运行，而是并入县电网统一调度。农村水电供电区电网建设有了巨大的发展。到 20 世纪末，全国共建成 653 个以小水电为基础的农村电气化县。到 1995 年年底，地方电网规模不断扩大，形成了 43 个跨县的区域性电网，110 kV 线路已成为区域电网的骨干网架。"分散布点、就地开发、就近成网、成片供电，变资源优势为经济优势和绿色能源优势"的贫困山区和老少边穷地区的"中国式农村电气化"模式，突破了单纯依靠常规煤电长距离送电建设电气化不经济、不可能的旧模式（肖中华，2008）。如前文所述，依靠小水电的开发，我国 1/2 的地域、1/3 的县（市）、3 亿多农村人口用上了电（田中兴，2010），可以说，小水电为我国农村电气化作出了不可磨灭的历史贡献。

2.3.1.2 农村经济增长的重要选择

我国实行改革开放政策后，社会主义市场经济体制的建立促进了小水电行业的商业化发展。20 世纪 80 年代初，随着国家和地方电网的不断延伸，尤其是农村水电供电区电网建设有了巨大发展，小水电除满足当地电力需求外，还可以向电网出售多余的电力。值得注意的是，我国的小水电资源主要分布在经济发展相对缓慢的中西部山区（Zhou et al.，2009）。因此，小水电成为山区农村经济社会发展、贫困地区脱贫致富的重要选择。90 年代以后，随着社会主义市场经济体制的发展，小水电的商业化运作逐渐成熟。中央政府还出台了小水电专项贷款和 6% 增值税的税收优惠政策，以支持小水电资源的开发。小水电开发的投资者也趋于多元化，私人投资者开始进入该行业（Liu et al.，2015）。尤其是在 2003 年前后，我国出现了严重的电力短缺，多个省份拉闸限电，对工业经济发展和社会生活产生了巨大影响，这刺激了更多的私人投资者投资小水电资源的开发，并在很大程度上促进了小水电行业的快速发展（曹丽军，2008）。由图 2-2 可以看出，

2003—2010 年，我国平均每年约有 400 万 kW 的小水电新增装机。这些小水电站的投资者通过向电网出售电力获得经济效益，同时为地方政府的税收作出了重要贡献。近年来，我国小水电每年提供的税收已经超过 100 亿元（中国水利统计年鉴，2019），在其他产业较少的许多县乃至地区，小水电企业成为地方政府的主要财政收入来源。

此外，小水电的开发也带动了当地其他产业的发展。促进农村发展，电力是最基础性的资源，有了稳定的电力来源，当地可以发展很多产业（如制造业、农副产品加工业、旅游业等），并使农村富余劳动力得以安置，由此带动山区城乡工业发展和小城镇建设，促进经济结构调整，有效地改善了山区农村地区的基础设施和生活条件，大幅增加了农民收入，加快了贫困山区、少数民族地区经济发展和民众脱贫致富，促进了当地经济社会的快速发展。

2.3.1.3 小水电的多重角色

进入 21 世纪后，随着经济社会持续发展，社会公众的生态环境保护意识日益增强。生态系统退化、气候变化、环境污染等一系列影响人类生活水平的全球及区域生态环境问题受到了越来越多的关注。在这样的背景下，除实现农村电气化和发展农村经济外，小水电行业承担了越来越多的角色，其中一个重要角色就是保护森林生态系统。

进入 21 世纪后，虽然很多地区的农村居民已经用上了电，但燃烧传统生物质能源仍是主要的生活用能方式，特别是能源供应短缺、使用水平较低的地区，生物质的直接燃烧不仅导致了严重的环境污染，更导致了植被的严重破坏，森林资源被快速消耗，出现水土流失、土地荒漠化等问题，生活环境不断恶化。而我国小水电资源与我国贫困人口、退耕还林区、自然保护区、天然林保护区和水土流失重点治理区的分布基本一致（田中兴，2010）。因此，为了改善农村地区生活环境，巩固和保护退耕还林区、天然林保护区、自然保护区和水土流失重点治理区等，我国于 2003 年启动了小水电代燃料试点工程，2006 年在试点的基础上，开展了扩大试点建设（国家发展和改革委员会，2008），又于 2009 年制定了《2009—2015 年全国小水电代燃料工程规划》。截至 2015 年年底，共建成 993 座小水电站，总装机容量为 191 万 kW。这些小水电站的建设运行保护了 2 749 万英亩[①]森林，大幅增加了森林生态系统所提供的服务功能[②]，包括涵养水源、保育土壤、固碳释氧、林木营养积累等（Kong et al.，2016；于海艳，2016）。

我国已成为世界上最大的能源消费国和温室气体排放国，同时，石油和天然气对外依存度持续升高，2021 年石油和天然气的对外依存度已分别达到 73% 和 45%，这对我国能源安全造成了严重的威胁。能源安全是关系到国计民生的根本性问题。长期以来，为应对能源紧缺及碳减排的双重压力，优先发展可再生能源、节约和替代部分化石能源成为我国能源发展的重要策略（国家发展和改革委员会，2007）。作为国际公认的清洁、可再生能源，小水电具有显著的节能减排收益（Pang et al.，2015a；田中兴，2010）。开发丰富的小水电资源有助于我国减少对煤炭等化石能源的依赖，优化能源消费结构，促进国家能源转型，以实现到 2020 年将我国非化石能源在一次能源消费中的比重提高到 15% 的目标（国家发展和改革委员会，2007）。可以在国家层面，甚至在更大范围内（如全球视角）部署开发丰富的小水电资源。同时，增加小水电资源的开发也是我国清洁发展机制（Clean Development Mechanism，CDM）[③]最适合的选择之一（Wu and Chen，2011）。截至 2018 年年底，小水电的年发电量为 2 346 亿 kW·h，约占我国可再生能源发电总量的 13%，是我国可再生能源开发中重要的组成部分（中国电力企业联合会，2019）。表 2-3 列出了新中国成立以来我国政府对小水电发展的激励政策和措施。表 2-4 则梳理了我国小水电在不同时期的发展情况。

表 2-3　新中国成立以来我国政府对小水电发展的激励政策及措施

时间	激励政策及措施
20 世纪 50 年代	《1956 年到 1967 年全国农业发展纲要》中正式提出，凡是能够发电的水利设施，应当尽可能同时进行中小型水电建设，结合国家大中型电力工程建设，逐步增加农村用电

[①]　1 英亩≈4 046.86 m²。

[②]　生态系统服务（Ecosystem Services），是指人类从生态系统中获得的各种惠益，根据千年生态系统评估（Millennium Ecosystem Assessment，MEA）报告中所述，生态系统服务可分为供给服务、调节服务、支持服务和文化服务四大类，每一大类可细分为不同小类。

[③]　联合国清洁发展机制（CDM）是《联合国气候变化框架公约》（UNFCCC）主导的发达国家与发展中国家之间的碳交易机制，其主要内容是发达国家通过提供资金和技术的方式，与发展中国家开展项目级的合作，通过项目所实现的温室气体减排量，可以由发达国家缔约方用于完成在《京都议定书》第三条下的承诺，旨在支持减少温室气体在全球范围内的排放行动。

续表

时间	激励政策及措施
20世纪60年代	实施"以商品粮棉基地为重点，以排灌用电为中心，以电网供电为主，电网和农村小型水电站供电并举"的农村水电发展方针；实施"以电养电"政策
20世纪70年代	发动县、社、队各级办电，执行"谁建、谁管、归谁所有"（后改为"谁建、谁有、谁管、谁受益"）的政策
20世纪80年代	实施小水电"自建、自管、自用"政策，建设第一批100个农村水电初级电气化试点县
20世纪90年代	农村水电电气化县增至500个，实施小水电建设专项贷款和6%增值税优惠政策；《中华人民共和国电力法》明确指出，国家要鼓励农村水电开发，建设小水电站，提高农村电气化水平
21世纪后	实施小水电代燃料项目；小水电"全额上网、同网同价"；《中华人民共和国可再生能源法》明确将小水电列为清洁可再生能源之一，规定可再生能源的开发利用是能源发展的优先领域

表2-4 我国小水电在不同时期的发展情况

时间	小水电容量	机组制造及操作特点	电站运行方式	电网电压	电站作用
20世纪50年代	0.5 MW及以下	农机厂制造的木制与铁木结合的水轮机，多为手动操作	单站孤立运行	低压400 V就近送电	照明
20世纪60年代	3 MW及以下	全国有10家专业制造厂，年生产能力100 MW，水轮机多为铸钢或铸焊结构	几个电站联网运行	高压10 kV输电	照明与加工
20世纪70年代	12 MW及以下	全国有60多家专业制造厂，年生产能力1 000 MW，完成机组系列化，骨干电站为自动调速	全线建成统一调度的地方电网	高压35 kV电网	照明、加工、排灌及县工业用电
20世纪80年代	25 MW及以下	试验新型高效率机组，试点全盘自动化操作	成立县统一管理的小水电公司	110 kV高压电网	担负县范围内的电气化
20世纪90年代	50 MW及以下均可按小水电政策进行建设和管理	试制抽水蓄能机组	建设跨县的区域电网，组建地方电力集团公司	开始架设220 kV高压线路	担负地区（市）范围内的电气化

2.3.2 我国小水电的开发现状

经过新中国成立后半个多世纪的快速发展，到 2017 年年底，我国共建成了 4.7 万多座小水电站，累计装机容量达到 7 927 万 kW，这些小水电站广泛分布在全国 30 多个省级行政区（上海市除外），甚至在生态环境极其脆弱的西藏自治区都有小水电站的开发和建设。从累计装机容量来看，我国小水电装机容量最多的五大省份依次为云南（1 198.50 万 kW）、四川（1 179.17 万 kW）、广东（759.57 万 kW）、福建（741.74 万 kW）、湖南（635.82 万 kW），这 5 个省份的装机容量占全国小水电装机总量的 56.96%，如图 2-4 所示。

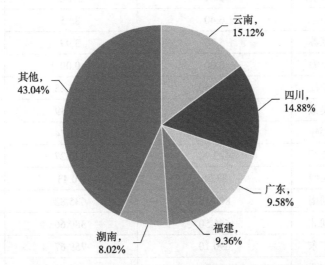

图 2-4　2017 年我国小水电装机容量的区域分布格局

数据来源：中国水利统计年鉴，2018。

整体来看，2017 年，我国小水电资源开发比例为 0.62，该比例仍然低于许多发达国家的水电开发程度，如美国开发比例已达到 0.73，日本为 0.84，西班牙、意大利均为 0.96，瑞士、法国等均已达到 0.97（UNIDO，2016；田中兴，2010）。需要指出的是，这一比例是在整个国家层面上计算的，从我国不同省份小水电资源的开发比例来看，情况就大不相同了。表 2-5 展示了 2017 年我国各省（自治区、直辖市）的小水电开发比例。

表 2-5　2017 年我国各省（自治区、直辖市）小水电技术可开发资源量与已开发资源量分布

地区		技术可开发资源量 / 万 kW	已开发资源量 / 万 kW	开发比例
华北	北京	18.60	4.29	0.23
	天津	0.50	0.58	1.16
	河北	120.60	39.61	0.33
	山西	85.30	19.89	0.23
	内蒙古	65.80	9.52	0.14
东北	辽宁	66.70	44.35	0.66
	吉林	166.20	58.87	0.35
	黑龙江	322.10	37.33	0.12
华东	山东	6.40	8.95	1.40
	江苏	5.70	3.99	0.69
	上海	0.00	0.00	0.00
	浙江	462.50	405.45	0.88
	安徽	137.10	111.39	0.81
	福建	849.20	741.74	0.87
	江西	422.90	340.27	0.80
华中、华南	河南	87.50	50.43	0.58
	湖南	800.10	635.82	0.79
	湖北	545.50	380.66	0.70
	广东	690.10	759.67	1.10
	广西	519.30	459.36	0.88
	海南	63.20	45.71	0.72
西南	云南	1 633.00	1 198.50	0.73
	贵州	733.50	347.64	0.47
	四川	2 069.80	1 179.17	0.57
	重庆	333.00	267.24	0.80
	西藏	904.70	36.93	0.04
西北	陕西	311.60	149.56	0.48
	甘肃	396.00	262.66	0.66
	青海	234.10	109.67	0.47

地区		技术可开发资源量 / 万 kW	已开发资源量 / 万 kW	开发比例
西北	宁夏	1.30	0.62	0.48
	新疆	750.70	204.93	0.27

数据来源：中国水利统计年鉴，2018；姚兴佳等，2010。

由表 2-5 可以看出，对于小水电资源丰富的一些中西部省份，如贵州和新疆，开发比例仍相对较低，分别为 0.47 和 0.27。特别是有"亚洲水塔"之称的西藏，小水电资源极其丰富，在我国所有省份中排名第三（前两位分别为四川和云南），但是开发比例极低，仅为 0.04。目前，我国尚未开发的小水电资源也主要分布在这些地区。需要指出的是，基于课题组的实地调研，西藏的小水电开发目前主要用于农村电气化，为远离主电网的当地居民提供生产生活用电，而不是用于推动地方经济增长或提供清洁低碳的可再生能源，这和我国其他多数省份当前开发小水电的目的有所不同。因此，针对西藏小水电的开发现状及特点，我们将在 2.5 节进行详细介绍和分析。

大部分中东部省份小水电资源的开发比例已经非常高，浙江和福建小水电资源的开发比例分别为 0.88 和 0.87。在这些地区，民间资本早在 20 世纪 90 年代初就开始进入小水电行业，投资小水电站的建设运行。而一些省份（如广东），小水电的总装机容量已经超过了其技术可开发资源总量，开发比例达到了 1.10。

此外，具有丰富水能资源的长江流域的大部分省份的小水电开发非常密集。据调查，截至 2017 年年底，长江经济带的 10 个省份（包括四川、云南、贵州、重庆、湖北、湖南、江西、安徽、浙江和江苏）共建有 2.41 万座小水电站（国家审计署，2018）。就开发比例而言，江西达到 0.80，湖南为 0.79，重庆为 0.80，云南为 0.73，四川为 0.57。需要指出的是，在西部大开发等政策的推动下，小水电资源最为丰富的云南、四川、贵州等省份近年来成为私人投资者建设更多新小水电站的"热点"地区，因此小水电装机容量实现了快速增长，如图 2-5 所示，2008—2018 年，云南小水电装机容量由 623.23 万 kW 增长至 1 212.85 万 kW；四川小水电装机容量则由 619.69 万 kW 增长至 1 201.12 万 kW，两个省份的小水电装机容量均增长了接近 1 倍（中国水利统计年鉴，2018）。根据国家发展和改革委员会 2007 年制订的《可再生能源中长期发展规划》，到 2020 年，全国小水电总装机容量计划达到 7 500 万 kW，但是这一目标早在 2015 年就已经实现，2015 年全国小水电装机容量累计已达到 7 583 万 kW。小水电资源如此快速、密集的开发，尤其是流域梯级小水电开发，需要合理和谨慎的前期规划和精细化的管理。然而，近年来，我国小水电的发展变得无序，尤其是许多民间资本争相占领潜在的小水电资源点，小水电项目盲目"上马"。许多小水电站的建设都缺乏合理的规划和严格的项目实施前对生态环境影响的评估（国家审计署，2018），这不可避免地导致了严重的生态影响，以及引起的各种社会争议。小水电的开发面临越来越多的挑战，严重影响了我国小水电行业的可持续发展。

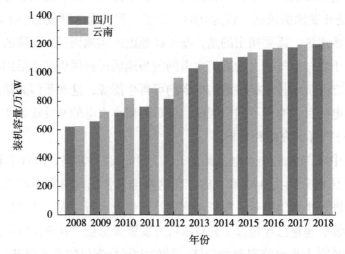

图 2-5　2008—2018 年四川和云南小水电装机容量增长情况

数据来源：中国水利统计年鉴，2019。

2.4　我国小水电发展面临的挑战

2.4.1　小水电开发引发的生态问题

　　虽然小水电站在运行过程中不会消耗或污染用来发电的水资源，但它会干扰自然水流，改变水体的自然时空分布。这将改变河流的生态过程，影响河流生态系统的健康。通过文献调研可知，如果保障水资源的开发在一定范围内，并采取适当的保护措施，如鱼道，那么小水电开发的影响可以控制在一个可以接受的水平（Li et al.，2018；吴乃成，2007；Anderson et al.，2006；Santos et al.，2006）。
然而一旦水资源过度开发，就会严重破坏河流生态系统，其影响甚至可能会超过
大型水电站（Pang et al.，2015b；Kibler and Tullos，2013；Mantel et al.，2010a；
Mantel et al.，2010b；Fu et al.，2008）。研究表明，小水电导致的河流连通性下
降幅度是大水电的 4 倍以上，并进一步对洄游鱼类造成严重影响（Couto et al.，
2021）。总体来看，小水电的环境友好性取决于其对水资源的合理利用。然而，
我国中东部地区很多小水电站在实际运行中，为了追求更高的发电效益，往往会
挤占下游河道生态需水，忽略了对河流生态系统的严重影响。图 2-6 为 2010 年
贵州省某典型的筑坝式小水电站全年的每日入库流量和溢流流量。可以看出，该
水电站每天都有来自上游的入库流量。然而，全年出现溢流流量的天数很少，只
有断断续续的 40 天发生了溢流，这意味着水电站大坝和尾水渠出口之间的河段
大部分时间都是干枯的。此外，一旦水电站停止运行，水电站出口下游的河段几
乎每天都会出现周期性干枯，如图 2-7 所示。

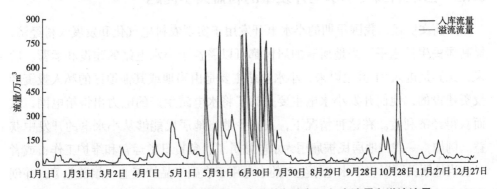

图 2-6　2010 年贵州省某典型小水电站的年度每日入库流量和溢流流量

图 2-7　贵州省两座小水电站过度开发水资源造成的下游河道断流情况

目前,水电站在运行过程中发电用水挤占河流生态需水是困扰我国小水电可持续发展最突出的问题,特别是过度开发水资源,导致河道断流。由于缺乏合理的规划,大多数小水电站的私人投资者倾向于安装比可开发水电资源更大容量的发电设备,以便在雨季水资源充沛时生产更多的水电。如此一来,在少雨的干旱季节,水电站发电和下游河道的生态需水之间就会存在不可避免的冲突。目前为止,我国小水电站下游生态流量的释放还没有统一的标准。此外,由于小水电资源的分布特点,大多数小水电站都建在偏远山区,交通不便。因此,对于如此众多的小水电站,相关管理机构很难或者几乎不可能对它们的日常运行进行严格的现场管理和监督。在这种情况下,大多数小水电站不会考虑可能的生态影响,而是挤占全部的下游河道生态流量来生产更多的电力,以提高小水电的经济效益。在同一条河流上,不同梯级小水电站无序地拦截蓄水或人工引水发电,会使整个河道破碎,对河流生态系统造成灾难性的后果。

2.4.2　当地居民在小水电开发中的利益共享问题

如前文所述,我国早期的小水电开发用于实现农村电气化和发展农村经济,提高居民生活水平,当地所有的居民都可以受益于小水电站的建设和运营。后来,尤其是进入 21 世纪以来,小水电站主要是由当地或其他地区的私人投资者投资建设的,他们开发小水电主要是为了将水电站生产的电力出售给电网,从而获得经济利益。在这种情况下,只有少数当地居民能够从小水电的开发中获益。例如,一些当地居民被雇用为水电站员工,负责日常运营和维护工作;或者一些当地居民可以将小水电站生产的水电用于农副产品加工业、旅游业等,并创造更多的收入。然而,对大多数的当地人来说,很难从水电站的开发中获益。尽管有小水电的开发,他们仍然很少有机会改变职业、创造更多收入或获得其他好处。

更糟糕的是,我国属于典型的季风气候国家,降水量在季节上分布极不均匀。在干旱季节,一些小水电站的运行可能会影响农业灌溉用水和居民生产生活用水。近年来,小水电运行导致的"与农争水""与民争水"等现象频出,引起了许多社会争议。在每年最干旱的 3—6 月,为保障发电收益,小水电站可能会拦截蓄积上游所有的来水,累积水头,或通过引水渠道将河水引至下游几公里处的厂房,用来生产更多的电力,直接影响了电站周边的农业灌溉和居民生产生活

（Hennig and Harlan，2018；Zhang et al.，2014）。由于我国小水电资源主要分布在中西部偏远山区，当地居民大多是以务农为生的农民。在这种情况下，小水电的开发不仅没有给当地大多数居民带来任何利益，反而严重影响了他们的日常生活和农业收入。因此，许多小水电项目在建设前就遭到了当地居民的强烈反对，这也成为阻碍小水电可持续发展的挑战之一。

2.4.3　电网延伸和多元化的电力来源

改革开放以前，我国的电力建设和电网建设主要集中在城市及其周边地区。受城乡分割的制约，广大农村地区电网建设非常薄弱和落后。开发当地可用的小水电资源成为当时实现农村电气化最有效、最经济的途径。与此同时，我国一直致力于农村电网的建设和改造。尤其在 1998—2003 年，我国共投入约 3 000 亿元支持农网改造和同网同价工程，极大地提高了农村电网的技术水平和规模（Ding et al.，2018）。当农村居民被电网覆盖时，当地的小水电站便不再是他们日常生活所必需的。近年来，其他新能源技术的快速进步使得农村电气化的替代能源多样化，主要包括分布式风电和分布式光伏等。对于那些主电网仍然难以覆盖的偏远山区，这些替代方案也可以作为分布式能源系统用于农村电气化。例如，在中央政府的特别财政支持下，通过实施"中国光明工程"[①]和"金太阳试点工程"[②]，西部省份近年来大力推广了户用太阳能光伏发电系统（PV）（Wang and Qiu，2009）。总体而言，小水电在农村电气化中的作用已逐渐被削弱。

除此之外，自 2006 年《中华人民共和国可再生能源法》颁布后尤其是 2010 年之后，由于技术进步和经济成本的不断降低，风电和太阳能光伏发电行业进入了快速增长阶段。2018 年年底，我国风电累计装机容量达到 1.84 亿 kW，而太阳能发电累计装机容量也达到了 1.74 亿 kW。这些新能源技术除了为农村居民提供分布式电力，还可以大规模开发，为电网提供相当数量的可再生电力。如图 2-8

---

① 1997 年，"中国光明工程"从西藏、青海等地进入实施阶段，光明工程通过太阳能、风能等发电方式在西部建立起上千套独立发电系统，替代煤炭等传统能源发电，解决了西部地区 700 多个村庄的用电问题。

② 2012 年，国家支持西藏实施了"金太阳工程"，到 2013 年第一季度已完成全部工程建设，采用光伏独立供电方式解决了 64 个县、1 493 个行政村、约 52 万无电人口以及 691 座寺庙、143 个寺管会、64 个道班、213 个学校、121 个边防单位的基本生活用电问题，实现 64 个县户户通电。

所示，目前我国风电和太阳能光伏发电的装机容量已经远远超过了小水电。此外，尽管近年来争议不断，但我国大中型水电开发仍在快速推进中，溪洛渡、乌东德等大型水电站相继建成运行，尤其是 2022 年年底金沙江下游干流河段白鹤滩水电站的全部建成运行，标志着我国大型水电开发迈上了一个新台阶。与之相对应的是，我国小水电在电力行业中的占比在持续下降，其装机容量占比已从2008 年的 6.47% 降至 2018 年的 4.24%，这一比例还在持续下降。更重要的是，受资源潜力的限制，小水电未来也很难在规模化开发方面与风电、光伏发电等可再生能源电力来源形成竞争。

图 2-8　2008—2018 年我国电力行业装机容量及小水电所占比例变化

数据来源：中国统计年鉴，2019。

2.5　西藏小水电开发现状分析：基于在那曲地区的实地调研

2.5.1　西藏小水电资源及其开发

西藏平均海拔 4 000 m，被称为"世界屋脊"和"世界第三极"。由于海拔较高，西藏是极地之外冰川最为集中的地方。同时，西藏是亚洲数条主要河流和无数小溪的发源地，具有丰富的水能资源，因此被称为"亚洲水塔"（Yao et al.，2012；Wang，2009），其提供的水源滋养着亚洲十多亿人口的生存和发展。据调查，西藏水能资源技术可开发资源总量为1.10亿kW，其中小水电可开发资源量约为9 047万kW，在全国各省份中排第3位（中国可再生能源发展战略研究项目组，2008）。

然而，西藏小水电的开发相对缓慢且滞后，截至2015年年底，全区总装机总量仅为300万kW，开发比例仅为3.3%。从图2-9可以看出，虽然西藏装机容量在不断增长，但小水电站的数量波动较大，有些年份甚至出现减少，可以看出西藏小水电的发展波动较大（中国统计年鉴，2016；Cheng et al.，2015）。尽管如此，作为民生事业的重要组成部分，小水电近年来在为西藏离网地区的居民提供电力方面发挥了至关重要的作用。据统计，到2010年年底，通过开发小水电，西藏56个县的大约90万当地居民用上了电（吉生元，2011）。

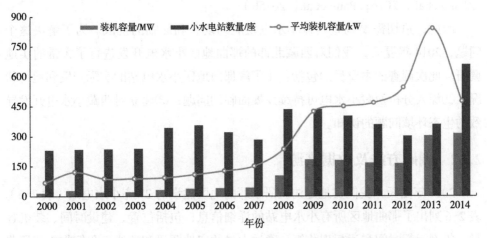

图2-9　2000—2014年西藏自治区小水电开发装机容量及电站数量变化

数据来源：中国统计年鉴，2016。

与喜马拉雅山脉的其他国家（如印度等[①]）一样，为了将"水塔"建设成为"电塔"（Kumar and Katoch，2014），我国提出2020年后将西藏作为主要的水电

---

① 进入21世纪以来，印度开始重视喜马拉雅地区的大坝建设，提出了建设规划，并加快了建设进度，如在喜马拉雅西段地区2001年以后加快了大坝建设，喜马偕尔邦2001年以后建成了12座大型水坝，还有1座在建，在北阿肯德邦还有8座大型水坝在建；在喜马拉雅地区东段的雅鲁藏布江—布拉马普特拉河流域也建有数座大坝，以满足其水资源调节、电力供应等的需要（王鹿鸣和丁阿宁，2023）。

开发基地，以支撑我国快速的经济增长、保持能源基础设施的多样化。2014年11月，雅鲁藏布江干流中游上的藏木水电站正式投产发电，6台机组总装机容量达到51万kW；加查水电站、大古水电站先后于2020年、2021年实现首台机组投产发电，可以预见的是未来西藏的大中型水电工程将越来越多。在此背景下，需要分析西藏小水电的作用及其发展战略和区域影响，以确定其发展的适当途径（韩松，2015；西藏自治区政府，2011）。目前发表的文献中已有一些关于我国和其他喜马拉雅地区国家小水电开发现状的分析（Cheng et al.，2015；Kong et al.，2015；Kumar and Katoch，2014），然而对西藏的小水电进行综合的调研和分析还未见于文献报道。从课题组前期的案例对比分析研究可以看出，与我国贵州的小水电开发相比，西藏的小水电开发将对当地生态系统造成更大的压力（Zhang et al.，2016）。事实上，以往认为小水电系统是安全的电力来源，几乎没有负面生态影响的想法是值得怀疑的，特别是在西藏这种脆弱的高寒草原生态系统地区（Zhang et al.，2016；Pang et al.，2015b）。

因此，迫切需要调查西藏小水电发展的现状和面临的挑战。为了解决这个问题，2014年夏天，我们对西藏北部的那曲地区小水电开发进行了大量的实地调研。此次调查的主要目的包括：①了解那曲地区小水电站的实际开发和运行状况；②深入分析西藏小水电可持续发展面临的问题；③建立对西藏小水电开发导致的生态环境问题的认知。

2.5.2 调研方法及数据来源

2014年夏天，我们实地走访调研了那曲地区建设的27座小水电站（表2-6）。表2-6列出了那曲地区所有小水电站的详细信息，包括位置、建设时间、装机容量、年度运行时间和运行现状等。通过大量的实地调研和访谈，我们收集了那曲地区所有小水电站开发的定性和定量数据。首先，我们通过现场调研小水电站，收集了电站的基本数据资料，包括地理位置、开发模式和装机容量等信息。此外，我们还记录了当地河流和周围陆地生态系统的主要特征，以及水电站对不同生态系统造成的显著影响。

表 2-6　西藏自治区那曲地区 27 座小水电站建设和运行情况（2014 年）

序号	水电站	所属区（县）	建成时间	装机容量/MW	设计满负载运行小时数/h	2013 年实际满负载运行小时数/h	比例/%ᵃ	运行状态
1	查龙	那曲县	1996 年	10.8	4 040	—	—	备用
2	尤洽		2003 年	0.15	5 562	—	—	废弃
3	尼玛		2002 年	0.15	**	—	—	废弃
4	索县	索县	2003 年	0.96	6 633	2 583	38.94	运行
5	嘎美		2007 年	0.25	4 320	1 160	26.85	维修
6	额荣		2009 年	0.1	5 531	600	10.85	运行
7	阿尔丹一级	巴青县	1996 年	0.75	5 067	667	13.16	运行
8	阿尔丹二级		2005 年	0.8	6 916	1 675	24.22	运行
9	高口		2004 年	0.15	5 571	1 400	25.13	运行
10	雅安		2005 年	0.2	6 107	1 400	22.92	运行
11	满塔		2007 年	0.075	4 676	—	—	废弃
12	比如	比如县	1990 年	1.6	**	—	—	废弃
13	吉前		2010 年	2	6 533	1 480	22.65	运行
14	扎拉		2003 年	0.15	**	—	—	废弃
15	夏曲卡		2003 年	0.5	**	—	—	废弃
16	达塘		2004 年	0.125	**	—	—	废弃
17	羊秀		2005 年	0.2	5 616	760	13.53	维修
18	白嘎		2010 年	0.5	5 727	2 046	35.73	运行
19	嘉黎一级	嘉黎县	1996 年	0.75	**	—	—	废弃
20	嘉黎二级		2008 年	1.5	4 825	933	19.34	运行
21	措多		2006 年	0.2	6 132	860	14.02	运行
22	色容		2007 年	0.2	6 200	1 665	26.85	运行
23	聂荣	聂荣县	1996 年	0.96	**	—	—	废弃
24	雄美	申扎县	2010 年	0.75	6 595	1 160	17.59	运行
25	甲岗		1998 年	1.5	7 200	2 867	39.82	运行

序号	水电站	所属区（县）	建成时间	装机容量/MW	设计满负载运行小时数/h	2013年实际满负载运行小时数/h	比例/%[a]	运行状态
26	尼玛	尼玛县	2010年	1.26	5 880	**	**	运行
27	西亚尔	双湖县	2007年	0.32	7 300	**	**	运行
	总计			26.9				

注：** 表示由于数据缺失而无数据；—表示由于水电站已废弃而无数据。

[a] 该列数据为各水电站2013年实际满负载运行小时数与设计满负载运行小时数的比值。

除了现场观察，我们还通过采访那曲地区各县级农村电气化局的工作人员收集到小水电站的建设信息，如建设资金来源和建设的年份。此外，我们还就水电站日常运行时间、电价和故障维修等运营和维护方面的情况与各小水电站的负责人进行了深入地交流。在调研中，我们通过收集各个小水电站的设计报告书补充了所有小水电站的详细数据（包括年度设计运行时间和设计发电量等），并通过现场访谈对其进行了确认。

最后，我们走访了西藏自治区水利厅，通过对工作人员的访谈，收集了那曲地区目前正常运行的每个小水电站2013年的实际年发电量及其供电范围覆盖的当地居民人数等数据。基于以上数据和信息，对那曲地区的小水电开发进行了深入分析。

2.5.3 那曲地区的小水电开发进展

那曲地区位于西藏自治区北部，地处青藏高原腹地，西藏冈底斯山脉与念青唐古拉山脉北部之间，总面积达 35 万 km²。那曲地区由 11 个县级行政区组成，2012 年年底总人口为 49 万人（生态环境部环境规划院，2015）。同时，那曲地区是长江、怒江、澜沧江等亚洲多条主要河流的发源地，该地区的水资源和水能资源都极为丰富（Gao et al.，2009）。另外，那曲地区约 94.4% 的地域属于高寒草原生态系统，包括高寒草甸、高寒草原和高寒荒漠草原，具有较强的脆弱性（Li et al.，2015；Gao et al.，2009；钟祥浩等，2003）。值得注意的是，高寒草原生态系统也是整个西藏自治区主要的生态系统类型（高泽永等，2014）。

数千年来，西藏农牧区的牧民主要依靠牛粪和薪柴等传统生物质烹饪、照明和取暖等（Ping et al.，2011；Liu et al.，2008；张国宝，2007）。截至 2014 年年底，西藏农牧区仍有 12.7 万农牧民的用电问题尚未得到有效解决，传统的煤油照明仍然是这部分农牧民的主要照明方式。自 20 世纪 90 年代初以来，当地政府为了改善人民群众的生活水平，在这些县的城区周围建造了几座小水电站，为县城及周边居民提供电力。2000 年，我国开始实施西部大开发战略后，那曲地区的广大农村地区周边开始修建更多的小水电站，进一步提高了农村电气化水平。自 2005 年以来，由于县城周边最早修建的老旧小水电站开始频繁出现故障，甚至无法运行等问题，当地政府在县城周边重新建设了一批小水电站。上述故障主要包括因较小的装机容量无法满足周边居民的用电需求以及因设备老化或施工不当。据统计，那曲地区目前约有 8 万名居民依靠这些小水电站供电生活，占总人口的 16.3%（生态环境部环境规划院，2015）。

由于超过 60% 的人口分布在那曲地区的东部，包括那曲县、嘉黎县、比如县、索县和巴青县 5 个县级行政区（生态环境部环境规划院，2015），因此大多数小水电站也建在这些地方。通过数据统计可知，那曲地区已建成的 27 座小水电站的机组总装机容量为 2.69 万 kW，平均装机容量约为 1 000 kW。值得注意的是，自 2010 年以来，那曲地区 11 个县均没有修建新的小水电站。

2.5.4　那曲地区小水电开发的特点

从调研的结果来看，那曲地区的小水电开发仍处于初级阶段，换句话说，那曲地区小水电的建设运行是作为重要的社会服务来为周边居民提供生产生活用电，实现电气化，而不是为了促进当地农村经济发展或为国家提供可再生能源（冲江，2009）。这与浙江、贵州等省份的小水电发展相比相对落后（Zhang et al.，2014；Chen et al.，2013；Hennig et al.，2013）。总体而言，那曲地区的小水电开发具有以下特点：

（1）每个小水电站的装机容量相对较小（平均装机容量为 1 000 kW），远低于全国的小水电平均水平，2013 年我国小水电平均装机容量为 1 520 kW（中国水利统计年鉴，2014）。如图 2-10 所示，如果根据这些发电站的装机容量进一步划分[①]，那曲地区小小型小水电站（101～2 000 kW）占大多数。仅有一座装

---

① 根据装机容量可以对小水电的规模进一步划分，其中，小水电站为 2 001～50 000 kW，小小型水电站为 101～2 000 kW，微型水电站为 100 kW 及以下的水电站。

机容量超过 2 000 kW 的小水电站——查龙水电站，它原本是为人口相对较多的那曲县城（那曲地区的行政中心）供电。另外，有两座水电站属于微型水电站（100 kW 及以下），主要是为农村地区居民供电。

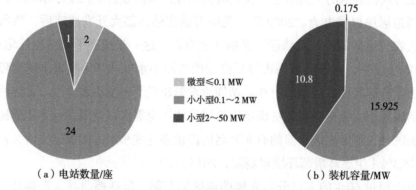

（a）电站数量/座　　　　　　　　　（b）装机容量/MW

图 2-10　2014 年西藏自治区那曲地区小水电站装机规模比较

（2）所有小水电站都是离网运行，没有接入国家或地方电网。因此，这些水电站不能通过向电网出售多余的电力或从电网购买额外的电力来平衡全天或全年的供需，故装机容量的浪费和电力供应的不稳定是不可避免的。此外，电力负荷需求管理不当会对水轮发电机组产生危害，容易导致频繁的设备故障，从而导致其使用寿命缩短。

2.5.5　那曲地区小水电开发过程中存在的问题

虽然那曲地区小水电开发在解决当地县城和农村居民用电问题上取得了显著成效，但是我们在实地调研中发现这些小水电站的建设和运行存在装机容量利用率偏低、水电站废弃率较高、对当地生态系统产生明显的干扰等问题。这些问题在一定程度上影响和制约了那曲地区乃至整个西藏小水电的可持续发展。

（1）装机容量利用率偏低：2013 年，那曲地区 27 座小水电站的实际发电量仅为设计年发电量的 10%～40%，这意味着全年浪费了 60% 以上的装机容量。在导致装机容量利用率偏低的多种因素中，离网运行和频繁停运是两个最主要的影响因素。如前文所述，这些小水电站都是离网运行，在当地居民电力需求相对较低且不稳定的情况下，即使当地有丰富的水资源，它们也很难实现满负荷运行。负荷不足，导致发电设备长时间闲置，装机容量被浪费。此外，这些水电站还会因为设备故障而频繁停止运行,在此期间,水资源直接流经水电站但不发电。与发达国家的小水电站相比,发电设备质量较差和操作不当是造成水电站频繁发生故障的主要原因。同时需要指出的是,除了简单的维护,由于西藏缺乏设备零部件、专业技能和相关技术,一旦设备出现故障,通常需要运送到东部省份进行维修。这一过程通常需要相当长的时间,直接影响了水电站的产能。

(2)已建小水电站的废弃率较高:一般情况下,小水电站的寿命为35～50年(Adhikary and Kundu,2014)。然而,在我们调查的那曲地区27座小水电站中,有9座水电站在设计运行年限之前就完全废弃了。分析其原因,主要包括施工不当、设备老化,或其服务区域被主电网所覆盖。事实上,一些小水电站的运营时间并不长,例如,比如县的夏曲卡水电站和达塘水电站,这两座小水电站在报废时使用还不到10年。这一问题在整个西藏自治区普遍存在。2009—2012年,西藏各地的小水电站总数和装机容量都出现了明显的下降趋势。小水电站的提前报废是对经济资源的巨大浪费,特别是在水电建设成本非常高的西藏(杨铭钦和王崇礼,2008)。

(3)对当地生态系统的严重干扰:那曲地区高山草原生态系统非常脆弱,对气候变化和人为干扰非常敏感,这是当地寒冷和干燥气候作用的结果。该地区以冰川为水源的河流生态系统也是如此(Immerzeel et al.,2010)。当地生态系统一旦受到严重的干扰,其恢复将非常缓慢,甚至无法恢复(钟祥浩等,2003)。小水电开发通常需要大量的土建工程。前期阶段的土地平整通常会使用炸药,以便后续的施工和水工建筑物的建设(如大坝或拦水坝、压力前池和发电厂房)。这不可避免地会对那曲地区敏感的多年冻土环境造成巨大的干扰(Pang et al.,2015b;Jin et al.,2008;Suwanit and Gheewala,2011)。而在运行阶段,筑坝式水电站会在水库中拦截淤积大量的泥沙,造成其他生态问题。根据实地调研和文献查证,表2-7总结了那曲地区脆弱的高山生态系统和冰川补给的河流生态系统的主要特征,这类生态系统容易受到小水电开发的影响(Li et al.,2015;高永泽等,2014;Gao et al.,2009;丁金水等,2008;钟祥浩等,2003;张天华,2000)。在实地调研中可以很明显地看出,小水电的建设运行对当地生态系统产生了很大的干扰。如图2-11所示,比如县的吉前水电站在运行过程中,大量泥沙淤积在水库中。此外,以前的研究定量地证实了西藏小水电的开发比我国其他地区的小水电开发对生态系统造成的压力更大(Zhang et al.,2016)。

表2-7 那曲地区易受小水电开发影响的脆弱高山生态系统的主要特征

受影响的生态系统	当地生态系统类型	生态系统主要特征	小水电开发导致的主要影响
河流生态系统	冰川河流生态系统	• 易受气候变化影响； • 丰富的鱼类多样性，包括许多地方物种	• 阻碍鱼类洄流，水生生物减少； • 泥沙淤积在水库中
周边陆地生态系统	高寒草地生态系统	• 易受气候变化影响； • 干燥寒冷的气候特征； • 敏感的冻土和易侵蚀的土壤； • 不稳定的地质构造； • 植被覆盖率低	• 小水电站水工建筑物如发电厂房等建造占用土地造成的栖息地丧失； • 小水电站周边严重的植被退化和土壤流失； • 潜在的地质灾害，如电站周边的泥石流

图2-11 2014年西藏自治区那曲地区比如县吉前水电站水库中大量的泥沙淤积

2.5.6 那曲地区小水电发展面临的挑战

2.5.6.1 小水电站规划建设不合理

规划小水电的开发是一个极其复杂的过程，包括一系列严格的步骤来确定水电站的位置、开发模式、装机规模和发电设备等（Adhikary and Kundu，2014；Ardizzon et al.，2014）。然而，我们通过实地调研发现，那曲地区许多小水电项目的规划和建设存在一系列不合理之处，下面将对其进行详细阐述。

（1）选址较为随意。一些小水电站没有进行充分的前期勘察调研，也没有考虑对周边生态系统潜在的负面影响。例如，比如县的夏曲卡水电站建在一个山谷中，夏季上游的土壤经常被山上积雪融化形成的水流冲刷，导致泥沙淤积在水库中。由于泥沙严重淤积，难以清理，该水电站只运行了 10 年就报废了。位于巴青县的满塔水电站也因类似问题而停止运行，提前报废。

（2）开发模式不合理。通过对一些小水电站负责人进行访谈，我们发现西藏小水电站的开发模式（包括筑坝式、引水式、混合式）往往取决于水电站建设的可用财政资金数额，而很少考虑不同开发模式的可行性以及潜在的生态影响。例如，在两座陡峭山脉之间的狭窄河流上建造一座筑坝式的水电站是不可行的，然而巴青县的满塔水电站即面临这种问题，导致很难清除水库中淤积的泥沙，水电站也就不得不停止运行，提前报废。

（3）装机规模不合适。调研显示，在我们所调查的小水电站中，大部分水电站的装机容量都远超过其附近地区的实际电力负荷。如果设备总是低功率运行或闲置，设备的使用寿命将大幅缩短。此外，如果实际电力负荷远小于发电机的额定功率，水电站就不能有效运行，这是那曲地区小水电站的常见问题。

（4）发电设备较为老旧。一些小水电站为了节省资金，大多使用的是从中东部省份退役的二手设备[①]。再加上设备维护不及时且离网运行，设备频繁出现故障是不可避免的。当设备被送到其他省份进行维修时，水电站不得不长时间停止工作，不能为农村地区供电。值得注意的是，由于老旧设备所需的零部件需要专门生产，维修成本非常高。如果发电设备得不到维修，这些水电站将不得不报废。

除了缺乏专业的技术人才，资金短缺是造成上述问题的主要原因。中央预算中为小水电项目提供的资金通常是保守的，这就需要地方政府提供配套资金。如果地方政府因财力有限而不能提供这部分资金，投资的减少将使项目前期规划工作和购买先进发电设备变得困难。

2.5.6.2 小水电站管理不善

实时用电量的波动极大地影响了那曲地区离网小水电站的稳定运行。在这种情况下，对水轮发电机组的运行和维护来说，精细化的管理就变得十分必要。一般来说，日常维护对于将故障风险降至最低至关重要，例如，每隔适当的时

[①] 事实上，我国中东部地区小水电目前也存在设备老旧等问题。在 2023 年上半年召开的"西南区小水电绿色低碳高质量发展论坛"上，与会专家一致认为，目前我国小水电普遍存在设备老旧、自动化程度偏低、技术人才缺乏、水电调节能力未充分发挥等问题，严重阻碍了小水电的安全、绿色、高效运行和发展。

间进行检查、清洁、拧紧螺母和螺栓，以及水工建筑物的一般维修工作（Paish，2002）。

课题组实地调研发现，那曲地区的小水电站管理水平较差。一般来说，县城及周边村镇供电的水电站会有一名负责人直接负责水电站的运营，还会有2~3名受过教育的工作人员记录日常运行情况，并进行一些简单的操作和故障维修。然而，对于稍微复杂的故障维修，水电站很难自主完成。而那些为农村地区供电的水电站的情况就更糟，由于地处偏远，工作条件较差，被委派的有一定小水电站运营经验的负责人不会一直待在电站里。实际上，他们只是偶尔出现在电站里。除负责人之外，其余工作人员的技术水平很低或根本不具备技术能力，对小水电也知之甚少，他们只知道如何执行简单的机械操作，如打开或关闭设备。一旦设备出现故障，水电站不得不停止运行，只能等待故障维修工程师前来维修。那曲地区小水电站管理不善的主要原因如下：

（1）缺少有专业技能的人来管理当地的小水电站。由于当地工作环境较为恶劣，这些水电站很难吸引和留住来自西藏以外的人才（杨铭钦和王崇礼，2008）。而在西藏，很少有专业水平较高的人愿意长期留在极其偏远的山区。

（2）缺乏运营资金。在水电站运行期间，由于当地居民的用电量相对较小，不能为水电站提供足够的经济效益，因此需要额外的资金来支持其正常运营。然而，当地政府能够提供的资金有限，导致水电站维护不力（尼玛平措，2014）。

（3）缺乏激励措施。与我国其他地区的小水电开发不同（Chen et al.，2013），那曲地区的小水电站由地方政府部门进行管理，管理体制类似于计划经济体制。在这样的环境下，很难激励管理人员全身心投入水电站的运行维护当中，管理不善也就不可避免，这与调研期间我们所观察到的现象也是一致的。

2.5.6.3 那曲地区的电网建设

西藏当地的主电网正在建设中，主电网的不断延伸也将影响那曲地区小水电的发展。调研期间，那曲县已经被藏中电网覆盖，因此，那曲县现有的小水电站不再是当地居民生产生活的必需品。但3座已建成的小水电站的命运是不同的。以前主要服务于那曲县城的查龙水电站，现在已经成为青藏铁路那曲火车站的备用电源，以确保火车站在藏中电网出现故障时能够正常运行；而以前服务于农村地区的尼玛水电站和尤恰水电站已经废弃。通过对那曲供电公司的管理人员的访谈，我们得知拉萨河上的许多小水电站在拉萨被藏中电网覆盖后都经历了类似的命运。除了改变现有水电站的命运，国家电网的建设也影响并将继续影响那曲地区新水电站的进一步开发，使其成为多余的电力来源。根据 2011 年公布的西藏"十二五"时期综合能源发展规划，到 2015 年年底，那曲地区有更多地方，包括比如县、索县和嘉黎县的县城，接入主电网（西藏自治区政府，2011），这也解释了 2010 年以后那曲地区没有建设新的小水电站的原因。

2.5.6.4 那曲地区农村电气化的新兴替代选择

近年来，除小水电外，新能源技术的快速进步使西藏农村电气化的选择更加多样。例如，通过实施"光明工程"和"金太阳示范工程"，中央政府专门提供专项资金，在西藏大力推广户用太阳能光伏（PV）发电系统（Zhang et al., 2012；Wang and Qiu, 2009）。户用光伏发电十分适用于需要不断迁徙的当地藏族牧民（图 2-12）。但需要指出的是，光伏发电十分依赖太阳辐射，而那曲地区天气多变，因而光伏板的电力供应容易产生波动，并且由于包括蓄电池在内的材料造价高昂，光伏发电系统目前严重依赖政府补贴（Zhang et al., 2012）。此外，公众越来越关注废旧光伏电池造成的污染（王恒生和尼玛江才，2007），本课题暂不讨论这一环境问题。然而，可以肯定的是，这种新型太阳能技术非常符合农村居民的需求，正在成为那曲地区乃至整个西藏自治区小水电的替代品或有力竞争者。

图 2-12 西藏自治区那曲地区牧民户用光伏发电

那曲地区的小水电开发可以说是西藏自治区小水电开发的一个"缩影"。我们在调研过程中发现，除那曲外，西藏其他地区的小水电站，如水资源丰富的昌都、拉萨等，也已经经历或即将经历和那曲地区小水电同样的发展历程。面临上述小水电开发过程中出现的问题及挑战，亟须重新定位或调整西藏小水电的开发战略以促进其可持续发展，这需要进一步深入调研与探究。

2.6　小水电，大问题

综上所述，半个多世纪以来，小水电的开发为我国偏远山区的农村电气化、经济发展以及减少对化石能源的依赖发挥了重要作用。但是随着其快速甚至过热的开发，小水电的生态影响尤其是对河流生态系统的影响逐渐凸显，人们开始意识到小水电的生态影响也是个大问题。所谓"小水电，大问题"主要体现在以下3个方面：

（1）"小而多"：截至 2018 年年底，我国建有 4.7 万多座小水电，几乎遍布在全国所有的省、自治区和直辖市，包括生态环境脆弱的西藏等地（Wang and Qiu，2009），不同省份的水能资源丰富程度（主要指落差和水量）不同（中国可再生能源发展战略研究项目组，2008），小水电开发的目的和开发阶段也不同。小水电在各地的开发还有不同的模式（筑坝式、引水式和混合式），以及不同的梯级强度（姚兴佳等，2010），由此导致小水电产生的生态影响程度与作用机理不尽相同。

（2）"小而乱"：由于项目审批、管理的缺失等问题，近年来我国小水电无序开发现象严重，如在贵州省赤水市境内长 48.6 km 的习水河干流上，规划建设的小水电达 10 级之多，各级水电站水坝拦截与引流无序分配河水（李光建，2011）。不同地区对水资源利用的程度也不同，一些省份（如贵州、湖南等）的小水电受水资源量限制性较强，为追求经济利益过度开发水资源，导致水坝下游河道常年脱水甚至断流，河流生态系统退化严重（Pang et al.，2015b），而一些省份（如四川、云南等）的小水电受电网消纳能力限制性较强，在丰水季不能发电，产生大量弃水，虽没有造成河流断流，但导致水电站发电设备闲置，造成了社会经济资源的浪费（刘本希等，2015）。

（3）"小而偏"：受小水电资源分布的影响，我国小水电站多分布在偏远的山区，这些地方交通不便，难以对当地的小水电站进行精细化的管理。

　　然而针对这些问题，近年来我国各地对小水电的开发态度仍然莫衷一是，多个小水电开发大省（如福建、湖北、青海等）自 2015 年年初就相继颁发一系列关于拆除或停止进一步开发小水电的政策，以维护流域生态健康（金亚勤，2016）；而重庆、西藏等地依然支持鼓励小水电开发（中国水电，2016），这种截然不同的态度既反映出各地目前对小水电的依赖程度不同，也反映出对其生态影响的认知仍然不够明晰。小水电的生态影响究竟有多大，也成为近年来人们较为关注的问题。

参考文献

曹丽军，2008. 中国小水电投融资政策思考 [M]. 北京：中国水利水电出版社.

冲江，2009. 大力发展农村水电　努力促进边境民族地区的民生改善 [J]. 中国水能及电气化，(5): 12-13.

丁金水，林建新，马苏义，2008. 青海高原区域水电密集开发对河流区段生态影响分析 [J]. 水生态学杂志，1: 14-19.

高泽永，王一博，刘国华，等，2014. 多年冻土区活动层土壤水分对不同高寒生态系统的响应 [J]. 冰川冻土，36(4): 1002-1010.

国家发展和改革委员会，2016. 可再生能源发展"十三五"规划 [R]. 北京.

国家发展和改革委员会，2008. 可再生能源发展"十一五"规划 [R]. 北京.

国家发展和改革委员会，2007. 可再生能源中长期发展规划 [R]. 北京.

国家审计署，2018. 长江经济带生态环境保护审计结果 [R]. 北京.

韩松，2015. 藏木水电站开启藏区"大水电时代"全世界海拔最高的大型水电站 [J]. 地球，(4): 61-63.

吉生元，2011. 西藏：艰难中不断创新　改革后卓见成效 [J]. 中国水能及电气化 (Z1): 103-107.

金亚勤，2016. 四川全面停止小水电开发 [N]. 中国能源报.

李光建，2011. 习水河干流赤水市境内河段水电梯级开发规划 [J]. 城市建设理论研究，35: 1-3.

李雷鸣，马小龙，2013. 我国能源消费演进特征及其成因分析 [J]. 中外能源，

18(6): 5-10.

刘本希，武新宇，程春田，等，2015. 大小水电可消纳电量期望值最大短期协调优化调度模型 [J]. 水利学报，46(12): 1497-1505.

尼玛平措，2014. 浅谈西藏小水电站安全管理 [J]. 小水电，(5): 45-48.

生态环境部环境规划院，2015. 西藏自治区统计数据 [R]. 北京.

田中兴，2010. 小水电的新使命 [J]. 小水电，(3): 8-9.

王恒生，尼玛江才，2007. 对青海光伏废弃物污染状况的调查 [J]. 青海社会科学，(5): 58-60.

王鹿鸣，丁阿宁，2023. 印度在喜马拉雅地区的大坝建设及其对中国的影响 [J]. 西藏民族大学学报（哲学社会科学版），44(1): 95-101.

吴乃成，2007. 应用底栖藻类群落评价小水电对河流生态系统的影响——以香溪河为例 [D]. 北京：中国科学院.

西藏自治区政府，2011. 西藏自治区"十二五"时期综合能源发展规划 [R]. 拉萨.

肖弟康，2008. 藏东地区水电发展对策研究 [D]. 重庆：重庆大学.

肖中华，2008. 我国农村小水电发展研究 [D]. 长沙：湖南农业大学.

杨铭钦，王崇礼，2008. 西藏地理气候特殊性对水电工程造价的影响 [J]. 水力发电，34(6): 95-97.

姚兴佳，刘国喜，朱家玲，等，2010. 可再生能源及其发电技术 [M]. 北京：科学出版社.

于海艳，2016. 小水电代燃料工程对森林生态服务功能的影响 [D]. 北京：北京林业大学.

张国宝，2007. 点亮高原之光——西藏电力建设札记 [J]. 中国电力，40(11): 1-3.

张天华，2000. 从高原环境特征论西藏环境保护重点 [J]. 环境保护，28(1): 27-29.

中国可再生能源发展战略研究项目组，2008. 中国可再生能源发展战略研究丛书（综合卷）[M]. 北京：中国电力出版社.

中国电力企业联合会，2019. 中国电力行业年度发展报告 2019[R]. 北京.

中华人民共和国水利部，2019. 中国水利统计年鉴 2018[M]. 北京：中国水利水电出版社.

中华人民共和国水利部，2018. 中国水利统计年鉴 2017[M]. 北京：中国水利水电出版社.

中华人民共和国水利部，2014. 中国水利统计年鉴 2013[M]. 北京：中国水利水电
出版社.

中华人民共和国水利部，2010. 中国水利统计年鉴 2009[M]. 北京：中国水利水电
出版社.

中华人民共和国国家统计局，2019. 中国统计年鉴 2018[M]. 北京：中国统计出
版社.

中华人民共和国国家统计局，2017. 中国统计年鉴 2016[M]. 北京：中国统计出
版社.

中国水电，2016. 西藏发展农村水电：点亮万家灯火 [OL]. http://www.hydropower.
org.cn/showNewsDetail.asp?nsId=20089.

钟祥浩，刘淑珍，王小丹，等，2003. 西藏生态环境脆弱性与生态安全战略 [J].
山地学报，21: 1-6.

Adhikary P, Kundu S, 2014. Small hydropower project: Standard practices[J].
International Journal of Engineering Science and Advanced Technology, 4(2): 241-
247.

Anderson E P, Freeman M C, Pringle C M, 2006. Ecological consequences of hydropower
development in Central America: Impacts of small dams and water diversion
on Neotropical stream fish assemblages[J]. River Research and Applications,
22: 397-411.

Ardizzon G, Cavazzini G, Pavesi G, 2014. A new generation of small hydro and
pumped-hydro power plants: Advances and future challenges[J]. Renewable and
Sustainable Energy Reviews, 31: 746-761.

Chen X J, Wang Z Y, He S F, et al., 2013. Programme management of world bank
financed small hydropower development in Zhejiang Province in China[J].
Renewable and Sustainable Energy Reviews, 24: 21-31.

Cheng C T, Liu B X, Chau K W, et al., 2015. China's small hydropower and its dispatching
management[J]. Renewable and Sustainable Energy Reviews, 42: 43-55.

Couto T B A, Messager M L, Olden J D, 2021. Safeguarding migratory fish via
strategic planning of future small hydropower in Brazil[J]. Nature Sustainability, 4:
409-421.

Ding H Y, Qin C, Shi K, 2018. Development through electrification: Evidence from rural China[J]. China Economic Review, 50: 313-328.

Ferreira J H I, Camacho J R, Malagoli J A, et al., 2016. Assessment of the potential of small hydropower development in Brazil[J]. Renewable and Sustainable Energy Reviews, 56: 380-387.

Fu X C, Tang T, Jiang W X, et al., 2008. Impacts of small hydropower plants on macroinvertebrate communities[J]. Acta Ecologica Sinica, 28(1): 45-52.

Gao Q Z, Li Y, Wan Y F, et al., 2009. Significant achievements in protection and restoration of alpine grassland ecosystem in Northern Tibet, China[J]. Restoration Ecology, 17(3): 320-323.

Hennig T, Harlan T, 2018. Shades of green energy: geographies of small hydropower in Yunnan, China and the challenges of over-development[J]. Global Environmental Change, 49: 116-128.

Hennig T, Wang W L, Feng Y, et al., 2013. Review of Yunnan's hydropower development. Comparing small and large hydropower projects regarding their environmental implications and socio-economic consequences[J]. Renewable and Sustainable Energy Reviews, 27: 585-595.

Hicks C, 2004. Small hydropower in China: a new record in world hydropower development[J]. Refocus, 5: 36-40.

Immerzeel W W, Beek L P H, Bierkens M F P, 2010. Climate change will affect the Asian water towers[J]. Science, 328 (5984): 1382-1385.

Jin H J, Wei Z, Wang S L, et al., 2008. Assessment of frozen-ground conditions for engineering geology along the Qinghai-Tibet highway and railway, China[J]. Engineering Geology, 101(3-4): 96-109.

Kibler K M, Tullos D D, 2013. Cumulative biophysical impact of small and large hydropower development in Nu River, China[J]. Water Resources Research, 49: 3104-3118.

Kong Y G, Kong Z G, Liu Z Q, et al., 2016. Substituting small hydropower for fuel: The practice of China and the sustainable development[J]. Renewable and Sustainable Energy Reviews, 65: 978-991.

Kong Y G, Wang J, Kong Z G, et al., 2015. Small hydropower in China: The survey and sustainable future[J]. Renewable and Sustainable Energy Reviews, 48: 425-433.

Kumar D, Katoch S S, 2014. Harnessing "water tower" into "power tower": A small hydropower development study from an Indian prefecture in western Himalayas[J]. Renewable and Sustainable Energy Reviews, 39: 87-101.

Li H, Zhao W H, Tang X Q, et al., 2018. Entrainment effects of a small-scale diversion-type hydropower station on phytoplankton[J]. Ecological Engineering, 116: 45-51.

Li Y Y, Dong S K, Liu S L, et al., 2015. Seasonal changes of CO_2, CH_4 and N_2O fluxes in different types of alpine grassland in the Qinghai-Tibetan Pleatau of China[J]. Soil Biology and Biochemistry, 80: 306-314.

Liu G, Lucas M, Shen L, 2008. Rural household energy consumption and its impacts on eco-environment in Tibet: Taking Taktse county as an example[J]. Renewable and Sustainable Energy Reviews, 12(7): 1890-1908.

Liu X M, Zeng M, Han X, et al., 2015. Small hydropower financing in China: External environment analyses, financing modes and problems with solutions[J]. Renewable and Sustainable Energy Reviews, 48: 813-824.

Mantel S K, Hughes D A, Muller N W J, 2010a. Ecological impacts of small dams on South African rivers Part 1: Drivers of change-water quantity and quality[J]. Water SA, 36: 351-360.

Mantel S K, Muller N W J, Hughes D A, 2010b. Ecological impacts of small dams on South African rivers Part 2: abundance and composition of macroinvertebrate communities[J]. Water SA, 36: 361-370.

Nautiyal H, Singal S K, Varun, Sharma A, 2011. Small hydropower for sustainable energy development in India[J]. Renewable and Sustainable Energy Reviews, 15(4): 2021-2027.

Paish O, 2002. Small hydro power: Technology and current status[J]. Renewable and Sustainable Energy Reviews, 6: 537-556.

Pang M Y, Zhang L X, Wang C B, et al., 2015a. Environmental life cycle assessment of a small hydropower plant in China[J]. The International Journal of Life Cycle Assessment, 20(6): 796-806.

Pang M Y, Zhang L X, Ulgiati S, et al., 2015b. Ecological impacts of small hydropower in China: Insights from an emergy analysis of a case plant[J]. Energy Policy, 76: 112-122.

Ping X G, Jiang Z G, Li C W, 2011. Status and future perspectives of energy consumption and its ecological impacts in the Qinghai-Tibet region[J]. Renewable and Sustainable Energy Reviews, 15: 514-523.

Premalatha M, Tabassum A, Abbasi T, et al., 2014. A critical view on the eco-friendliness of small hydroelectric installations[J]. Science of the Total Environment, 481: 638-643.

Santos J M, Ferreira M T, Pinheiro A N, et al., 2006. Effects of small hydropower plants on fish assemblages in medium-sized streams in central and northern Portugal[J]. Aquatic Conservation-Marine and Freshwater Ecosystems, 16: 373-388.

Suwanit W, Gheewala S H, 2011. Life cycle assessment of mini-hydropower plants in Thailand[J]. The International Journal of Life Cycle Assessment, 16(9): 849-858.

UNIDO (United Nations Industrial Development Organization), ICSHP (International Center for Small Hydropower), 2016. Small hydropower development report 2016[R]. Hangzhou.

Wang Q, 2009. Prevention of Tibetan eco-environmental degradation caused by traditional use of biomass[J]. Renewable and Sustainable Energy Reviews, 19: 2562-2570.

Wang Q, 2009, Qiu H N. Situation and outlook of solar energy utilization in Tibet, China[J]. Renewable and Sustainable Energy Reviews, 13: 2181-2186.

Wu Y N, Chen Q Z, 2011. The demonstration of additionality in small-scale hydropower CDM project[J]. Renewable Energy, 36: 2663-2666.

Yao T D, Thompson L G, Mosbrugger V, et al., 2012. Third pole environment (TPE) [J]. Environmental Development, 3: 52-64.

Zhang D, Chai Q M, Zhang X L, et al., 2012. Economical assessment of large-scale photovoltaic power development in China[J]. Energy, 40(1): 370-375.

Zhang L X, Pang M Y, Wang C B, 2014. Emergy analysis of a small hydropower plant in southwestern China[J]. Ecological Indicators, 38: 81-88.

Zhang L X, Pang M Y, Wang C B, et al., 2016. Environmental sustainability of small hydropower schemes in Tibet: An emergy-based comparative analysis[J]. Journal of Cleaner Production, 135: 97-104.

Zhang Z X, 2010. China in the transition to a low-carbon economy[J]. Energy Policy, 38(11): 6638-6653.

Zhou S, Zhang X L, Liu J H, 2009. The trend of small hydropower development in China[J]. Renewable Energy, 34(4): 1078-1083.

第3章

基于生态能量视角的我国小水电可持续性研究

3.1 引言

水电被认为是目前技术最成熟、最具有经济性的可再生能源，是我国政府为缓解能源紧缺和优化能源结构的首要选择（王信茂，2010）。小型水电站因其灵活的开发方式以及能够有效推动农村经济发展等优点而逐渐受到社会各界的广泛关注（程回洲，2006）。在我国，小水电技术可开发资源量为 1.28 亿 kW，居世界第 1 位，主要分布在中西部远离大电网且水资源丰富的山区（中国能源中长期发展战略研究项目组，2011）。截至 2018 年年末，全国范围内已建成小型水电站 4.6 万多座，装机容量 8 043 万 kW，年发电量 2 346 亿 kW·h（中国水利统计年鉴，2019）。与大水电相比，小水电对生态影响的争议更大，Paish（2002）认为小水电工程量小，不会对当地生态环境造成如大坝所产生的负面影响，且在经济上是划算的；而 Abbasi 等（2011）则认为小水电对环境所造成的负面影响不亚于大型水电工程。国内关于小水电的环境影响及经济效益争论更是莫衷一是（章文裕，2010；邹体峰和王仲珏，2007），相关的研究也主要集中在小水电开发对河流动、植物群落的影响及节能减排等单一要素方面（Ding et al.，2011；Fu et al.，2008）。

能值分析是 Odum 基于能量学和系统生态学建立的系统分析方法，通过将系统内储存和流动的各种形式的能量转化成统一单位的能值（emergy），能够对系统的生态环境影响及可持续发展能力等进行定量评估（张力小，2012；蓝盛芳和钦佩，2001；Odum，1996），目前已成为城市、湿地、农业等生态系统常见的评估方法（Zhang et al.，2009；张力小等，2008；Zhang et al.，2007；Ton et al.，1998）。值得强调的是，能值分析近年来也被用于灌区改造、热力电厂等工程的评价（Chen et al.，2011；Brown and Ulgiati，2002），尤其是 Brown 和 McClanahan（1996）、Kang 和 Park（2002）、Yang（2012）等先后利用能值分析方法定量分析了泰国湄公河上 Pa Mong 和 Chiang Khan 两座大坝、韩国多功能大坝以及我国三峡大坝等大型水电站的可持续能力等，为本研究提供了很好的基础和平行参照的对象。

因此，本章在概述能值分析理论的基础上，选取贵州省安龙县红岩二级水电站为典型案例，基于生态能量视角，利用能值分析方法对其建设和运行进行定量分析，探讨小水电建设运行的生态效益、环境负荷、公平电价以及不稳定运行等问题，以期为小水电的可持续发展提供定量参考依据。

3.2 能值分析理论

　　能值分析理论和方法是美国著名生态学家、系统能量分析的先驱 Odum 于 20 世纪 80 年代创立的。但是，能值理论的产生与发展缘起于 20 世纪 50—60 年代 Odum 对生态能量学与能量品质的研究（Brown and Ulgiati，2004），可以说生态能量学就是能值分析方法的前身。生态能量学研究始于 1887 年，Forbes 首次详细阐述了美国伊利湖（Lake Erie）中的能量动态，被誉为生态能量学的先驱者。在生态能量学的体系中，能量被认为是衡量自然界与人类社会各种相互作用的重要指标，可用于表达与了解各种生态作用过程，无论是自然环境系统还是人类经济系统，其存在、运动、发展和变化均依赖于能量流动。但是，不同能量品质上的差异，常常使能量分析陷入困境。例如，煤炭燃烧产生的 1 J 的能量和电所发出的 1 J 的能量有很大的差异，它们的来源和使用价值都存在很大的差异。

　　20 世纪 70 年代，Odum 开始关注能量的品质问题，并提出了一系列新概念和开拓性的重要理论观点，其中包括 70—80 年代初提出的能量系统（Energy System）、能质（Energy Quality）、能质链、体现能（Embodied Energy）、能量转换率及信息量等观点。这是第一次将能流、信息流与经济流的内在关系联系在一起，这样，生态系统中的这几个功能过程不再是孤立的。在此基础上，80 年代后期和 90 年代 Odum 创立了能值（Emergy）概念理论，以及太阳能值转换率（Solar Transformity）等一系列概念。从能量、体现能发展到能值，从能量分析研究发展到能值分析研究，在理论和方法上都是一个重大的飞跃。经过一系列的研究和总结国际能值分析研究的成果，Odum 于 1996 年出版了世界上第一部能值专著 *Environmental Accounting*：*EMERGY and environmental decision making*。能值理论与分析方法在国际生态学界和经济学界引起强烈反响，被认为是连接生态学和经济学的桥梁，具有重大的科学意义。在理论上，能值分析为生态系统和复合生态系统的各种生态流进行综合分析开辟了定量分析研究新方法，提供了一个衡量和比较各种能量的共同尺度，找到了生态系统和各种生态流进行综合分析的统一标准，发展并丰富了生态学和经济学的定量研究方法。在实践意义上，应用能值可衡量分析整个自然界和人类社会经济系统，定量分析资源环境与经济活动的真实价值以及它们之间的关系，有助于调整生态环境与经济发展，对科学评价与合理利用自然资源、制定经济发展方针、实施可持续发展战略，均具有重要意义。

3.2.1 能值分析的基本概念

3.2.1.1 能值

能值与能量（Energy）不同，是指流动或储存的能量中所包含的另一类别能量的数量，换句话说，就是产品或劳务形成过程中直接或间接投入应用的有效能总量。由于各种资源、产品或劳务的能量均直接或间接地起源于太阳能，故多以太阳能值（Solar Emergy）来衡量某一能量的能值大小，其单位为太阳能焦耳（Solar Emjoules，sej）。任何流动或储存状态的能量所包含的太阳能的量，即为该能量的太阳能值。能值理论和分析方法使得原本难以统一度量的各种生态系统或生态经济系统的能流、物流和其他生态流能够进行比较和分析，无论是可更新资源、不可更新资源，还是商品、劳务，甚至信息和教育，都可以用能值来评价其价值。例如，1 g 雨水的太阳能值为 1.5×10^5 sej（Ulgiati and Brown，2009）。这样，以能值为基准，把不同种类、不同能质、不可比较的能量转换成同一标准的能值来衡量，进行比较研究。

3.2.1.2 能值转换率

根据生态系统食物链概念与热力学原理，引申出又一新的概念——能值转换率（Emergy Transformity）——用以表示能量等级系统中不同类别能量的能质（Energy Quality）。在任何一个能量转化过程中，低质量的能量通过相互作用与做功，转化为高质量的能量；形成 1 J 高质量、高等级的能量，需要更多的低质量、低等级的能量。因此，能值转换率就是每单位某种类别的能量（J）或物质（g）所含能值之量。能值分析中常用太阳能值转换率，即形成每单位物质或能量所含有的太阳能之量，单位为 sej/J 或 sej/g。用公式可以表达为

$$A 种能量（或物质）的太阳能值转换率 = \frac{应用的太阳能焦耳}{1 J（或 1 g）A 种能量（或物质）}$$

随着能值分析理论的发展，能值转换率和 3.2.1.3 节中的能值 / 货币比率又统称单位能值价值（Unit Emergy Value，UEV），不同类别的能量即能量（J）、质量（g）和货币（$）通过单位能值价值转化成太阳能值（Brown et al.，2012）。能值分析的重点和难点就是对系统的能物流、货币流、信息流进行综合能值分析，建立可比较的能值指标体系。为此，要用能值转换率计算各种能物流、经济流乃至信息流的能值，首先要解决的是能值转换率的问题。Odum 所计算的太阳能值转换率能满足较大范围区域、系统的能值分析的需要，但对较小区域、系统甚至个体的能值分析的适用性则值得商榷，人类经济产品的能值转换率由于生产水平和效益的差异而出现差别。在具体的能值分析实践中，还需要计算适合具体研究对象的太阳能值转换率。对能值指标的具体含义则需要和生产、经济结合起来，联系具体的实践工作进行修正、完善和充实。

3.2.1.3 能值 / 货币比率

对于经济子系统各生态流及自然子系统与经济子系统界面不宜用能值转换率进行转换度量的生态流，能值分析方法采用能值 / 货币比率（Emergy/$ Ratio）推算出其能值后进行统一分析。能值 / 货币比率为当年该国家（或地区）全年总应用能值与该国（或地区）国民生产总值（Gross National Product，GNP）之比，反映了总应用能值与国民生产总值的比例关系，其比值大小反映了货币购买力的高低。能值 / 货币比率越高，代表单位货币所换取的能值财富越多，显示生产过程中使用的自然资源所占的比重越大；能值 / 货币比率小的国家（或地区），其自然资源对经济成长的贡献较小，科技发达，说明该地区的开发程度较大。能值 / 货币比率可视为衡量货币真正流通购买力和劳动力实际能力的标准。已知货币量，可以用能值 / 货币比率换算出其所相当的能值；已知能值量亦可通过能值 / 货币比率反算出其所相当的能值货币价值，从而解决了在分析评价和应用中自然环境与经济社会的对接难题。

3.2.1.4 能值基准

在能值分析中，能值基准（Geobiosphere Emergy Baseline，GEB）是一个很重要的概念，即驱动地理生物圈（Geobiosphere）的主要能值流，包括太阳能、地热能和潮汐能。能值基准是其他能值流动的参照，也是建立 UEV 计算表格的基准（Brown and Ulgiati，2010）。其中，地理生物圈的系统边界是地表上下各 100 km，时间尺度为 1 年。几十年来，随着能值方法的不断发展和成熟，能值基准也在一直更新，最新的能值基准为 GEB_{2016}，12.0×10^{24} seJ/a（Brown et al.，2016），而通过其他能值基准（9.44×10^{24} seJ/a、15.83×10^{24} seJ/a、15.2×10^{24} seJ/a 及 9.26×10^{24} seJ/a）核算得到的 UEV 可以通过乘以相应转换系数（12.0/9.44、12.0/15.83、12.0/15.2 及 12.0/9.26）换算至最新能值基准下的 UEV（Campbell et al.，2014；Brown and Ulgiati，2010；Odum，2000，1996）。需要说明的是，能值基准的单位 seJ 中 J 为大写，而太阳能值的单位 sej 中 j 为小写，这是因为在能值基准中，地热能、潮汐能与太阳能本质不同，能值基准的度量是等量太阳能焦耳（solar equivalent joules，seJ），而太阳能值的单位为单位太阳能焦耳（solar emjoules，sej）（Campbell，2016）。

3.2.2 能值分析的基本原理

3.2.2.1 能量转化与能量等级

各种生态系统和其他系统均可视为能量系统，系统各组分的关系和结构功能通过能量得以体现。生态经济系统的能量流动、转换和存储，都遵循热力学定律，流入系统的能量等于存储能量的改变量与流出能量之和；能量在转换与存储过程中会出现流失现象，即一部分能量转变为热能而失去潜在价值，不能再应用，故能量流呈递减和单向流动，呈现明显的等级关系。由于食物链上第一层的生物只有大约 1/10（Linderman 定律）的能量能够流动到上一层生物体，所以，要维持高一层次生物的存在需要消耗大量低层次的生物体。这样高一层次的生物体体内流动的能量就拥有更大的价值。也就是说，高一层次生物 1 单位能量的消耗会对应大量单位低层次生物能量的消耗，比如低层次生物能量消耗 1 000 单位，相应地，高层次生物 1 单位的能值为 1 000。

自然界和人类社会的系统均具有能量等级关系，能量传递与转换类似食物链的特性，较高层次对较低层次具有支配控制能力，或处于较高的生态势。生态系统或生态经济系统的能流，从量多而能质低的等级（如太阳能）向量少而能质高的等级（如电能）流动和转化。由图 3-1 可以看到，生态系统的能量及其流动和转换显示出不同的等级能量的空间分布与控制领域，从低等级能量（太阳能）到高等级能量（如人类及社会产品）。低等级能量分布稀疏、零散，逐渐转变为高等级能量，分布密集，控制领域由小到大。

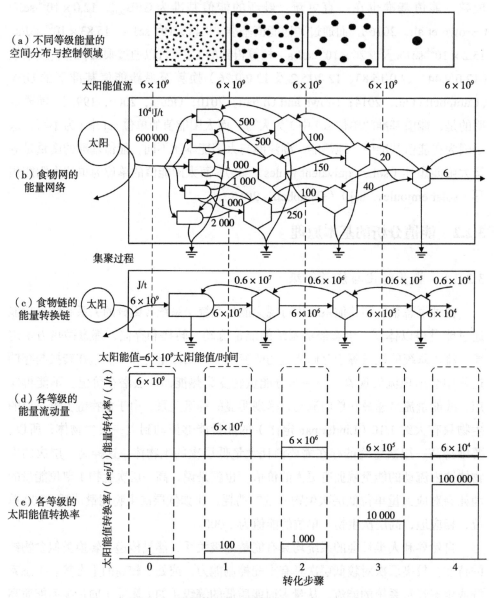

图 3-1　能量等级关系图解（Odum，1996）

其中图 3-1（b）相当于食物网的能量网络，不同特性的植物生产者摄取太阳能进行光合作用,形成的植物有机物提供给若干草食性动物(一级消费者)生存所需要的能量、食物;草食性动物则继续提供给肉食性动物(二级消费者)能量、食物;二级消费者再提供给三级消费者能量、食物。所以,由同一能量来源(太阳能)的能量,经过一系列转化而成为能量流动的网络。这种由食物网连带而成的能量网,清楚地表明生态系统的能量流动和转化,以及系统能量的等级关系(蓝盛芳等,2002)。

3.2.2.2　最大功率原则

自然界和人类社会的能量系统,除遵循热力学第一定律、第二定律外,还受最大功率原则(Maximum Power Principle)支配。这个最大功率原则最早是由著名生态学家 Lotka 提出的,在其著作 *Contributions to the energetics of evolution* 中,他首次提出了这个原则并建议把它看作热力学的一条新定律,即热力学第四定律。

最大功率原则可表达为:具有活力的系统,其设计、组织方式必须很快地获得能量并反馈能量,以获得更多的能量,加以有效地转换利用。某一系统为保持不断运转而不被竞争者淘汰,必须自系统外部输入更多可利用的能量,同时系统自身必须反馈所存储的高品质能量,强化系统外界环境,使系统内部与外部互利共生,以获得更多的能量,自身与周围环境的有关系统在能量转换的过程中,均能获得最大功率和最有价值的能量。例如,城市消费者系统除本身需要反馈所存储的能量以增强其利用来自生产者(如提供食物和工业原料的农村系统)的能量的能力外,还要反馈部分能量给生产者(农村系统),辅助和促进生产者系统的发展,以确保生产者持续不断地为消费者提供能量,使两者(城市系统和农村系统)运转具有最大功率。人类有意识的反馈工作,目的就在于生态经济系统最有效地运转(赵桂慎,2008)。

关于最大功率原则最初曾有过激烈争论,但后来基本得到了共识,但是否能把它当作热力学第四定律还没有定论。总之,最大功率原则揭示了生态系统在能量流动方面的某种本质规律。

3.2.2.3　能值指标体系

通过对研究系统的各种物质、能量、信息等的能值流动进行梳理和核算,可以构建一系列的能值指标对系统的环境表现开展进一步的深入分析。尽管对于不同的系统边界和生态流分类方法，能值的各种指标略有差异，但对于如图 3-2 所示的简化系统，其能值指标公式及意义见表 3-1。

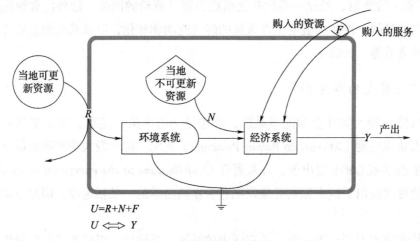

$U=R+N+F$

$U \Longleftrightarrow Y$

图 3-2　部分能值指标转换图解

表 3-1　能值常用生态流分类与指标体系

指标分类	能值分析指标	计算表达式	生态意义
流量指标	可更新资源流	R	系统从自然环境接收到的可更新资源，如太阳能、风能以及雨水等
	不可更新资源流	N	从自然界输入系统中的被认为不可更新的资源，如土壤有机质、生物多样性等
	系统反馈资源流	F	来自外部经济系统的反馈资源流，一般以购买的方式进入，如农业生产的化肥、种子以及农药等，城市生态系统的劳务输入、化石燃料与粮食等
	能值使用总量	$U=R+N+F$	输入系统的能值总量，反映系统拥有的总财富
	输出能值	$Y=U$	系统输出的产品能值，对于纯粹的生产型系统，其输出产品能值等于输入能值的总和
强度指标	人均能值使用量	$EP=U/P$	一个国家或地区内的人均能值利用量，是评价人民福利水平的指标

续表

指标分类	能值分析指标	计算表达式	生态意义
强度指标	能值密度	ED=U/area	单位面积上的能值强度，反映能值使用的集约度与强度
结构指标	可更新资源的能值比率	%R=R/U	反映在能值使用结构中，可更新能值所占比率，是反映生态经济系统可持续性的重要指标
	能值自给率	%Free=（R+N）/U	一个国家或地区本地资源能值投入与外界输入能值之比，反映区域对外交流程度和经济发展程度的指标
系统指标	能值产出率	EYR=U/F	系统总能值产出与社会经济反馈投入能值之比，反映反馈能值的利用效率
	能值投资率	EIR=F/（R+N）	来自经济社会的反馈能值除以来自环境的无偿能值输入，是衡量经济发展程度和环境负荷程度的重要指标
	环境负载率	ELR=（N+F）/R	系统不可更新资源投入能值总量除以可更新资源投入能值总量，衡量由于不可更新资源的输入和使用，对环境造成的压力和胁迫作用
	能值可持续指标	ESI=EYR/ELR	能值产出率（EYR）与环境负载率（ELR）的比值，衡量系统的可持续能力

下面就在能值分析中常用的主要能值指标进行说明。

（1）能值产出率（Emergy Yield Ratio，EYR）

能值产出率反映的是生产过程通过外部经济反馈获取和使用本地资源的能力，一定程度上反映了系统的"开放"程度，同时反映了本地资源对经济过程的潜在贡献率。EYR 的最小值为 1，也就是说，一个生产过程的全部投入都来自外部经济反馈，不能有效利用本地资源。一般来说，一次能源（原油、煤炭、天然气以及铀）的能值产出率往往大于 5，主要是由于它们的开采需要很少的投入就可以产出大量的能值流，其主要的能值来源于过去几千年的生态地质过程活动的作用。二次能源以及主要的物质（如水泥、钢铁等）的 EYR 往往在 2~5，同样说明它们对经济发展具有重要作用。因此，能值产出率对能源和进出口价值评估特别重要，可用于说明能源生产与利用效率，显示经济活动的竞争力。

（2）能值投资率（Emergy Investment Ratio，EIR）

能值投资率是指从系统外部反馈的能值与本地能值输入的比率，该指标用于评价一个过程与其他过程相比，是否属于能值投资的更优使用者。能值投资率是衡量经济发展程度和环境负载程度的重要指标，其值越大说明经济发展程度越高；越小则说明发展程度越低，而对环境依赖越强。

（3）环境负载率（Environmental Loading Ratio，ELR）

环境负载率主要用于衡量由于不可更新资源的输入和使用，对环境造成的压力和胁迫作用，考察能量传递和转移过程对环境的压力。如果没有外部资源投入，系统仅仅依靠本地可更新资源驱动，那么系统 ELR 为 0。ELR 是衡量环境胁迫的重要指标，一般认为 ELR 值越高，环境影响越大。其实不然，我们可以从外部引入高能值转换率的产品在本地使用，虽然没有污染本地的生态环境，但是它们却使得系统的 ELR 变高，因为它们改变了系统的平衡。事实上，ELR 可以作为远离平衡态距离的指标，之所以不可持续，是因为这种类型的输入不具有可持续性。

（4）能值可持续指标（Emergy Sustainability Index，ESI）

EYR 与 ELR 的比值，用于衡量本地系统在单位环境负载条件下（ELR）对更大系统（或经济）的潜在贡献（EYR）。如果一个国家或地区的能值产出率高而环境负载率相对较低，说明这个系统是可持续的，反之则是不可持续的。一般来说，如果 1<ESI<10，表明经济系统充满活力和发展潜力；如果 ESI>10，表明经济系统不发达；如果 ESI<1，表明为消费型经济系统（Ulgiati and Brown，1998）。

3.2.2.4　能量系统语言

进行系统能值研究需使用描述能源来源、流动与存储的符号图例，这就是所谓的能量系统语言（Energy System Language）。如表 3-2 所示，Odum 设计了一系列图例符号来描绘能量系统图，便于理解、分析和处理系统各组分的关系以及整个系统的运作过程。

表 3-2　常用能量系统符号语言及其含义

名称	符号	含义
系统边界		用于表示系统边界的矩形框

名称	符号	含义
能量来源 [a]	○	从系统外界输入的各种形式的能量（物质），包括能流、物质流、信息、基因和劳务等
存储库		系统中存储能量、物质、货币等场所，如生物量、土壤、有机质、地下水等，为流入与流出能量的过渡
能流	→　-→	实线表示能流、物质流、信息流等生态流的流动路线和方向；虚线表示货币流
热耗散 [b]		表示能量转换中转变成热能的部分，不可再利用
相互作用		表示不同类别能流相互作用并转化为另一能流
控制键		表示对能流或者其他生态流输入（左边）和输出（右边）过程的开动或关闭的控制作用
交流键		用于表示一定量的某种流与另一种流的交换，最常用于货物商品与货币的交换和交易
生产者		可以吸收低品质能量（如太阳能）以及养分，制造食物来源的生物，如林、木、草、农作物等绿色植物
消费者		系统中，从生产者获得产品和能量，并向生产者反馈物质和服务，如动物、人以及城市系统等
加强作用	▷	一种特别的相互作用键符号，表示控制流量大小

注：[a] 所有从系统外界输入的能量均以圆形符号表示，按太阳能值转换率从低到高、从左到右排列于矩形边界之外，左边下方从低转换率的太阳能开始上边、右边，直到信息、人类劳务（高转换率）。

[b] 此符号表示热力学第二定律，任何形式的能量转化过程均有能量耗散流失，故此符号与生产者、消费者、储存库、相互作用键、控制键等连接。通常在能量系统图底边绘制一个热耗散符号，与系统内存在热耗散的各组分连接，表示系统及各组分的热耗散。热耗散只用于表示系统的耗散退化能，故不能与能流、物流路径连接。

3.2.3 能值分析的基本方法与步骤

能值分析的具体方法与步骤因研究对象和研究者而有所不同，其基本方法与步骤可分为以下 6 步（以常用的种植业系统为例）。

①收集研究区域的自然环境、社会经济以及生产系统的基础资料，熟悉并分析研究对象的基本特点和研究的切入点。

②绘制能量系统图，确定系统范围的边界，把系统内各组分及其作用过程与系统外的有关成分及其作用，以四方框边界分开。确定需列举的能源的原则，基本根据该能量占整个系统能量总量的 5% 以上，低于该比例则可忽略；确定系统内的主要成分，以各种能量符号图例绘制；列出系统内各主要组分的过程和关系（流动、储存、互相作用、生产、消费，等等）；绘出系统图，先绘制四方框边界外面的能量部分，沿周边外排列，然后再绘制系统内各部分的图例。边界内外各图例排列均根据其所代表成分的能值转换率，从低到高、从左到右排列。

③进一步收集系统分析所需的各种资料和数据，整理分类，输入计算机存储处理，包括当地的各种气象数据、投入种植业系统物质和能量数据等。生态经济系统的能值投入按其来源可以分为两类：一类直接来源于自然界，包括可更新环境资源（太阳能、风能、雨水化学能、雨水势能以及地热等）和不可更新环境资源（土壤表土层损失等），这类能值是从自然界无偿得到的，不用人类付出货币购买，称为无偿能值或免费能值；另一类能值来自人类社会经济系统，包括人工工业辅助能（化肥、燃油、农药、农膜、农机具等）和人工可更新有机能（劳动力、种子、饲料等），这类能值需要用货币购买，因而称为购买能值或经济能值。在可更新环境资源投入中，为避免重复计算，同一性质的能量投入只取其最大值，如地球上的最终能量来源为太阳能，太阳能、风能、雨水化学能、雨水势能实际上都是太阳能的转化形式，应只取其中最大的一项。

④编制能值分析表，计算系统的主要能量流、物质流、经济流。能值分析表一般包括序号、项目、原始数据、太阳能值转换率、太阳能值、能值货币价值6项，其中"太阳能值"项等于"原始数据"项乘以"太阳能值转换率"项、"能值货币价值"项等于"太阳能值"项除以当年的国家"能值/货币比率"。

⑤能值指标体系建立及分析。能值分析能建立多种能值指标，主要包括各种类型能值的数量、各种能值结构比例指标、能值投入率、能值自给率、净能值产出率、环境负载率、能值可持续指标等。

⑥系统发展的总体评价和策略分析，并对系统的优化提出建议。结合能值指标的具体含义可以对系统的发展作出评价；通过能值指标的纵向和横向比较分析，能够对系统的演变趋势作出适当的判断，辨识系统发展的优、缺点，对系统的可持续发展提供具体的策略。

3.3 案例小水电选择与能值分析

3.3.1 红岩二级水电站概述

我国小水电资源主要分布在中西部水资源丰富的山区，尤其是西南部的云南、贵州、四川等省份。本研究选取的典型案例红岩二级水电站（N24°59′44.52″，E105°11′55.68″）位于贵州省黔西南布依族苗族自治州的安龙县。该地区属于典型的亚热带季风气候区，其典型特征就是年内和年际的降雨分布不均，如图 3-3 所示。安龙县年平均降水量为 1 084.0 mm，其中 5—10 月的降水量约占年降水量的 2/3。因此安龙县小水电资源丰富且开发密度较高，截至 2012 年底，投入运行的小水电站已达 20 多座，在小水电的建设运行方面具有很强的代表性。

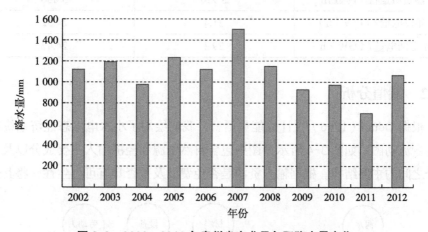

图 3-3　2002—2012 年贵州省安龙县年际降水量变化

红岩二级水电站位于安龙县城西南部阿油槽村肖家云组南盘江畔，为无调节引水式水电站，始建于 2003 年，其发电用水来自河流上游，干旱时河水需用作农田灌溉。水电站利用挡水坝拦截河水，通过引水渠道将河水平缓地引至与进水口有一定距离的河道下游，集中落差。在引水渠道末端设置压力前池，以连接引水渠道和水轮机的压力水管，通过压力水管将河水引至发电厂房发电，尾水排至河流下游，水电通过变电设备等进行上网。尽管水轮发电机组的平均引水流量仅为 2.06 m³/s，但是水电站的水头高达 496 m，如表 3-3 所示。该水电站装有 2 台 4 MW 的水轮发电机组，总装机容量为 8 MW。与常规大中型水电站不同的是，小水电一般无库容，流量调节能力差，来水受季节性降雨和灌溉争水等影响较大，导致小水电的实际运行和设计规划有所不同。2010 年，该水电站实际发电量 2 452 万 kW·h，上网电量 2 442 万 kW·h，折合年满发小时数为 3 066 h，与设计容量的 3 920 h 仍存在一定的差距（表 3-3），这种不稳定运行也是我国多数小水电普遍面临的问题。

表 3-3 红岩二级水电站设计运行及 2010 年运行情况对比

项目	设计运行	2010 年实际运行
水头 /m	496	496
装机容量 /MW	8	8
流量 / (m³/s)	2.06	2.06
满负载运行小时数 /h	3 920	3 066
年发电量 / (GW·h)	31.4	24.52
年上网电量 / (GW·h)	29.3	24.42

3.3.2 能值分析

根据 Odum（1996）设计的能量语言，我们绘制了小水电生态经济系统的物质能量流动图，如图 3-4 所示，图中包含自然资源和经济输入主要成分以及系统组分之间的主要结构。根据输入资源是否免费以及是否具有可再生性，将其分为

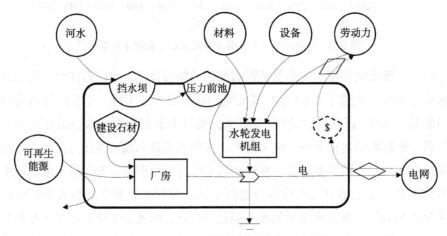

图 3-4 红岩二级水电站的物质能量流动

本地免费可更新资源（R_L）、外界输入免费可更新资源（R_O）、本地免费非可更新资源（N）以及购入资源（F），其中购入资源又可分为可更新购入资源（F_R）和非可更新购入资源（F_N），表3-4列出了小水电生态经济系统中不同资源输入及主要能值指标。

表3-4　小水电生态经济系统的主要能值指标

能值指标	符号与计算公式	含义
本地免费可更新资源	R_L	本地自然环境投入的可更新能值，如太阳能、雨能、风能、地热能等
外界输入免费可更新资源	R_O	从上游直接流入厂房的河水势能
本地免费非可更新资源	N	本地直接投入的非可更新资源，主要为建设石材等
可更新购入资源	F_R	从人类经济社会系统购入能值中的可更新部分
非可更新购入资源	F_N	从人类经济社会系统购入能值中的不可更新部分
能值总投入	U	支撑系统运行的总能值需求
可更新能值比例	%R	支撑系统运行的可更新能值占总能值比率
能值产出率	EYR=Y/F	系统总产出能值与经济社会投入能值之比，表明系统从人类经济社会输入的能值对本地资源的开发能力
环境负载率	ELR=（$N+F_N$）/（$R_L+R_O+F_R$）	支撑系统运行的非可更新资源（本地和外界输入的）与可更新资源之比，表明系统运行产生的环境负荷
能值可持续指标	ESI=EYR/ELR	能值产出率与环境负载率的比值，衡量生产系统在单位环境负荷下的生产效率
能值交换率	EER=$\left[（\$_{income}）\times（sej/\$）_{country}\right]/U$	购买者支付货币相当的能值与产品能值之比，可衡量交易是否公平

3.4　结果与讨论

3.4.1　小水电系统的能量流动

基于红岩二级水电站设计报告书和课题组的实地调研，我们建立了2010年红岩二级水电站实际运行的系统能值核算表（表3-5）。需要指出的是，水电站设计运行 30 年，而本研究是基于 1 年的静态研究，因此在能值核算清单中建设材料及发电设备等一次性投入能值均折算为年度的流动量。核算结果显示，红岩二级水电站 2010 年实际生产水电 8.79×10^{13} J，系统需要 9.04×10^{18} sej 的太阳能值。其中，河水势能（4.37×10^{18} sej/a）占总输入能值的 48.35%，是系统运行的主要能量驱动力；在本地免费可更新资源中，雨水的能值是最大的，为避免重复计算，只将雨水纳入核算体系中，为 1.99×10^{14} sej/a；此外，建设石材（2.62×10^{18} sej/a）是唯一本地非可更新资源投入，且在核算表中为第二大能值输入项。总体来看，红岩二级水电站的能量输入中有 77.29% 来自免费的自然资源，可见该小水电在建设运行过程中对自然资源的依赖程度很高。

表 3-5 红岩二级水电站系统能值核算表

项目		原始数据	可更新比例	单位能值价值 [a]	太阳能值 /sej
本地免费可更新资源（R_L）[b]	1. 太阳能	4.74×10^{12} J	1.00	1 sej/J	4.74×10^{12}
	2. 雨水	6.41×10^{9} J	1.00	3.10×10^{4} sej/J	1.99×10^{14}
	3. 风能	2.73×10^{9} J	1.00	2.45×10^{3} sej/J	6.70×10^{12}
	R_L 总计				1.99×10^{14}
外界输入免费可更新资源（R_O）	4. 河水势能	1.10×10^{14} J	1.00	3.96×10^{4} sej/J	4.37×10^{18}
本地免费非可更新资源（N）	5. 建设石材	1.56×10^{9} g	0.00	1.68×10^{9} sej/g	2.62×10^{18}
购入资源（F）	6. 建设水泥	9.17×10^{8} g	0.00	3.04×10^{9} sej/g	2.79×10^{17}
	7. 建设钢材	4.57×10^{6} g	0.00	4.24×10^{9} sej/g	1.94×10^{16}
	8. 建设木材	2.45×10^{8} g	1.00	6.77×10^{8} sej/g	1.66×10^{17}
	9. 炸药	2.17×10^{6} g	0.00	4.19×10^{9} sej/g	9.08×10^{15}
	10. 建设用电	2.21×10^{10} J	0.00	2.92×10^{5} sej/J	6.46×10^{15}
	11. 发电设备	1.26×10^{7} g	0.00	1.13×10^{10} sej/g	1.42×10^{17}
	12. 柴油	3.26×10^{11} J	0.00	1.21×10^{5} sej/J	3.95×10^{16}
	13. 劳动力	9.02×10^{10} J	0.90	1.24×10^{6} sej/J	1.12×10^{17}
	14. 运行维护	6.03×10^{4} \$	0.05	6.28×10^{12} sej/J	3.79×10^{17}
	15. 建设服务	2.99×10^{4} \$	0.05	6.28×10^{12} sej/J	1.88×10^{16}

续表

项目		原始数据	可更新比例	单位能值价值 [a]	太阳能值 /sej
购入资源（F）	16. 重新安置	6.35×10^3 \$	0.05	6.28×10^{12} sej/J	3.99×10^{16}
	17. 税费	1.07×10^5 \$	0.05	6.28×10^{12} sej/J	6.74×10^{17}
F_R					3.31×10^{17}
F_N					1.72×10^{18}
F					2.05×10^{18}
U					9.04×10^{18}
Y	18. 水电	8.79×10^{13} J		1.03×10^5 sej/J	9.04×10^{18}

注：[a] 根据能值分析方法的发展，本研究采用 2000 年后 Odum 重新计算的驱动全球过程的能值量，即 15.83×10^{24} seJ/a，为确保单位能值价值之间具有可比性，基于 9.44×10^{24} seJ/a 计算得到的单位能值价值均乘以 1.68（15.83/9.44）进行换算（Zhang et al.，2011）。

[b] 对应各自序号，单位能值价值的参考文献分别为：1. Odum et al.，2000；2. Odum et al.，2000；3. Odum et al.，2000；4. Brown and McClanahan，1996；5. Chen et al.，2011；6. Pulselli et al.，2008；7. Zhang et al.，2009；8. Bastianoni et al.，2001；9. Brown and Bardi，2001；10. Odum，1996；11. Brown and McClanahan，1996；12. Ingwersen，2010；13. Brown and Bardi，2001；14. Chen and Chen，2012；15. Chen and Chen，2012；16. Chen and Chen，2012；17. Chen and Chen，2012.

在购入资源中，税费、运行维护及建设水泥是其中三个最大的能值投入，分别为 6.74×10^{17} sej/a、3.79×10^{17} sej/a 和 2.79×10^{17} sej/a。而钢材、发电设备及其他建设材料所占比例较小，这是因为小水电站的水工建筑物结构简单。但由于安龙县地处典型的喀斯特地貌区域，地表易被流水侵蚀，所以需用石子、水泥等组成混凝土来加固引水渠道以防止河水下渗等。此外，与大型水电站不同的是，小水电在建设过程中产生的淹没和移民损失很小，重新安置只占到系统能值总投入的 0.44%。图 3-5 给出了红岩二级水电站系统的主要能值输入（即能值结构）。

3.4.2　能值指标

由能值核算表计算可得到一系列能值指标，包括能值转换率、能值产出率、环境负载率和能值可持续指标等，并将其分别与所选泰国湄公河上两座大坝、韩国多功能大坝以及三峡水电站系统的能值指标相对比（表 3-6）（Yang et al.，2012；Kang and Park，2002；Brown and McClanahan，1996），以便对小水电生态经济系统做更深入的分析。

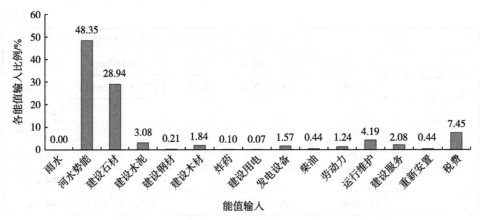

图 3-5　红岩二级小水电系统的能值输入结构

表 3-6　红岩二级水电站和大型水电站的系统能值指标对比 [a]

项目	研究对象	对照组 [b]			
	红岩二级水电站	Pa Mong 泰国	Chiang Khan 泰国	多功能大坝 韩国	三峡大坝 中国
能值转换率 / (sej/J)	1.03×10^5	2.59×10^5	2.64×10^5	4.27×10^5	9.37×10^5
EYR	4.40	1.32	1.32	1.34	2.55
ELR	0.92	3.17	3.12	2.94	0.72
ESI	4.77	0.42	0.42	0.63	3.54

注：[a] 几座水电站能值核算过程中略有不同：4 座大型水电站没有考虑购入资源的可再生部分，这会轻微地导致 ELR 结果偏大而 ESI 结果偏低。

[b] 为了使核算过程更加一致，我们根据 4 座大型水电站的能值核算表重新计算了能值指标。而考虑到大型水电站开发的多个产出，我们设定其他产出都为副产品而将所有的能值产出分配给电力。我们也将这些能值核算的基准从 9.44×10^{24} seJ/a 更新为 15.83×10^{24} seJ/a。

3.4.2.1　能值转换率

能值转换率是指系统生产单位物质所需投入的能值量。当不同系统生产相同的产品时，能值转换率可表征系统的生产效率。能值转换率低，生产相同的产品所需能量少，或者相同能量可生产出更多的产品，则说明系统生产效率高（Zhang et al., 2012；Odum, 1996）。本研究中，小水电的能值转换率为 1.03×10^5 sej/J，其可再生性比例为 52.01%。对比大水电，其能值转换率均在

2.50×10^5 sej/J 之上，可见小水电的生产效率较高，这是因为小水电建设运行中所需水工建筑物等较少，主要是对于水能的转化，而大水电所需机械设备等投入较多，并有大量泥沙堆积、移民等，在转化水能的同时需要大量能值输入及能值损失，因此转化水能效率较低。

3.4.2.2　能值产出率

能值产出率表示系统通过从人类经济社会输入资源对自然资源的开发能力（Zhang et al.，2011），与支撑系统运行的资源是否免费有关，而与资源是否为可再生无关，可用来评估免费自然资源对系统运行的潜在贡献能力（Zhang et al.，2007），同时也反映了系统的经济活力。EYR 越大，表明免费自然资源对系统生产过程的贡献越大，系统经济活力越强，竞争力越大。本研究中，小水电的EYR 为 4.40，是其他几座大型水电站 EYR 的 1.73～3.33 倍，这意味着小水电在建设运行过程中对从人类社会输入的资源依赖程度较低，而对免费自然资源的利用程度要明显高于其他几座大型水电站，其开发效益较高，经济竞争力强于大水电（李双成等，2001）。

3.4.2.3　环境负载率

环境负载率表示系统建设运行中从外界输入能值以及开发本地非可再生资源对当地生态环境造成的胁迫作用，与支撑系统运行的资源可再生比例直接相关。理论上，一个自然系统如果 100% 依靠可再生资源支撑运行，则 ELR 为 0（Ulgiati and Brown，1998），若系统持续处于较高的环境负载率，将会造成不可逆转的系统功能退化（李双成等，2001）。三峡水电站因为河水重力势能输入较大而 ELR 较低，除此之外，本研究中小水电的 ELR（0.92）远小于湄公河上两座大坝和韩国多功能大坝（分别为 3.17、3.12 和 2.94），说明该小水电在建设运行过程中能量的传递和转移对环境造成的压力较小，其环境表现要远好于大水电，这主要是因为在小水电系统运行过程中，河水势能是主要驱动力，而对不可再生资源的依赖程度较低。

3.4.2.4　能值可持续指标

能值可持续指标表征系统的可持续发展能力，若系统的能值产出率较高，同时环境负载率较低，则该系统的可持续能力较好（Ulgiati and Brown，1998）。一般而言，ESI 介于 1~10，说明该系统既有较好的发展潜力又有很好的持续能力；若 ESI<1，该系统为消费性系统，是不可持续的；若 ESI>10，该系统发展水平较低（Brown and Ulgiati，1997）。本研究中，小水电的 ESI 为 4.77，表明小水电生态经济系统既有较好的经济活力，又有较强的可持续发展能力；而湄公河上两座大坝和韩国多功能大坝的 ESI 均小于 1，为消费型系统，长久来看是不可持续的。

3.4.3 小水电上网的合理电价

一直以来，小水电的上网电价都备受争议。小水电站只需要初始的一次性建设投资，而运行期间所需的投入很少，因此，很多人认为小水电是一个利润很高的产业；然而事实上，很多小水电站已经因为利益亏损而停产（章文裕，2010；邹体峰和王仲珏，2007），我们在贵州开展的大量小水电实地调研也证实了这一点。从区域资源交换的角度来看，能值分析能够定量比较出售产品的能值和支付货币的能值当量，因此可采用能值分析方法来判定小水电的上网电价是否合理，如图 3-6 所示。能值交换率是指购买者支付货币相当的能值与产品能值之比率，可以衡量交易双方哪方占优势。若 EER>1，说明交易有利于卖方；若 EER<1，说明交易有利于买方；只有当 EER=1 时，买方和卖方之间的交易才是公平的（Zhang et al.，2011；Cuadra and Rydberg，2006）。2010 年，红岩二级水电站的上网电价为 0.23 元/（kW·h），由此得到 EER 为 0.58，小于 1，说明在水电上网过程中，小水电输出的能值高于得到的货币能值，从而在运行过程中消耗本地自然资源，该上网电价不利于水电站的可持续发展。计算可知，水电的合理上网价格应为 0.40 元/（kW·h），此时 EER=1，这意味着红岩二级水电站在 2010 年由于不合理的上网电价损失了 3.83×10^{18} sej 的太阳能值，占到了系统总投入能值的 42.35%。

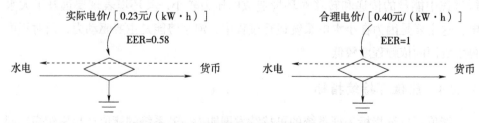

图 3-6 水电上网过程中的能值交换示意图

当前，不合理电价已经成为小水电可持续发展重要的限制因素之一。根据我国可再生能源开发政策，红岩二级水电站在 2010 年可以享受税收减免优惠，但是税费依然占到其能值总投入的 7.45%。如前文所述，我们实地调研发现很多小水电站因为亏损而濒临破产。一旦停产，投入这些小水电站中的机械设备、建设材料等就会因为在偏远山区没有其他用途而被闲置，从而造成资源的浪费。因此，为避免资源浪费、保证小水电产业的经济可持续发展，应该适当提高水电上网电价，至少应该保证其合理电价，例如通过 EER 指标得到的 0.40 元 /（kW·h）。

3.4.4　小水电不稳定性运行的敏感性分析

我们首先针对红岩二级水电站系统中不同能值输入项的变化分析其对系统环境表现的影响，以探究不同的能值投入对系统的重要性。这个过程主要包括把各能值投入项分别翻倍和减半来重新计算系统的各个能值指标（Ciotola et al.，2011；Martin et al.，2006）。其中，当把各能值投入项翻倍和减半时，河水势能和建设石材的投入变化导致案例小水电系统的能值产出率、环境负载率和能值可持续指标三个能值指标的变化幅度都超过了 10%，如表 3-7 所示。与此同时，税费、运行和维护费用、水泥投入的能值翻倍和减半也使得小水电系统三个能值指标中的至少一个指标变化超过了 10%。例如，税费的能值投入翻倍将使系统能值产出率降低 19%、能值可持续指标降低 29%。除以上能值投入项外，其他能值投入项翻倍或减半时都不会导致所考虑的能值指标变化超过 10%，表明这些投入项对最终的系统能值指标结果影响不大。

表 3-7　不同能值投入项的能值投入翻倍和减半对红岩二级水电站系统能值指标
影响的敏感性分析结果 [a]

能值指标		河水势能	建设石材	水泥	运行和维护费用	税费
EYR	能值翻倍	48	29	—	-12	-19
	能值减半	-24	-14	—	—	15
ELR	能值翻倍	-48	60	—	—	14
	能值减半	87	-30	—	—	—
ESI	能值翻倍	186	-20	-15	-18	-29
	能值减半	59	22	—	12	24

注：[a] 表中给出的只有能值指标变化大于 10% 的情景；—表示能值指标变化小于 10% 的情景。

　　在小水电建设运行过程中，因为建设石材和税费的投入相对固定，河水势能或可用于发电的水资源量成为影响水电站系统环境表现的主要变化因子。如前文所述，多数小水电站由于没有拦河坝或水库，流量调节能力差，受季节性降水及农田灌溉争水等影响，上游来水情况不稳定，日发电量波动较大（Huang and Yan，2009；Paish，2002）。图3-7为2010年红岩二级水电站上网电量波动图，可以看出2—5月，因为在枯水季节无水可发，水电站几乎处于完全停运状态；从6月开始，随着降水增多，水电站除了因工程质量问题停运之外，一直处于相对满负载运行；进入10月之后，降水减少，发电量随之相应减少，一直持续到次年1月。小水电站每年的发电量不同，即可利用的水资源量不同，水电站的系统能值分析结果也会随之改变。因此有必要分析年发电量对水电站系统环境表现的影响程度。

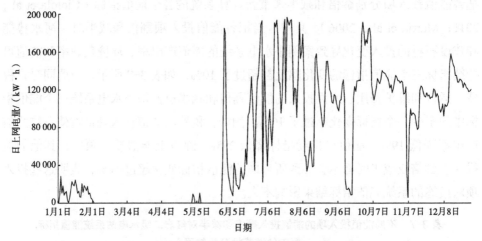

图3-7　2010年红岩二级水电站上网电量波动图

　　通过课题组的现场调研得知，红岩二级水电站自运行以来最低达到了50%的设计年发电量，因此本研究考虑3种情况：设计发电量、2010年实际发电量（83%的设计发电量）以及最少发电量即50%的设计发电量，并将3种情况下水电站的能值指标进行对比，结果如图3-8所示。可以看出，发电量对水电站系统能值指标的影响很大，随着发电量的减少，水电站系统的可持续表现逐渐变差。尤其是当发电量由设计发电量减少到50%设计发电量时，红岩二级水电站产出的水电能值转换率从9.8×10^4 sej/J增大到1.31×10^5 sej/J；系统ESI值也从

6.12 急剧减小到 3.01，证明小水电系统的可持续能力对发电量变化十分敏感。

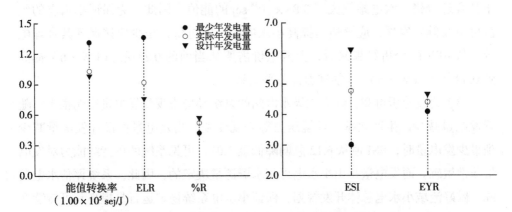

图 3-8　不同发电量情况下红岩二级水电站系统能值指标变化

　　水电站的发电量是由可利用的水资源量决定的。因此，在确定一个小水电站装机规模时，投资者和规划者应该特别关注河流的可开发资源量，并充分考虑各种不确定性因素。如果水电站装机规模超过了可利用水资源量，则会因缺水造成设备闲置；如果水电站装机规模小于可利用水资源量，则会造成部分水能资源的浪费。可见，对于特定的河流，适度规模的水电开发可以使水电站的生态效益和经济效益达到最佳状态。

3.5　本章小结

　　本章以能值分析理论为方法，以贵州省安龙县红岩二级水电站为典型案例，通过核算其能值流动和能值指标，并以大型水电开发系统为平行参照，对小水电生态经济系统的运行特征进行分析，探讨了其生态效益、环境负荷、公平电价以及不稳定运行等问题，主要得到以下 3 点结论：

　　（1）2010 年红岩二级小水电生态经济系统需要 9.04×10^{18} sej 的能值支撑，主要依靠免费自然资源，免费自然资源占到总投入能值的 77.29%。其中，河水势能是系统运行的主要驱动力，占总投入的 48.35%。通过和大水电的系统能值指标进行对比可知，相对于大水电，小水电对本地资源的转化能力较强而环境负荷较低。整体来讲，小水电的可持续性表现要优于大水电。

（2）2010年红岩二级水电站水电上网过程中的EER为0.58，上网电价低于其合理价格，水电站损失了3.83×10^{18} sej的能值。因此，为保证小水电的经济可持续健康发展，应该适当提高小水电的上网电价，至少应该保证其合理电价，从EER的分析结果来看，上网电价需要从当前的0.23元/（kW·h）提高到0.40元/（kW·h），才能够保证公平交易。

（3）通过分析可知，红岩二级水电站的系统环境表现受发电量影响很大，随着发电量减少，生产效率、环境压力等表现变差。当发电量由设计发电量减少到最少发电量时，ESI值从6.12急剧降低至3.01，可见系统的可持续能力对发电量非常敏感。而发电量是由小水电可用水资源量决定的，因此，系统评估水电资源，做好流域小水电总体开发规划，保证小水电系统稳定运行是提高其可持续性的关键之一。

参考文献

程回洲，2006. 小水电资源利用与促进新农村建设 [J]. 中国水利，(14): 17-18.

蓝盛芳，钦佩，2001. 生态系统的能值分析 [J]. 应用生态学报，12(1): 129-131.

蓝盛芳，钦佩，陆红芳，2002. 生态经济系统能值分析 [M]. 北京：化学工业出版社.

李双成，傅小峰，郑度，2001. 中国经济持续发展水平的能值分析 [J]. 自然资源学报，16(4): 297-304.

王信茂，2010. 实施国家能源发展战略要优先开发水电 [J]. 能源技术经济，22(12): 1-4.

章文裕，2010. 实行"同网同价"是农村水电发展和促进农民增收的关键措施 [J]. 小水电，(2): 15-21.

张力小，2012. 生态系统的能值分析 // 蔡晓明，蔡博峰. 生态系统的理论和实践 [M]. 北京：化学工业出版社.

张力小，杨志峰，陈彬，等，2008. 基于生物物理视角的城市生态竞争力 [J]. 生态学报，28(9): 4344-4352.

赵桂慎，2008. 生态经济学 [M]. 北京：化学工业出版社.

中国能源中长期发展战略研究项目组，2011. 中国能源中长期（2030、2050）发展战略研究·可再生能源卷 [M]. 北京：科学出版社.

中华人民共和国水利部，2019. 中国水利统计年鉴 2018[M]. 北京：中国水利水电出版社.

邹体峰，王仲珏，2007. 我国小水电开发建设中存在的问题及对策探讨 [J]. 中国农村水利水电，(2): 82-84.

Abbasi T, Abbasi S A, 2011. Small hydro and the environmental implications of its extensive utilization[J]. Renewable and Sustainable Energy Reviews, 15(4): 2134-2143.

Bastianoni S, Marchettini N, Panzieri M, et al., 2001. Sustainability assessment of a farm in the Chianti area (Italy) [J]. Journal of Cleaner Production, 9(4): 365-373.

Brown M T, Campbell D E, De Vilbiss C, et al., 2016. The geobiosphere emergy baseline: A synthesis[J]. Ecological Modelling. 339: 92-95.

Brown M T, McClanahan T R, 1996. Emergy analysis perspectives of Thailand and Mekong River dam proposals[J]. Ecological Modelling, 91(1-3): 105-130.

Brown M T, Herendeen R A, 1996. Embodied energy analysis and emergy analysis: a comparative view[J]. Ecological Economics, 19(3): 219-235.

Brown M T, Ulgiati S, 1997. Emergy-based indices and ratios to evaluate sustainability: monitoring economies and technology toward environmentally sound innovation[J]. Ecological Engineering, 9(1-2): 51-69.

Brown M T, Bardi E, 2001. Folio #3: Emergy of ecosystems. Handbook of Emergy Evaluation: A Compendium of Data for Emergy Computation Issued in a Series of Folios[DB]. Gainesville: Center for Environmental Policy, Environmental Engineering Sciences, University of Florida.

Brown M T, Ulgiati S, 2002. Emergy evaluations and environmental loading of electricity production systems[J]. Journal of Cleaner Production, 10(4): 321-334.

Brown M T, Ulgiati S, 2004. Energy quality, emergy, and transformity: H.T.Odum's contributions to quantifying and understanding systems[J]. Ecological Modelling, 178(1-2): 201-213.

Brown M T, Ulgiati S, 2010. Updated evaluation of exergy and emergy driving the geobiosphere: A review and refinement of the emergy baseline[J]. Ecological

Modelling, 221 (20): 2501-2508.

Brown M T, Raugei M, Ulgiati S, 2012. On boundaries and "investments" in Emergy Synthesis and LCA: A case study on thermal vs. photovoltaic electricity[J]. Ecological Indicators, 15: 227-235.

Campbell D E, Lu H F, Lin B L, 2014. Emergy evaluations of the global biogeochemical cycles of six biologically active elements and two compounds[J]. Ecological Modelling, 271: 32-51.

Campbell D E, 2016. Emergy baseline for the Earth: A historical review of the science and a new calculation[J]. Ecological Modelling, 339: 96-125.

Chen D, Webber M, Chen J, et al., 2011. Emergy evaluation perspectives of an irrigation improvement project proposal in China[J]. Ecological Economics, 70(11): 2154-2162.

Chen S Q, Chen B, 2012. Sustainability and future alternatives of biogas-linked agrosystem (BLAS) in China: An emergy synthesis[J]. Renewable and Sustainable Energy Reviews, 16(6): 3948-3959.

Ciotola R J, Lansing S, Martin J F, 2011. Emergy analysis of biogas production and electricity generation from small-scale agricultural digesters[J]. Ecological Engineering, 37: 1681-1691.

Cuadra M, Rydberg T, 2006. Emergy evaluation on the production, processing and export of coffee in Nicaragua[J]. Ecological Modelling, 196(3-4): 421-433.

Ding Y F, Tang D S, Wang T, 2011. Benefit evaluation on energy saving and emission reduction of national small hydropower ecological protection project. Energy Procedia, 5: 540-544.

Fu X C, Tang T, Jiang W X, et al., 2008. Impacts of small hydropower plants on macroinvertebrate communities[J]. Acta Ecologica Sinica, 28(1): 45-52.

Huang H L, Yan Z, 2009. Present situation and future prospect of hydropower in China[J]. Renewable and Sustainable Energy Reviews, 13(6-7): 1652-1656.

Ingwersen W W, 2010. Uncertainty characterization for emergy values[J]. Ecological Modelling, 221(3): 445-452.

Kang D, Park S S, 2002. Emergy evaluation perspectives of a multipurpose dam proposal in Korea[J]. Journal of Environmental Management, 66(3): 293-306.

Martin J F, Diemont S A W, et al., 2006. Emergy evaluation of the performance and sustainability of three agricultural systems with different scales of management[J]. Agriculture Ecosystems and Environment, 115: 128-140.

Odum H T, 2000. Folio #1: Emergy of Global Processes. Handbook of Emergy Evaluation[DB]. Centre for Environmental Policy, University of Florida, Gainesville, FL. http://www.cep.ees.ufl.edu/emergy/publications/folios.shtml.

Odum H T, 1996. Environmental Accounting: Emergy and Environmental Decision Making[M]. New York: John Wiley and Sons.

Odum H T, Brown M T, Brandt-Williams S, 2000. Folio #1: Introduction and Global Budget. Handbook of Emergy Evaluation: A Compendium of Data for Emergy Computation Issued in a Series of Folios[DB]. Gainesville: Center for Environmental Policy, Environmental Engineering Sciences, University of Florida.

Paish O, 2002. Small hydro power: Technology and current status[J]. Renewable and Sustainable Energy Reviews, 6(6): 537-556.

Pulselli R M, Simoncini E, Ridolfi R, et al., 2008. Specific emergy of cement and concrete: an energy-based appraisal of building materials and their transport[J]. Ecological Indicators, 8(5): 647-656.

Ton S, Odum H T, Delfino J J, 1998. Ecological-economic evaluation of wetland management alternatives[J]. Ecological Engineering, 11(1-4): 291-302.

Ulgiati S, Brown M T, 2009. Emergy and ecosystem complexity[J]. Communications in Nonlinear Science and Numerical Simulation, 14(1): 310-321.

Ulgiati S, Brown M T, 1998. Monitoring patterns of sustainability in natural and man-made ecosystems[J]. Ecological Modelling, 108(1-3): 23-36.

Yang J, Tu Q, Liu B L, 2012. The estimate of sediment loss in the Emergy-based flows of hydropower production system//Brown M T, ed. Emergy Synthesis 7[C]. FL: University of Florida Gainesville.

Zhang L X, Song B, Chen B, 2012. Emergy-based analysis of four farming systems: insight into agricultural diversification in rural China[J]. Journal of Cleaner Production, 28: 33-44.

Zhang L X, Ulgiati S, Yang Z F, et al., 2011. Emergy evaluation and economic analysis of three wetland fish farming systems in Nansi Lake area, China[J]. Journal of Environmental Management, 92(3): 683-694.

Zhang L X, Yang Z F, Chen G Q, 2007. Emergy analysis of cropping-grazing system in Inner Mongolia Autonomous Region, China[J]. Energy Policy, 35(7): 3843-3855.

Zhang X H, Jiang W J, Deng S H, et al., 2009. Emergy evaluation of the sustainability of Chinese steel production during 1998—2004[J]. Journal of Cleaner Production, 17(11): 1030-1038.

第 4 章

基于能值分析的我国小水电生态影响研究

4.1 引言

相比备受争议的大型水电工程的生态影响（Scudder，2005），小水电的环境友好性似乎得到了公众的普遍认可，如 Paish（2002）认为小水电工程简单，对当地生态环境的负面影响比大型水电工程要小得多；实验方法证明在适度开发和采取合理保护措施的情况下，小水电不会对下游河流底栖藻类、水质和鱼类产生较大影响（吴乃成，2007；Santos et al.，2006）；能值分析也显示小水电建设运行过程中的资源使用对生态环境的压力较小（庞明月等，2014）。基于这种对小水电环境友好性的认知以及解决偏远山区居民的用电问题，我国小水电自改革开放以来得到快速发展，截至 2018 年年末，全国范围内已建成小型水电站 4.6 万多座，装机容量 8 043 万 kW，年发电量 2 346 亿 kW·h（中国水利统计年鉴，2019）。

但是，近些年我国快速甚至"过热"的小水电开发开始呈现盲目、无序等趋势，如在贵州省赤水市境内长 48.6 km 的习水河干流上，所建小型水电站达10 级之多，各级水电站水坝拦截与引流无序分配河水，导致在大多数年份河流基本生态需水得不到满足，许多河段出现断流，河流生态系统退化严重，削弱了河流生态系统服务功能。因此，关于小水电开发生态影响的争议持续出现在学术界及媒体舆论中（王强，2011；中华人民共和国水利部，2011；张继业，2007）。但是，目前关于小水电生态环境影响的研究多为基于某一时间点与时间段的实验监测对单要素的定量分析，能够整合建设运行对区域资源环境压力、生态系统退化等影响的系统性评价较少见报道。

能值分析方法是重要的生态能量方法之一，能够统一度量系统内储存和流动的各种形式物质和能量，以能量的集聚、结构与效率等特征指标来衡量系统的改变，能够对系统的生态环境影响和可持续发展水平进行综合定量分析（张力小，2012；Zhang et al.，2007；蓝盛芳等，2002；Odum，1996），目前已被用于国内外几座大型水电站的系统分析（Yang et al.，2012；Kang and Park，2002；Brown and McClanahan，1996），笔者也将其应用于小水电的可持续性分析（庞明月等，2014），为本研究提供了很好的基础。

因此，本章选取贵州省赤水市习水河干流上的观音岩水电站为案例，将小水电建设、运行的资源投入，以及河道中水流的时空改变所导致河流生态服务功能的损失纳入核算体系，利用能值分析方法对其生态影响进行定量分析，以期为我国小水电开发和生态环境协调发展提供定量化依据。

4.2 案例小水电描述与研究方法

4.2.1 观音岩水电站概述

习水河是赤水河的一级支流，长江的二级支流，发源于贵州省习水县寨坝镇习源村，流经习水县、赤水市以及四川省的合江县3个县（市），并于合江县三江咀处汇入赤水河，流经1 km后汇入长江。干流从习水县源头至入江口全长156 km，是赤水河最长的支流，流域面积为1 654 km²，多年平均流量为35.4 m³/s。河流流域整体位于云贵高原与四川盆地结合的过渡带上，地势东南高、西北低，河流流程长，落差大，蕴含10.85万 kW 的理论水力资源，在国家提出的"西部大开发"经济发展战略下，开发小水电工程，利用丰富的水能资源优势来促进当地经济发展。在赤水市境内的习水河干流河段规划开发了10级梯级水电站，其中观音岩水电站为第五级，为筑坝式水电站（图4-1）。此外，习水河也称鳛水河，具有丰富的鱼类资源，是很多长江上游珍稀特有鱼类的重要栖息地。梯级水电站的开发使得水电站下游大面积脱减水，河道景观破碎化，鱼类洄游受到阻碍。

图 4-1 观音岩水电站景观

本书以习水河干流上的观音岩水电站为对象。该水电站位于东经106°06′20″、北纬28°32′15″，始建于2005年，项目总投资2 809.5万元，初始建造的主要任务是发电，不考虑灌溉、航运、防洪、供水等其他要求。观音岩水电站是典型的坝后式水电站，通过修建高为23.40 m 的拦河坝以及水库来集中落差，水库的正常蓄水位为 290.50 m，正常蓄水位库容为 121 万 m³，平均高程为 11.75 m，死水水位为 288.50 m，对应的死库容为 75 万 m³，兴利库容为 46 万 m³。水流从进水口经过 27.48 m 压力管道至发电厂房发电，水轮机引用流量为 32.2 m³/s，发电尾水再经过长 270.04 m 的尾水渠排入习水河，产生的水电通过变电设备向遵义市电网供电，上网电价为 0.284 元 /（kW·h）。水电站设计的多年平均流量为 19.8 m³/s，设计装机容量为 2×1.6 MW，保证出力 521 kW，年利用小时为 3 810 h，年发电量为 1 220 万 kW·h。但因来水受季节性降水和上游水电站的影响，观音岩水电站实际运行情况与设计规划也存在较大差距，2010 年发电量仅为 633 万 kW·h，上网 628 万 kW·h，折算成年满发小时数为 1 979 h（表 4-1）。另外需要指出的是，在水坝下游约 2.28 km 处有习水河一级支流长嵌河汇入。

表 4-1　观音岩水电站设计运行清单

项目	特征值	项目	特征值
水头 /m	11.75	水轮机类型	轴流定桨式 ZDJP401-LJ-161
装机容量 /MW	3.2	发电机类型	悬式 SF1.6-20/2150
引水流量 /（m³/s）	32.2	满负载运行小时数 /h	3 810
设计年发电量 / 万（kW·h）	1 220	2010 年实际年发电量 / 万（kW·h）	633

4.2.2　小水电生态影响机理解析

一种事物对另外一种事物的影响，可以看作它们之间相互作用导致的特定改变。从某种意义上讲，改变就是一种影响，虽然这种影响或正或负。小水电的建设运行对生态环境的改变主要包括两个方面：大量外部资源投入导致的能量集聚（表现为景观破坏）和拦截引流导致水量时空分布变化（表现为间歇性断流）导致的下游河段生态系统退化。

4.2.2.1　小水电建设运行期间的外部资源投入

小水电在建设期间，需要大量来自社会的非可再生资源（如水泥、机械设备、钢材等）的投入；运行期间所需外部资源投入较少，但仍需要劳动力等的投入，如图 4-2 所示。从外部引入的这些资源在本地使用，虽然没有直接污染本地的生态环境，但使得本地系统因为能量的输入远离平衡态，破坏了系统原有的景观结构，对当地生态环境造成压力。

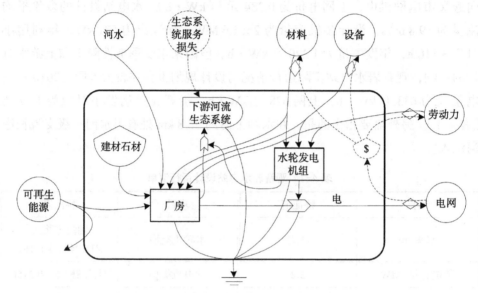

图 4-2　观音岩水电站的系统物质能量流动

4.2.2.2　小水电运行期间水坝下游河段生态系统退化

小水电拦河筑坝，不会改变河流的总水量，但会改变河水下泄的时间，从而改变了河流水体的自然时空分布，中断河流生态系统原有的"时空连续性"（王强，2011；张继业，2007）。如图 4-3 所示，小水电在运行期间将连续的自然河流分成了挡水坝以上河段（A）、水坝取水口与出水口之间的河段（B）以及出水口至支流汇入的河段（C）三段水体。对观音岩水电站 2010 年每日运行数据进行统计可知，水电站上游每日都有来水，即 A 河段不会出现无水情况，因此 A、B、C 河段三段水体的生境可分为图 4-3 中的 S1、S2、S3 3 种情景。其中，S1 情景即 2010 年只有大约 40 天水坝出现溢流，大部分时段处于 S2 情景，即水轮发电机组在运转，但水坝无溢流，此时 B 河段无水，C 河段获得发电下泄水量；除此之外，几乎每日都有不同时长的 S3 情景间断出现，即水轮发电机组停止工作，无水溢流也无水发电下泄，B、C 河段断流，2010 年有 34 个整天处于这种状态。

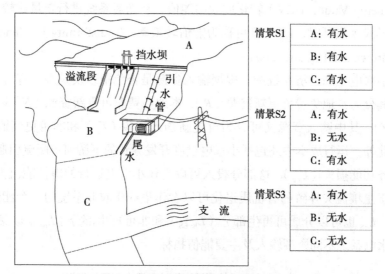

图 4-3　观音岩水电站生态影响示意图

通过以上分析可知，B 河段在一年中绝大部分时段处于完全断流状态，河床裸露，不能为水生生物提供有效生境；而 C 河段因为几乎每日都有断流情况出现，对河流生境变化最为敏感的水生动物包括重点保护鱼种不能生存，但此前研究表明在枯水期只要保证河流周期性的连通，不会对底栖藻类产生较大影响，因此在此河段水生植物可以正常生存。随着沿途大型支流汇入，河流生境逐渐恢复，可以为水生生物提供栖息地。此外，在本书中主要考虑小水电建设运行对水坝下游河道的生态环境影响，因此没有考虑小水电建设运行对水坝上游即 A 河段的影响。

因此，由水电站运行导致的下游河道间歇性断流严重影响了下游河流生态系统，从而导致生态系统服务的损失，尤其是鱼类多样性的减少（Postel, 1998）。

4.2.3　能值分析

所谓能值是指产品或劳务形成过程中直接或间接投入应用的有效能总量（Odum, 1996）。实际应用中，太阳能是包含在地球所有生物化学过程中最重要的能量，所以常以太阳能值（Solar Emergy）为基准衡量某一能量的能值，单位为太阳能焦耳（Solar Emjoules, sej）（胡秋红等，2011；Brown and Herendeen,

1996）。不同类别的能量即能量（J）、质量（g）和货币（\$）通过单位能值价值（Unit Emergy Value，UEV）转化成太阳能值，从而对系统进行定量比较和分析。当能量形式为焦耳时，UEV又可称为能值转换率（Transformity）（Zhang et al.，2013；Brown and Ulgiati，2004）。

在小水电生态经济系统中，根据输入资源是否免费以及是否具有可再生性，可以将其分为本地免费可更新资源（R）、本地免费非可更新资源（N）以及购入资源（F），其中购入资源又可分为可更新购入资源（F_R）和非可更新购入资源（F_N）。此外，运行成本中还包括小水电过度开发导致的下游河道断流引起的生态系统服务功能损失（L_{ES}），这部分投入可以看作小水电运行的虚拟能值投入，类似于由于土壤流失导致的有机质退化可以看作集约化农业系统的一个能值投入。类似地，L_{ES} 也可以分成可再生部分（L_{R-ES}）和非可再生部分（L_{N-ES}）。表4-2列出了小水电系统不同资源输入及主要能值指标。

表4-2　小水电系统不同资源输入及主要能值指标

能值指标	符号与计算公式	含义
本地免费可更新资源	R	本地自然环境投入的可更新能值，如太阳能、雨能、风能、地热能等，以及从上游直接流入厂房的河水势能
本地免费非可更新资源	N	本地直接投入的非可更新资源，主要为建设石材等
购入资源	F	从人类经济社会系统购入的能值
可更新购入资源	F_R	从人类经济社会系统购入能值中的可更新部分
非可更新购入资源	F_N	从人类经济社会系统购入能值中的不可更新部分
生态系统服务功能损失	L_{ES}	系统运行导致的下游河段生态系统服务功能损失
可再生生态系统服务功能损失	L_{R-ES}	生态系统服务功能损失的可再生部分
非可再生生态系统服务功能损失	L_{N-ES}	生态系统服务功能损失的非可再生部分
能值总投入	$U=R+N+F_R+F_N+L_{ES}$	支撑系统运行的总能值需求

续表

能值指标	符号与计算公式	含义
可再生比例	%R=（$R+F_R+L_{R-ES}$）/U	可再生能值投入与总能值投入之比
能值产出率	EYR=U/（$F+L_{ES}$）	系统总产出能值与经济社会投入能值之比，表明系统从人类经济社会输入的能值对本地资源的开发能力
环境负载率	ELR=（$N+F_N+L_{N-ES}$）/（$R+F_R+L_{R-ES}$）	支撑系统运行的非可更新资源（本地和外界输入的）与可更新资源之比，表明系统运行产生的环境负荷
能值可持续指标	ESI=EYR/ELR	能值产出率与环境负载率的比值，衡量生产系统在单位环境负荷下的生产效率

4.3　结果与分析

4.3.1　观音岩水电站系统的能量流动

基于观音岩水电站工程设计报告和课题组的实地调研，我们建立了 2010 年观音岩水电站实际运行的系统能值核算表（表 4-3）。需要指出的是，该电站设计运行周期是 30 年，由于本研究是基于 1 年的静态核算，因此在能值核算清单中建设材料及发电设备等一次性投入能值均折算为年度的流动量。

表 4-3　观音岩水电站系统能值核算表

项目		原始数据	可更新比例	单位能值价值 [a,b]	太阳能值/sej
R	1. 太阳能	2.10×10^{12} J	1.00	1	2.10×10^{12}
	2. 雨水	3.82×10^9 J	1.00	3.10×10^4 sej/J	1.19×10^{14}
	3. 风能	1.84×10^9 J	1.00	2.45×10^3 sej/J	4.50×10^{12}
	4. 河水势能	2.64×10^{13} J	1.00	3.96×10^4 sej/J	1.05×10^{18}
	R 总计				1.05×10^{18}
N	5. 建设石材	5.41×10^8 g	0.00	1.68×10^9 sej/g	9.10×10^{17}
	N 总计				9.10×10^{17}

续表

	项目	原始数据	可更新比例	单位能值价值 [a,b]	太阳能值 / sej
L_{ES}	6. 可再生能值损失		1.00		8.37×10^{16}
	7. 非可再生能值损失		0.00		2.26×10^{18}
	L_{ES} 总计				2.35×10^{18}
F	8. 建设水泥	1.64×10^8 g	0.00	3.04×10^9 sej/g	4.99×10^{17}
	9. 建设钢材	7.80×10^6 g	0.00	4.24×10^9 sej/g	3.31×10^{16}
	10. 建设木材	2.46×10^6 g	1.00	6.77×10^8 sej/g	1.67×10^{15}
	11. 炸药	4.77×10^5 g	0.00	4.19×10^9 sej/g	2.00×10^{15}
	12. 电力[c]	3.87×10^{10} J	0.19	2.92×10^5 sej/J	1.13×10^{16}
	13. 机械设备	6.10×10^6 g	0.00	1.13×10^{10} sej/g	6.87×10^{16}
	14. 柴油	8.70×10^{10} J	0.00	1.21×10^5 sej/J	1.05×10^{16}
	15. 劳动力[d]	8.14×10^{10} J	0.90	1.24×10^6 sej/g	1.01×10^{17}
	16. 运行维护	5.89×10^4 \$	0.05	9.84×10^{12} sej/g	5.80×10^{17}
	17. 建设服务	4.70×10^4 \$	0.05	9.84×10^{12} sej/g	4.63×10^{17}
	18. 重新安置	1.18×10^4 \$	0.05	9.84×10^{12} sej/g	1.16×10^{17}
F_R					1.53×10^{17}
F_N					1.73×10^{18}
U					6.19×10^{18}
Y	19. 水电	2.26×10^{13} J		2.73×10^5 sej/J	6.19×10^{18}

注：[a] 根据能值方法理论的发展，本研究采用 2000 年后 Odum 重新计算的驱动全球过程的能值量，即 15.83×10^{24} seJ/a，为使单位能值价值之间具有可比性，基于 9.44×10^{24} seJ/a 计算得到的单位能值价值乘以 1.68（15.83/9.44）进行换算（Zhang et al.，2011）。

[b] 对应各自序号，单位能值价值的参考文献分别为：1. Odum et al.，2000；2. Odum et al.，2000；3. Odum et al.，2000；4. Brown and McClanahan，1996；5. Chen et al.，2011；8. Pulselli et al.，2008；9. Zhang et al.，2009；10. Bastianoni et al.，2001；11. Brown and Bardi，2001；12. Odum，1996；13. Brown and McClanahan，1996；14. Ingwersen，2010；15. Brown and Bardi，2001；16. Yang et al.，2013；17. Yang et al.，2013；18. Yang et al.，2013。

[c] 电力投入包括电站建设和运行两个阶段的外部电力需求。

[d] 劳动力包括建设和运行两个阶段，建设期为 9.28 万工日，除以 30.5 转化为年度流动量；运行期每年为 3 442 工日。因此，2010 年劳动力总投入为 6 485 天，通过转换系数 3 000 × 4 186 将其单位转换成焦耳。

由核算结果可知，整个观音岩水电站生产系统 2010 年的能值总投入为 6.19×10^{18} sej，生产 2.26×10^{13} J 的水电，因此小水电的能值转换率为 2.73×10^{5} sej/J。在能值结构中，最大的投入是下游河流生态系统服务功能的损失（2.35×10^{18} sej/a），占总投入的 37.92%，说明观音岩水电站运行对下游河流生态系统产生的影响较大；其次河水重力势能和建设石材的投入分别是 1.05×10^{18} sej/a 和 9.10×10^{17} sej/a，分别为能值核算清单中第二大、第三大能值输入。而在本地免费可更新资源中，即太阳能、降水和风能，雨水的能值（1.19×10^{14} sej/a）是最大的，为避免重复计算，只将雨水纳入核算体系中。

在购入资源中，运行维护（5.80×10^{17} sej/a）、建设水泥（4.99×10^{17} sej/a）和建设服务（主要包括水电站建设期间的机械使用费用等，4.63×10^{17} sej/a）是三个最大的能值投入，分别占能值总投入的 9.38%、8.07% 和 7.48%，由于水电站工程结构相对简单，其他建设材料所占比例都很小。图 4-4 为观音岩水电站系统的主要能值类型输入即能值结构。

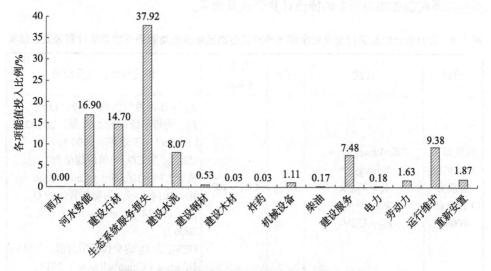

图 4-4　观音岩水电站的系统能值类型输入结构

4.3.2　水坝下游生态服务功能损失的能值评估

小水电在运行期间挤占生态用水导致下游河道减脱水甚至断流的现象十分普遍，对河流水生生态系统造成了毁灭性破坏。实地调研得知，习水河干流官渡镇境内河段禁止捕捞鱼类和水生植物,因而不具有水产品生产功能。由于习水河相对较小,相关水生生物调查只涉及鱼类(Wu et al., 2011),而其他水生动物如虾类和蟹类数据不可获得,因此本研究在水生动物方面只考虑鱼类的丧失。据调查,习水河鱼类生物多样性相对较高(有30个物种,香农 - 威纳指数为4.29),其中包括一个濒危物种,高体近红鲌(*Ancherythroculter kuirematsui*),是长江上游流域特有物种(Wu et al., 2011;Park et al., 2003)。因此,观音岩水电站运行导致河道减脱水甚至断流主要影响的是下游河段小气候调节与生物多样性维持功能等方面的能值损失。

测量得到图4-3中B河段的水域面积为0.013 km^2,C河段的水域面积为0.129 km^2,两河段水域总面积为0.142 km^2。因此根据上文的分析可知,观音岩水电站运行导致0.013 km^{2}的水域面积因不能为水生植物提供生境而丧失气候调节功能;而0.142 km^{2}的水域面积丧失了生物多样性维持功能,不能再为水生动物尤其是鱼类提供栖息地。表4-4给出了由观音岩水电站运行造成的水坝下游河流生态系统服务功能损失的能值计算公式及结果。

表4-4 观音岩水电站运行造成的水坝下游河流生态系统服务功能损失的能值计算公式及结果

项目	公式	分类	结果 / (sej/a)	相关参数含义及取值
气候调节功能的能值损失(Liu et al., 2009)	$E_1=\text{Emergy}_{CO_2}+\text{Emergy}_{O_2}=A_B \times V_{CO_2} \times \text{UEV}_{CO_2}+A_B \times V_{O_2} \times \text{UEV}_{O_2}$	L_{R-ES}	1.02×10^{13}	A_B为B河段的面积,0.013 km^2;V_{CO_2}为每年固定的CO_2量,26 233 g/(m$^2 \cdot$ a)(王欢等,2006);UEV_{CO_2}为CO_2的单位能值价值,2.76$\times 10^7$ sej/g(Campbell et al., 2014);V_{O_2}为每年释放的O_2量,19 078 g/(m$^2 \cdot$ a)(王欢等,2006);UEV_{O_2}为O_2的单位能值价值,1.59$\times 10^6$ sej/g(Campbell et al., 2014)
非濒危生物多样性的能值损失(Liu et al., 2009)	$E_2=A_{(B+C)} \times \text{BM} \times q \times F_d \times T_{rF}$ $F_d=(H'+J+M) \times S$ $J=H'/\ln S$ $M=(S-1)/\ln N$	L_{R-ES}	8.37×10^{16}	$A_{(B+C)}$为B和C河段的总面积,0.142 km^2;BM为鱼类平均生物质量,0.044 g干重/m^2(Liu et al., 2009);q为鱼类的热值,16 744 J/g(Liu et al., 2009);

项目	公式	分类	结果 /（sej/a）	相关参数含义及取值
非濒危生物多样性的能值损失（Liu et al., 2009）	$E_2 = A_{(B+C)} \times BM \times q \times F_d \times T_{rF}$ $F_d = (H' + J + M) \times S$ $J = H' / \ln S$ $M = (S-1) / \ln N$	$L_{R\text{-}ES}$	8.37×10^{16}	F_d 为系统中鱼类多样性因子，317；T_{rF} 为鱼类的能值转换率，2.52×10^6 sej/J（Liu et al., 2009）；H' 为香农威纳指数，4.29（Wu et al., 2011）；S 为物种丰富度，29（Wu et al., 2011）；J 为 Pielou 均匀度指数，1.27；M 为马格列夫指数，5.37；N 为系统中鱼类个体的总数，184（Wu et al., 2011）
濒危物种生物多样性损失（Lu et al., 2012）	$E_3 = \mu \times$（Extinctionrisk × Habitat dependence）$/t$	$L_{N\text{-}ES}$	2.26×10^{18}	μ 为物种的平均能值，数值为 2.11×10^{25} sej/ 物种（Odum, 1996）；灭绝风险，即濒危物种的灭绝等级，参考刘军（2004），该值为 0.60；栖息地依赖程度是指该濒危物种在受影响河段的栖息地面积与在我国总栖息地面积之比，通过计算，该值为 5.44×10^{-6}（国家遥感中心，2012）；t 为水电站的设计运行年限，30 年；更多的细节描述，请参考 Lu（2012）

通过核算可知，观音岩水电站 2010 年过渡运行挤占下游河段生态用水导致其生态系统服务功能损失的能值为 2.35×10^{18} sej，主要是由濒危鱼类高体近红鲌在受影响河段消失导致生物多样维持功能的丧失引起的，而非濒危生物多样性损失和小气候调节功能的能值损失较小，分别为仅为 8.37×10^{16} sej 和 1.02×10^{13} sej。可见，对观音岩水电站来说，其生态影响主要来自由于拦水以及完全挤占下游河道生态需水导致的栖息地丧失。换句话说，如果不能保障河道基本生态需水，仅以小水电发电为中心目标，就会破坏水生物种的生存生境，生态系统退化会成为我国小水电开发最重要的生态影响因素。

4.3.3 观音岩水电站生产系统综合分析

根据上述核算结果，进一步计算相关能值指标，包括能值转换率（Transformity）、可再生比例（%R）、能值产出率（EYR）、环境负载率（ELR）和能值可持续指标（ESI），来评估观音岩水电站的系统环境表现（Ulgiati and Brown，1998；Odum，1996）。为比较河流断流的影响，可分为考虑和不考虑下游河流生态系统退化两种情况，同时与4座大型水电站和1座小水电站的能值指标做对比，包括泰国湄公河上的2座大坝、韩国的1座多功能大坝、我国三峡水电站和红岩小水电站（Zhang et al.，2014；Yang et al.，2012；Kang and Park，2002；Brown and McClanhan，1996），如表4-5所示。

表4-5　观音岩水电站和其他5座水电站的系统能值指标对比

项目	参考文献	能值转换率 / （sej/J）	%R	EYR	ELR	ESI
不考虑生态退化	本研究	1.70×10^5	0.31	2.04	2.20	0.93
红岩小水电	Zhang et al.，2014	1.03×10^5	0.52	4.40	0.92	4.77
考虑生态退化	本研究	2.73×10^5	0.21	1.46	3.82	0.38
Pa Mong[a]	Brown and McClanahan，1996	2.59×10^5	—	1.32	3.17	0.42
Chiang Khan[a]	Brown and McClanahan，1996	2.64×10^5	—	1.32	3.12	0.42
多功能大坝[a]	Kang and Park，2002	4.27×10^5	—	1.34	2.94	0.63
三峡水电站[a]	Yang et al.，2012	9.37×10^5	—	2.55	0.72	3.54

注：[a]如第3章所述，为了使核算过程更加一致，我们根据4座大型水电站的能值核算表重新计算了能值指标。同时，考虑到大型水电站开发的多个产出，我们设定其他产出都为副产品而将所有的能值产出分配给电力，并将这些能值核算的基准从 9.44×10^{24} seJ/a 更新为 15.83×10^{24} seJ/a。

能值转换率是指系统生产单位物质所需投入的能值量。当不同系统生产相同的产品时，能值转换率可表征系统的生产效率。能值转换率低，生产相同的产品所需能量少，或者相同能量可生产出更多的产品，则说明系统生产效率高（Zhang et al.，2012；Odum，1996）。在本研究中，当考虑下游生态系统退化时，观音岩水电站生产的水电能值转换率从 1.70×10^5 sej/J 增加至 2.73×10^5 sej/J，表明下游生态系统退化大幅降低了小水电系统的生产效率。值得注意的是，这个数值在大型水电的能值转换率范围内（$2.59 \times 10^5 \sim 9.37 \times 10^5$ sej/J）。一般来说，由于工程结构简单且不包含安置移民以及泥沙淤积等问题，小水电系统的生产效率通常高于大型水电，例如红岩小水电（1.03×10^5 sej/J）。然而，由于下游河流生态退化，观音岩水电站相对大型水电来说没有表现出显著的优势。

观音岩水电站系统的可再生比例（%R）为 0.21，如果不考虑下游生态系统退化，该指标值为 0.31，可见在受影响河段濒危鱼类的消失严重降低了系统的可再生性。然而无论是否包含由生态退化引起的能值损失，观音岩水电站系统的可再生比例都远低于红岩小水电（0.52），这可能与两座小水电站利用的水能资源质量和采用的开发技术的不同有关。红岩小水电属于引水式水电站，水头很高（498 m）；而观音岩水电站属于筑坝式水电站，水头非常低，仅为 11.75 m。因此，大坝的建设需要大量的建设材料，包括水泥和石材等，导致了对非可再生资源更大的依赖。长期来看，一个系统的可再生比例越高，系统可持续能力越强，因为这些系统更有可能在经济竞争中胜出，尤其是在非可再生资源变得有限的时候（Zhang et al.，2011）。因此，基本可以看出水能资源的丰富度是影响小水电可再生性甚至是整个环境表现的关键因子。

能值产出率为系统总产出能值与经济社会投入能值之比，表征系统通过从人类经济社会输入资源对自然资源的开发能力。EYR 值越高，本地免费资源对生产过程的贡献就越大（Zhang et al.，2011）。当包含下游河道生态退化时，观音岩水电站系统的 EYR 值为 1.46，与大型水电站的 EYR 值相似（$1.32 \sim 2.55$），但是远低于红岩小水电的 EYR（4.40），表明观音岩小水电站和大型水电站相比红岩小水电站，都需要更多的来自经济社会的资源来开发本地的免费资源。但是当河流间歇性断流可以避免时，观音岩水电站系统的 EYR 值是可接受的，为 2.04。

ELR 是评估系统对当地生态环境压力大小的一个重要指标，其值越大，系统对生态环境的压力越大，若持续处于较高的环境负载率，将会造成系统不可逆转的功能退化（Zhang et al.，2012）。若不考虑下游生态环境影响，观音岩水电站 2010 年的环境负载率为 2.20，尽管高于红岩小水电和三峡水电站的 ELR（分别为 0.92 和 0.72），但远低于泰国和韩国的 3 座大型水电站的 ELR（介于 $2.94 \sim 3.17$，见表 4-4）。这表明在不考虑下游生态系统退化的影响下，小水电的建设运行对生态环境的压力普遍较小；而考虑下游生态环境影响之后，环境负载率增大至 3.82，比大水电还要大，水电站由于过度开发挤占生态用水，下游河段生态系统退化严重，增大了水电站对生态环境的压力。

ESI指标表征系统的可持续发展能力，该值越小，系统的可持续能力越差（Ulgiati and Brown，1998；Brown and Ulgiati，1997）。本研究中，系统的 ESI 为 0.38，远小于 1，表明该水电站生产系统为消费型系统，长久来看是不可持续的；若不考虑下游生态环境影响，系统 ESI 为 0.93，两者对比说明下游河段生态系统的退化严重影响了小水电系统的可持续发展进程，进而表明小水电单纯追求发电效益，挤占下游河段生态用水、以生态环境破坏为代价的开发方式是不可持续的。

4.4 本章小结

本章以能值分析理论为基础，将小水电运行导致的水坝下游生态系统服务功能损失计入其运行成本，定量分析了小水电开发运行的生态环境影响，结果表明：

（1）2010 年观音岩水电站运行需要 6.19×10^{18} sej 的能值投入，其中由下游河流断流导致的生态系统服务功能损失能值为 2.35×10^{18} sej，占系统能值总投入的 37.92%，是系统运行的最大消耗项。而在生态系统服务功能损失中，濒危物种高体近红鲌在受影响河段消失损失的能值最大，破坏水生生物的栖息地是小水电过度开发对下游最主要的影响之一。

（2）若忽略水坝下游生态系统退化，系统的 ELR 为 2.20，低于大型水电站的此项指标，ESI 为 0.93；而考虑此影响之后，研究系统的 ELR 增大至 3.82，ESI 减小为 0.38，系统对当地生态环境压力过大，是不可持续的，进而表明盲目无序的小水电开发方式不符合可持续发展的原则。

（3）从本研究的结果来看，如果给小水电设定一个开发底线，即在保障河流生态需水的前提下，小水电开发对生态环境的影响较小。但在目前工业、农业、生活等多家争水的格局下，河流生态需水很难得到保障，小水电的无序开发无疑加剧了河流生态系统退化的步伐。

（4）小水电开发虽不改变水资源总量，但通过拦截与引流分配，改变了河流水体的时空分布，间接影响了水资源的可用性。因此，流域小水电开发要生态优先、规划先行，既要避免"大马拉小车"现象，造成水能资源浪费，又要避免

"小马拉大车"现象，发电负荷不能满足，进而大幅挤占河流生态需水，造成河流生态系统持续退化，最终达到小水电开发和生态环境协调发展的目的。

参考文献

国家遥感中心，2012. 全球生态环境遥感监测（陆表水域面积分布状况）2012 年度报告中文版 . Available at: http://www.csi.gov.cn/lbsymjfbzk/index_3.html.

胡秋红，张力小，王长波，2011. 两种典型养鸡模式的能值分析 [J]. 生态学报，31(23): 7227-7234.

蓝盛芳，钦佩，陆宏芳，2002. 生态经济系统能值分析 [M]. 北京：化学工业出版社 .

刘军，2004. 长江上游特有鱼类受威胁及优先保护顺序的定量分析 [J]. 中国环境科学 . 24(4): 395-399.

庞明月，张力小，王长波，2014. 基于生态能量视角的我国小水电可持续性分析 [J]. 生态学报，34(3): 537-545.

王欢，韩霜，邓红兵，等，2006. 香溪河河流生态系统服务功能评价 [J]. 生态学报 . 26(9): 2971-2978.

王强，2011. 山地河流生境对河流生物多样性的影响研究 [D]. 重庆：重庆大学 .

吴乃成，2007. 应用底栖藻类群落评价小水电对河流生态系统的影响——以香溪河为例 [D]. 北京：中国科学院 .

张继业，2007. 四川天全白沙河流域小水电梯级开发的景观影响研究与评价体系构建 [D]. 雅安：四川农业大学 .

张力小，2012. 生态系统的能值分析 // 蔡晓明，蔡博峰 . 生态系统的理论和实践 [M]. 北京：化学工业出版社 .

中华人民共和国水利部，2011. 小水电开发过度了吗——访国际小水电组织协调委员会主席田中兴 [N/OL]. 光明日报，http://www.mwr.gov.cn/slzx/mtzs/gmrb/201110/t20111013_306577.html.

中华人民共和国水利部，2019. 中国水利统计年鉴 2018[M]. 北京：中国水利水电出版社 .

Bastianoni S, Marchettini N, Panzieri M, et al., 2001. Sustainability assessment of a farm in the Chianti area (Italy)[J]. Journal of Cleaner Production, 9(4): 365-373.

Brown M T, Bardi E, 2001. Folio #3: Emergy of ecosystems. Handbook of Emergy Evaluation: A Compendium of Data for Emergy Computation Issued in a Series of Folios[DB]. Gainesville: Center for Environmental Policy, Environmental Engineering Sciences, University of Florida.

Brown M T, Herendeen R A, 1996. Embodied energy analysis and emergy analysis: a comparative view[J]. Ecological Economics, 19(3): 219-235.

Brown M T, McClanahan T R, 1996. Emergy analysis perspectives of Thailand and Mekong River dam proposals[J]. Ecological Modelling, 91(1-3): 105-130.

Brown M T, Ulgiati S, 1997. Emergy-based indices and ratios to evaluate sustainability: monitoring economies and technology toward environmentally sound innovation[J]. Ecological Engineering, 9(1-2): 51-69.

Brown M T, Ulgiati S, 2004. Energy quality, emergy, and transformity: H.T.Odum's contributions to quantifying and understanding systems[J]. Ecological Modelling, 178(1-2): 201-213.

Campbell D E, Lu H F, Lin B L, 2014. Emergy evaluations of the global biogeochemical cycles of six biologically active elements and two compounds[J]. Ecological Modelling. 271: 32-51.

Chen D, Webber M, Chen J, et al., 2011. Emergy evaluation perspectives of an irrigation improvement project proposal in China[J]. Ecological Economics, 70(11): 2154-2162.

Ingwersen W W, 2010. Uncertainty characterization for emergy values[J]. Ecological Modelling, 221(3): 445-452.

Kang D, Park S S, 2002. Emergy evaluation perspectives of a multipurpose dam proposal in Korea[J]. Journal of Environmental Management, 66(3): 293-306.

Liu J E, Zhou H X, Qin P, et al., 2009. Comparisons of ecosystem services among three conversion systems in Yancheng National Nature Reserve[J]. Ecological Engineering, 35: 609-629.

Lu H F, Lin B L, Campbell D E, et al., 2012. Biofuel vs. biodiversity? Integrated emergy and economic cost-benefit evaluation of rice-ethanol production in Japan[J].

Energy, 46: 442-450.

Odum H T, 1996. Environmental Accounting: Emergy and Environmental Decision Making[D]. New York: John Wiley and Sons.

Odum H T, Brown M T, Brandt-Williams S, 2000. Folio #1: Introduction and Global Budget. Handbook of Emergy Evaluation: A Compendium of Data for Emergy Computation Issued in a Series of Folios[DB]. Gainesville: Center for Environmental Policy, Environmental Engineering Sciences, University of Florida.

Paish O, 2002. Small hydro power: Technology and current status[J]. Renewable and Sustainable Energy Reviews, 6(6): 537-556.

Park Y S, Chang J B, Lek S, et al., 2003. Conservation strategies for endemic fish species threated by the Three Gorges Dam[J]. Conservation Biology, 17: 1748-1758.

Postel S L, 1998. Water for food production: Will there be enough in 2015[J]. Bioscience, 48: 629-637.

Pulselli R M, Simoncini E, Ridolfi R, et al., 2008. Specific emergy of cement and concrete: an energy-based appraisal of building materials and their transport[J]. Ecological Indicators, 8(5): 647-656.

Santos J M, Ferreira M T, Pinheiro A N, et al., 2006. Effects of small hydropower plants on fish assemblages in medium-sized streams in central and northern Portugal[J]. Aquatic conservation: Marine and freshwater ecosystems, 16(4): 373-388.

Scudder T, 2005. The Future of Large Dams: Dealing with Social, Environmental, Institutional and Political Costs[M]. London: Earthscan.

Ulgiati S, Brown M T, 1998. Monitoring patterns of sustainability in natural and man-made ecosystems[J]. Ecological Modelling, 108(1-3): 23-36.

Wu J, Wang J, He Y, et al., 2011. Fish assemblage structure in the Chishui River, a protected tributary of the Yangtze River[J]. Knowledge and Management of Aquatic Ecosystems. (400): 11-24.

Yang J, Tu Q, Liu B L, 2012. The estimate of sediment loss in the Emergy-based flows of hydropower production system//Brown M T, ed. Emergy Synthesis 7. FL: University of Florida Gainesville.

Yang Q, Chen G Q, Liao S, et al., 2013. Environmental sustainability of wind power:

An emergy analysis of a Chinese wind farm[J]. Renewable and Sustainable Energy Reviews, 25: 229-239.

Zhang L X, Pang M Y, Wang C B, 2014. Emergy analysis of a small hydropower plant in southwestern China[J]. Ecological Indicators, 38: 81-88.

Zhang L X, Hu Q H, Wang C B, 2013. Emergy evaluation of environmental sustainability of poultry farming that produces products with organic claims on the outskirts of mega-cities in China[J]. Ecological Engineering, 54: 128-135.

Zhang L X, Song B, Chen B, 2012. Emergy-based analysis of four farming systems: Insight into agricultural diversification in rural China[J]. Journal of Cleaner Production, 28: 33-44.

Zhang L X, Ulgiati S, Yang Z F, et al., 2011. Emergy evaluation and economic analysis of three wetland fish farming systems in Nansi Lake area, China[J]. Journal of Environmental Management, 92(3): 683-694.

Zhang X H, Jiang W J, Deng S H, et al., 2009. Emergy evaluation of the sustainability of Chinese steel production during 1998—2004[J]. Journal of Cleaner Production, 17(11): 1030-1038.

Zhang L X, Yang Z F, Chen G Q, 2007. Emergy analysis of cropping-grazing system in Inner Mongolia Autonomous Region, China[J]. Energy Policy, 35(7): 3843-3855.

第 5 章

混合 Eco-LCA 模型的构建

5.1　引言

　　一般而言，生态影响是指生态系统的结构和功能由于外界干扰发生的变化。
小水电的建设运行首先改变的是当地的自然生态系统。在建设阶段，大量的社会
经济资源投入会导致当地系统原有的景观结构被破坏，森林、草地等自然生态
系统被小水电水工建筑物占用；运行期间，小水电改变了河水的下泄时间和下泄
路径，改变了河流水体的自然时空分布，对河流生态系统产生干扰。需要强调的
是，小水电对生态系统的改变并不仅限于对当地生态系统产生的直接影响，还包
括在建设运行过程中消耗的社会经济资源（如钢铁、水泥、机械设备等）在其上
游生产过程中对其他生态系统所产生的改变，即间接影响（Liu et al.，1999）。如
图 5-1 所示，小水电建设运行消耗了国民经济中的社会经济资源，其生态影响就
会沿着产业链进行"传递"，这些间接影响会在社会经济系统不同产业部门、产

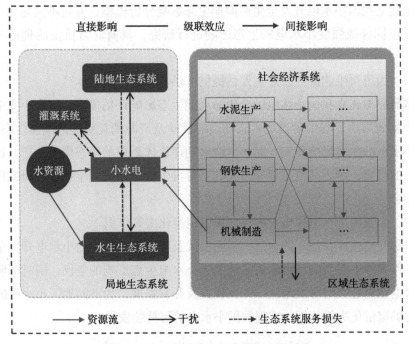

图 5-1　小水电开发全生命周期生态影响

业阶段体现出来。因此，要分析小水电的生态影响，需从全生命周期不同阶段完整地考虑小水电对不同尺度生态系统结构与功能的改变，既要考虑局地系统扰动的直接影响，也要考虑社会经济系统中体现出来的间接影响。

鉴于此，本书的第 5～8 章将基于全生命周期分析的视角，构建适应我国小水电开发特征的系统分析框架，定量核算与评估小水电建设运行过程中的生态影响；通过选取不同地区、不同模式、不同梯级开发强度的小水电开发案例，揭示不同特点的小水电开发的真实生态成本，探寻其中相对适宜的开发条件，以期为我国未来不同地区小水电的优化发展提供定量化依据。

如前所述，截至 2016 年年底我国已建成的小型水电站有 47 000 多座，遍布在全国 30 多个省（自治区、直辖市）的中小河流上。数量如此庞大的小水电站不仅在建设过程中消耗了大量社会经济资源，在运行过程中也由于过度开发利用水资源对无数中小河流生态系统造成毁灭性的破坏。作为最重要的可再生能源之一，小水电是否是一种低影响的可再生能源选择，或者说，小水电在什么样的开发条件下是一种可接受的可再生能源选项，是首先要回答的问题。因此，本研究尝试建立我国小水电开发全生命周期生态影响分析模型，并对不同地区、不同模式及不同梯级强度小水电的生态影响进行研究，具有非常重要的理论及现实意义。

（1）为可再生能源生态影响评估提供可供参考的方法学体系

本研究拟建立我国小水电的全生命周期生态影响评估模型，综合小水电开发在整个生命周期过程中对当地生态环境的扰动及资源消耗引起的间接生态影响，推进小水电的生态影响研究，完善生命周期评价体系里的生态影响分析。这套方法体系的建立，可为其他工程项目尤其是可再生能源开发的生态影响研究提供方法学参考。

（2）为我国小水电战略发展规划提供定量化决策依据

本研究拟核算我国不同地区、不同模式及不同梯级强度的小水电开发全生命周期过程中的生态影响，可回答目前关于小水电生态影响的争议，同时可明确我国小水电相对适宜的开发地区、开发模式及开发强度，为不同地区小水电的开发建设提供定量化决策依据，实现我国小水电的可持续发展。

5.2 小水电生态影响研究进展

5.2.1 小水电开发对局地生态系统的扰动研究

与大水电一样，小水电的建设运行会对当地生态系统造成干扰。目前对于小水电开发对当地生态系统的影响研究，主要集中于对河流生态系统的干扰。主要是基于某一时间点或时间段，通过实验监测的方法定量分析小水电建设运行期间，对下游河流水质、浮游植物、底栖藻类、底栖动物、鱼类等河流生态系统单一要素的影响（林彰文等，2013；Fu et al.，2008；吴乃成，2007；Santos et al.，2006）。相关研究的结论差异性较大，有些研究发现小水电建设运行对河流生态系统的影响较小，如吴乃成（2007）通过实验监测发现湖北省香溪河上的小水电发电取水，即使在枯水期，只要保证河流周期性的连通，就不会对底栖藻类产生较大影响；Santos 等（2006）的研究表明，无论所建鱼道是否合适，只要没有过度开发水资源，葡萄牙中北部的案例小水电开发对上下游鱼类的物种丰富度和多样性就没有明显的影响，无法与大水电对鱼类的影响直接相比。然而，另外一些研究则发现，小水电的运行会对河流生态系统尤其是鱼类产生毁灭性影响（陈凯等，2015；Mantel et al.，2010a，2010b；Fu et al.，2008；Anderson et al.，2006；Cortes et al.，2002）；Kibler 和 Tullos（2013）指出怒江流域上的梯级小水电在过度利用水资源时，生产单位千瓦时水电所造成的累积生物物理影响如栖息地丧失、泥沙沉积等可能比大水电还要大。之所以出现差异性较大的结论，主要是因为这些小水电位于不同地区，且开发模式以及对水资源的利用程度也不同，可见这些因素都会影响小水电对河流生态系统的干扰程度。

除了对单一要素影响的定量监测，从系统的视角来看，小水电建设运行使得河流生态系统的结构和功能发生改变，必然导致其所能提供的生态系统服务发生改变，因此，可通过核算河流生态系统在小水电运行前后产生的生态系统服务的改变，来表示小水电对其产生的影响。目前已有关于水坝和大型梯级水电建设对河流生态系统服务影响的研究（Wang et al.，2010；魏国良等，2008；肖建红等，2007；肖建红等，2006），但对小型水电站的相关研究较少（张继业，2007）。此外，在对当地生态系统的扰动研究中，还应包括小水电建设运行期间因水工建筑物的修建占用农田、草地、森林等自然生态系统所造成的扰动。

除对局地生态系统的干扰外，从整个生命周期视角来看，小水电的建设运行还需要投入大量的机械设备、水工建筑材料等非可再生资源（Varun et al.，2009；Yuksel，2008），这些非可再生资源在其上游生产过程中还会对其他生态系统产生影响，需要从全生命周期综合系统评估小水电的直接与间接生态影响。

5.2.2　生命周期评价方法研究

5.2.2.1　传统生命周期评价

生命周期评价方法（Life Cycle Assessment，LCA）是一种评价产品或服务从前期原材料采集，到产品生产、运输、使用及最终处置整个生命周期阶段的能源消耗及环境影响的工具（王长波等，2015；Finnveden et al.，2009；ISO，1998）。根据国际标准化组织（International Organization for Standardization，ISO）的规定，LCA 的基本结构包括目标和范围的确定、清单分析、影响评价、改善评价或结果解释四部分（ISO，2006）。经过几十年的发展，LCA 已被国内外学者广泛应用于工业产品、自然资源开采、工业园区及各类工程项目包括小水电等系统的评价中（王长波等，2015；Varun et al.，2012；Pascale et al.，2011；Suwanit and Gheewala，2011；Zhang et al.，2007a；Dones and Gantner，1996；Uchiyama，1996）。

但是，在 LCA 方法体系中，主要关注污染物排放所导致的末端环境影响研究，如 1 单位 CO_2 的增温潜力为 1，而 1 单位 CH_4 和 N_2O 的增温潜力分别为 23 和 296（IPCC，2007）。相较之下，LCA 方法体系中反映生态影响的指标较少，涉及的指标如非生物资源消耗（Abiotic Depletion Potential，ADP），即从采矿阶段开始，将社会经济资源加工、运输、生产过程中所使用的矿物质和化石燃料按照相应的特征化因子全部折算成金属锑（Sb）当量的使用量，核算得到评价对象的非可再生资源消耗影响。如 Suwanit 和 Gheewala（2011）的研究得出泰国 5 座小水电生命周期内造成的 ADP 影响介于 76.39～151.55 g Sb-eq/（MW·h）；Pascale 等（2011）通过对泰国一个社区小水电的研究发现其 ADP 影响为 264 g Sb-eq/（MW·h），远小于柴油发电的 ADP 影响；而对我国小水电案例的 LCA 研究发现其 ADP 影响为 91.6 g Sb-eq/（MW·h）（Pang et al.，2015a）。这种比较虽直观、清晰地反映了不同生产系统的资源消耗量，但是不同资源的特征化因子与系统资源使用量和资源蕴藏量有关，而资源蕴藏量往往并不能及时获得；且 ADP 简单地假设不同种类的非可再生资源之间的可替代性，如化石能源和矿产资源之间的相互替代，存在一定的不合理性（Zhang et al.，2010a）。除 ADP 指标外，LCA 方法体系中还可以采用剩余能源（Surplus Energy）指标度量资源消耗的影响，该指标考虑的是资源开采对未来的影响，尽管这种方法避免了 ADP 指标存在的不同种类资源之间的相互替代性问题，但是预测未来资源开采的能源需求并不简单。此外，这两个指标都是高度聚合的，某些特定资源的稀缺性很容易被忽视，而且都是对于非可再生资源的度量，缺乏对于可再生能源和生态系统服务的度量（Zhang et al.，2010a；Ukidwe and Bakshi，2007），如无法体现小水电过度开发过程中河流断流的影响。近年来，一些学者开始关注如何在 LCA 方法体系中增加对系统因使用生态系统产品与服务而导致的生态影响的考量指标（Rugani and Benetto，2012；Ingwersen，2011；Zhang et al.，2010a，2010b；Ukidwe and Bakshi，2004）。

5.2.2.2 生态系统产品与服务的资源核算方法

如前所述，生态系统产品与服务主要包括可再生能源、非可再生资源和生态系统服务三类，其中按照千年生态系统评估报告（Millennium Ecosystem Assessment，MA）中所述，生态系统服务是指人类从生态系统获得的各种惠益，可分为供给服务（Provisioning Service）、调节服务（Regulating Service）、支持服务（Supporting Service）和文化服务（Cultural Service）四大类，每一大类可细分为不同的子功能，具体如表 5-1 所示（MA，2005）。为方便说明，在本段论述中，我们将可再生能源和非可再生资源归为供给服务，因此将生态系统产品与服务也分为供给服务、调节服务、支持服务和文化服务四大类。

表 5-1 千年生态系统评估框架体系中生态系统服务的分类

生态系统服务	功能细分	功能含义
供给服务	食物、淡水、薪材、生化药剂、遗传资源	从生态系统获得的各种产品
调节服务	气候调节、疾病调控、水资源调节、净化水质、授粉	从生态系统过程的调节作用中获得的各种惠益
支持服务	土壤形成、养分循环、初级生产	对于所有其他生态服务的生产必不可少的服务
文化服务	精神与宗教、消遣与生态旅游、美学、灵感、教育、故土情结、文化遗产	从生态系统获得的各种非物质惠益

从生物物理角度来核算生态系统产品和服务，这样可以通过经济系统和生态系统之间的物质流和能量流来量化两者之间的相互作用，避免由于人们的偏好导致对一些生态系统产品和服务的价值核算出现偏差（Zhang et al.，2010a，2010b）。常见的资源核算方法有能量流分析（Energy Flow Analysis）、㶲分析（Exergy Analysis）、物质流分析（Material Flow Analysis，MFA）、生态足迹（Ecological Footprint Analysis）、生命周期评价（Life Cycle Assessment，LCA）和能值分析（Emergy Analysis）等，上述资源核算方法对生态系统产品和服务核算的研究进展如下。

自 20 世纪 70 年代初第一次能源危机爆发以来，能量流分析逐渐成为研究热点，该方法是度量产品或服务中消耗的总能量，即净能量、能量成本或体现能（Bullard et al.，1978）。能量流分析一般只核算非可再生资源，最新的研究中生物质能、太阳能等可再生能源逐渐被增加到核算体系内（Haberl et al.，2006；Costanza，1980）。但是能量流分析方法存在的一个问题就是如何考虑能量的"质量"（Ukidwe and Bakshi，2008），各种形式的能量可以做的功并不相同，例如根据热力学第二定律，1 J 的太阳能和 1 J 的电所能做的功明显不同（Odum，1996）。因此，若不考虑"能质"，便将不同形式的能量整合到一起，会影响分析结果的可信度。总体来说，对于生态系统产品和服务的核算，能量流分析只考虑了一些供给服务，尤其是化石燃料的供给（Zhang et al.，2010a），而对支持服务、调节服务等鲜有考虑。

㶲是指系统在与周边环境达到平衡的过程中所能做的最大功（Wall，1977）。系统与环境的差异越大（包括强度量温度、压强、化学势和广延量体积、熵、物质的量），系统具有的㶲越大；当系统与环境达到平衡时，系统不再具有做功的能力，其㶲的值为零。㶲具备稀缺性和不守恒性，能客观反映系统的做功能力，准确地反映生产活动中能源利用效率较低的环节（Szargut et al.，1987）。近几十年来，㶲分析方法已被广泛应用于评估不同类型及不同尺度的系统，如产品生产过程、国家等社会经济复杂生态系统。在研究不同尺度与类型系统的㶲量的投入与消耗时，研究者发展出累积㶲分析方法。所谓累积㶲，是指某一产品生产过程中㶲消耗的累积量。累积㶲方法体系虽然在一定程度上考虑了自然资源的消耗，但其边界仍为人类经济系统，并主要以驱动工业经济的矿物质和化石燃料等传统意义上的非可再生资源为主（周江波，2008）。

物质流分析是指在一定时空范围内关于特定系统的物质流动和贮存的系统性分析，主要涉及的是物质流动的源、路径及汇（黄和平等，2007；Guinee，2001），是研究经济社会中原料提取、使用、废弃、处置、再生利用等一系列物质流动过程中的结构与动力机制的系统方法，是识别每个环节减少废物、减缓自然资源消耗和减少对环境影响的可行途径（刘毅，2004）。物质流分析一般将经济体看作一个黑箱，只考虑物质从自然界进入经济体以及作为废弃物从经济体返回至自然界，忽略了中间过程（Weisz et al.，2006）。但从生态系统产品和服务核算的角度，物质流分析只考虑了供给服务和小部分调节服务，对于其他调节服务和支持服务鲜有考虑（Zhang et al.，2010a）。

生态足迹是 20 世纪 90 年代由 Willian Rees 提出的，是指生产一定人口消费的资源以及消纳其所生产的废弃物所需要的生物生产性土地面积（Wackernagel et al.，1999）。通过将各种资源利用与环境排放折算成耕地、草场、林地、建筑用地、化石能源用地、海洋（水域）等，生态足迹分析可以将人类不同生产活动的影响折合为同一单位，进而探讨人类活动的可持续性及人类对生态系统的影响。生态足迹方法试图利用生物生产性土地面积度量人类利用生态系统服务对地球产生的各种影响，但是事实上并没有将生态系统服务真正纳入进来，只是涵盖了其中供给服务和调节服务中的一小部分，如粮食、鱼类和木材等；而不能核算由灌溉引起的土壤侵蚀和盐碱化等生态系统退化，不能真正地度量人类活动所产生的生态影响（焦雯珺等，2014；Zhang et al.，2010a）。

能值分析方法是 20 世纪 80 年代由美国著名生态学家 Odum 基于能量学和系统生态学建立的系统分析方法（Odum，1988，1971，1996）。所谓能值是指产品或劳务形成过程中直接或间接投入应用的有效能总量，常以太阳能值为基准衡量某一能量的能值，单位为太阳能焦耳（solar emjoules，sej）（Brown et al.，2016；蓝盛芳等，2002；Odum，1996）。能值分析最大的优势在于可以将不同的生态产品和服务转化成统一单位的太阳能值，并且量化不同能量之间的品质差异，即"能质"的不同（Brown and Ulgiati，2004）。不同类别的能量即能量（J）、质量（g）和货币（$）通过单位能值价值（Unit Emergy Value，UEV）转化成太阳能值。当能量形式为焦耳时，UEV 又可称为能值转换率（Transformity）（Brown et al.，2012；Ulgiati and Brown，2009）。通过统一度量系统内储存和流动的物质和能量，能值分析可以从"供体"（Donor-side）的角度很好地量化更大的自然系统对所研究的系统的资源支撑作用（Provision），以能量的集聚、结构与效率等特征指标来衡量系统的改变，能够对系统的生态环境影响和可持续发展水平进行综合定量分析（Rugani and Benetto，2012；Brown and Ulgiati，2004；Ulgiati et al.，1994），目前该方法已被广泛应用于不同国家或地区不同尺度的生态系统中，如农业、湿地、城市等生态经济系统以及水电、风电等可再生能源系统的评估（Tassinari et al.，2016；Yang，2016；Liu et al.，2014；Wu et al.，2014；Zhang et al.，2014；Yang et al.，2013；Brown et al.，2012；Ciotola et al.，2011；Zhang et al.，2009a；Jiang et al.，2007；Lefroy and Rydberg，2003；Ton et al.，1998）。

对于生态系统产品和服务的核算，能值分析可以很好地度量供给服务如可再生能源和非可再生资源的流动，也可以核算大部分调节服务和支持服务，如土壤保持、生物多样性维持等（Gronlund et al.，2015）。目前，能值分析已被应用于一些具体生态系统，如森林、河流、湿地等的生态系统服务核算（Lu et al.，2017；Pang et al.，2015b；Campbell and Tilley，2014；Coscieme et al.，2014；Dong et al.，2014；Dong et al.，2012；Liu et al.，2009；Huang and Hsu，2003；李睿倩和孟范平，2012；孙洁斐，2008），虽然这些研究中的核算方法存在略微差异，但能值分析可以为不同生态系统产品和服务的核算提供一个能量学基础，被认为适合用于生态系统服务的核算（Odum and Odum，2000）。综合以上分析，生态系统产品和服务的不同资源核算方法及比较见表5-2。

表5-2　生态系统产品和服务的不同资源核算方法及比较

生态系统产品和服务	功能细分	能量流分析	㶲分析	物质流分析	生态足迹分析	生命周期评价	能值分析
供给服务	矿物质、化石燃料、可再生能源、水资源供给等	化石燃料	可再生资源和非可再生资源	化石燃料、矿物质、可再生资源和水	可再生资源	化石燃料和矿物质	可再生资源和非可再生资源，并且考虑能质的差别
调节服务	气体调节、气候调节、净化环境、水文调节	不包含	不包含	一些污染物排放的质量流	土地面积吸收 CO_2	通过污染物排放及其影响间接考虑	一些服务，如稀释污染物

续表

生态系统产品和服务	功能细分	能量流分析	㶲分析	物质流分析	生态足迹分析	生命周期评价	能值分析
支持服务	土壤保持、维持养分循环、维持生物多样性	不包含	不包含	不包含	不包含	不包含	大部分服务
文化服务	美学景观	不包含	不包含	不包含	不包含	不包含	不包含

由表 5-2 可以看出，以上基于生命周期思想的对于生态系统产品和服务的资源核算方法中，多数方法只能核算供给服务中的一部分，如㶲分析、能量流分析等，少数可以间接核算调节服务中的一部分；能值分析可以比较全面地核算供给服务、调节服务和支持服务中的大部分。因此，相较之下，能值分析方法更适于生态系统产品和服务的核算。

但是，尽管能值分析方法可以用来核算生态系统服务，在传统的能值分析核算体系中，大部分研究者只核算了支撑生态经济系统运行所需的物质能量投入，极少考虑由于系统运行所造成的生态系统服务损失（Zhang et al.，2017a；Pan et al.，2016；Campbell，2015），只有少部分农业生态经济系统等的能值分析中会核算农业活动造成的水土流失（土壤保持功能丧失）的能值投入（Zhang et al.，2012b；Jiang et al.，2007；Zhang et al.，2007b；Lefroy and Rydberg，2003）；Yang 等（2013）则通过土地的经济价值来核算风电系统运行占地的影响，这种核算方法受主观影响较大。

因此，已有的经济产品 UEV 数据是不包含其生命周期过程中由生产活动造成的生态系统服务损失的。由于能值数据库中很多经济产品的 UEV 数据缺失，大多数能值研究学者在这种情况下往往假设整个国民经济各部门具有同质性，采用经济产品的价格和国家的能值 / 货币比来近似核算，导致能值核算出现严重的误差（Zhang et al.，2017b；Baral and Bakshi，2010）。由此可见，目前的能值分析核算体系还有待进一步完善。

5.2.2.3　生命周期框架下生态系统产品和服务的能值核算研究

与温室气体、污染物等生态要素相同，生命周期框架下生态系统产品和服务的能值核算主要有过程分析法和投入产出分析方法两种。过程分析方法试图尽可能详尽地追溯某一产品的关键过程，并在确保进一步追溯不会对系统核算结果产生较大影响时停止追溯，进而计算所有被追溯的生态影响作为该产品的全部生态影响的近似值。这种主观的系统边界设定使得模型结构存在截断误差（王长波等，2015；Lave，1995）。

为了避免主观的系统边界设定，Lave等将经济投入产出分析方法引入生命周期评价中，将整个国民经济系统设为边界，提出了投入产出生命周期评价模型（Economic Input-Output LCA，EIO-LCA）（Hendrickson et al.，2006；Lave，1995），投入产出分析方法最早由美籍俄裔经济学家瓦西里·列昂惕夫（Wassily Leontief）于20世纪30年代为分析不同经济系统各部门之间投入与产出数量依存关系建立的分析方法（Leontief，1936）。最开始，投入产出分析方法主要用于经济分析，20世纪70年代之后，随着全球经济的飞速发展和工业化的不断扩张，经济活动导致的资源短缺与环境污染等问题日益显著，Leontief（1970）开始使用投入产出分析方法研究经济活动与污染物排放之间的关系，在投入产出表的横向和纵向加入污染物，并将该方法命名为环境投入产出分析方法（Environmental-extended Input-output Method）。近年来，投入产出分析方法逐渐被用于分析经济系统与生态要素（能源、水资源、温室气体、土地资源、污染物等）之间的关系（Chen and Han，2015；Wang et al.，2015；Zhao et al.，2009；Hendrickson et al.，1998）。

类似地，将能值引入经济投入产出表中，即可得到各经济部门产品或服务直接和间接的生态系统产品和服务消耗强度。Baral和Bakshi（2010）、Chen和Chen（2010）以及Zhang等（2017b）分别利用能值分析核算美国和我国的国家资源流动，后将其与经济投入产出表相结合，得到国民经济各部门的资源强度，可以看出，不同经济部门的能值强度相差很大，但该核算体系只包括支撑国民经济系统运行的可再生能源和非可再生资源，只有土壤流失的能值投入与生态系统服务中的土壤保持功能有关。

Ukidwe和Bakshi（2004）指出生态系统服务在人类活动中的重要作用，须包含在核算体系内，并尝试用生态累积炯消耗（Ecological Cumulative Exergy Consumption，ECEC），也就是能值的概念，来核算生态系统服务，并将其和美国1992年的92个国民经济部门相结合，但在这套框架下，除供给服务和调节服务中的气候调节功能外，大部分生态系统服务并未核算在框架内。

Zhang 等（2010a，2010b）将此工作向前推进了一步，把气体质量调节、授粉、水循环等生态系统服务通过不同的指标核算并与美国 1997 年经济投入产出表相结合，构建了 Eco-LCA 评价模型，在此基础上提出混合 Eco-LCA（Hybrid Ecologically-based Life Cycle Assessment）评价模型，其中自然界的直接投入采用基于过程的数据通过传统的能值分析核算，社会经济资源的投入采用 Eco-LCA 模型通过产品价格与对应国民经济部门的能值强度核算。Baral 等（2012）采用混合 Eco-LCA 模型分析纤维素乙醇生产过程中对于生态系统产品和服务的使用，结果表明，尽管纤维素乙醇的资源强度要高于汽油，但是可以减少 96% 的原油消耗。

尽管目前对于 MA 框架下生态系统服务的能值核算仍不完整，如生物多样性维持等功能，混合 Eco-LCA 方法体系原则上可以完整地度量产品生命周期过程中对生态系统产品和服务的使用，但是，在本书中，我们主要关注经济生产活动通过占用土地、排放污染物等改变原有自然生态系统的结构和功能，进而造成其所能提供的生态系统服务的损失。

因此，与 Bakshi 教授课题组的研究不同，本研究主要考虑经济生产活动造成的生态系统服务损失，将其作为"虚拟投入"纳入 Eco-LCA 核算体系，综合经济活动中消耗的可再生能源及非可再生资源共同作为其对生态系统产品和服务的使用，即生态成本。

5.3 混合 Eco-LCA 模型介绍

混合 Eco-LCA 模型，即将基于传统的过程能值分析（Process-based Emergy Analysis，PEA）与基于投入产出的能值分析（Ecologically-based Life Cycle Assessment，Eco-LCA）相结合（Baral et al., 2012；Baral and Bakshi, 2010）。在核算小水电全生命周期的生态影响时，如图 5-2 所示，直接（Direct）生态影响部分是由 PEA 方法完成，而由社会经济资源消耗引起的间接（Indirect）生态影响通过 Eco-LCA 方法完成，如式（5-1）所示。

$$E_{\text{total}} = E_{\text{dir}} + E_{\text{ind}} \tag{5-1}$$

式中，E_{total} 为小水电全生命周期内的生态影响；E_{dir} 和 E_{ind} 分别代表小水电对当地生态系统的直接生态影响和消耗的社会经济资源所产生的间接生态影响。

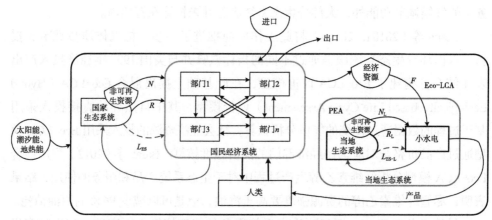

图 5-2　小水电混合 Eco-LCA 模型

注：N 表示投入国民经济系统中的化石燃料、矿物质等非可再生资源；R 表示太阳能等可再生能源；L_{ES} 表示国民经济系统运行导致的生态系统服务损失；F 表示小水电生态经济系统从国民经济各部门购入的社会经济资源；N_L 表示小水电使用的本地非可再生资源；R_L 表示小水电消耗的本地可再生能源；L_{ES-L} 表示小水电建设运行导致的本地生态系统服务损失。

小水电全生命周期生态影响的核算主要是采用物料或服务投入量乘以其单位能值价值，其中直接生态影响核算部分采用实物投入量，而间接生态影响部分则采用货币投入量计算，具体计算公式如下。

$$E_{dir} = \sum E_{dir,i} = \sum R_i \mathrm{UEV}_i \qquad (5-2)$$

$$E_{ind} = \sum E_{ind,j} = \sum P_j \mathrm{UEV}_j \qquad (5-3)$$

式中，直接生态影响部分由现场的实物投入量（R_i）与各投入的单位能值价值（UEV_i）相乘而得；而间接生态影响部分由系统投入的社会经济资源的生产者价格[①]（P_j）乘以该投入所对应的国民经济部门的单位能值价值（UEV_j）。

直接生态影响部分核算过程所需的单位能值价值主要通过已发表的数据库和文献获得；间接生态影响核算部分所涉及的单位能值价值则来自本研究所建立的生态投入产出数据库。本研究将采用我国发布的 2012 年国家经济投入产出表为基础数据（附表 1），构建生态投入产出数据库。

---

① 生产者价格，即商品的出厂价格，一般采用销售价格扣除税费来近似估算。

5.4 生态投入产出数据库的建立

5.4.1 投入产出分析方法

投入产出表是投入产出分析方法的基础，对经济投入产出表进行改造，把直接生态成本考虑进来，就可以得到如表 5-3 所示的生态成本投入产出表，其中 $Z_{i,j}^L$ 表示从系统内部门 i 投入系统内部门 j 的经济流，$Z_{i,j}^I$ 表示从系统外部门 i 投入系统内部门 j 的经济流，e_i 表示系统内部门 i 输出到系统外的经济流，d_i^L 和 d_i^I 分别表示系统内及系统外部门 i 提供给系统内最终使用的经济流，w_i 表示投入系统内部门 i 的劳动力及政府服务等非产业性投入，$F_{rec,i}$ 表示与系统内部门 i 直接相关的可再生能源生态成本，$F_{nec,i}$ 表示与系统内部门 i 直接相关的非可再生资源生态成本，$F_{lec,i}$ 表示与系统内部门 i 直接相关的生态系统服务损失生态成本。基于该表，我们可以使用生态成本投入产出模拟方法来计算系统内各部门的生态系统产品和服务，最终建立本研究所需的生态成本投入产出数据库。

表 5-3　生态成本投入产出表

投入		产出					
		中间使用				最终使用	
		部门 1	部门 2	⋯	部门 n	系统内	系统外
系统内中间投入	部门 1	$Z_{1,1}^L$	$Z_{1,2}^L$		$Z_{1,n}^L$	d_1^L	e_1
	部门 2	$Z_{2,1}^L$	$Z_{2,2}^L$		$Z_{2,n}^L$	d_2^L	e_2
	⋯						
	部门 n	$Z_{n,1}^L$	$Z_{n,2}^L$		$Z_{n,n}^L$	d_n^L	e_n
系统外中间投入	部门 1	$Z_{1,1}^I$	$Z_{1,2}^I$		$Z_{1,n}^I$	d_1^I	
	部门 2	$Z_{2,1}^I$	$Z_{2,2}^I$		$Z_{2,n}^I$	d_2^I	
	⋯						
	部门 n	$Z_{n,1}^I$	$Z_{n,2}^I$		$Z_{n,n}^I$	d_n^I	
非生产性投入	工资、政府服务等	w_1	w_2		w_n		

投入		产出					
		中间使用				最终使用	
		部门 1	部门 2	…	部门 n	系统内	系统外
生态成本投入	可再生能源生态成本	$F_{\text{rec},1}$	$F_{\text{rec},2}$		$F_{\text{rec},n}$		
	非可再生资源生态成本	$F_{\text{nec},1}$	$F_{\text{nec},2}$		$F_{\text{nec},n}$		
	生态系统服务损失生态成本	$F_{\text{lec},1}$	$F_{\text{lec},2}$		$F_{\text{lec},n}$		

根据生态成本投入产出表，我们可以利用图 5-3 来描述与部门 i 相关的经济流、生态成本流以及体现经济流的生态成本流的投入产出平衡关系，其中 $R_{i,j}^L$、$R_{j,i}^L$、$R_{j,i}^I$、T_i^L、G_i 和 S_i 分别表示与 $Z_{i,j}^L$、$Z_{j,i}^L$、$Z_{j,i}^I$、d_i^L、e_i 和 w_i 相对应的生态成本流，ε_i^L 和 ε_i^I 分别表示系统内和系统外部门 i 所产出商品的体现生态成本强度，$z_{j,i}$ 表示部门商品总投入，则有

$$z_{j,i} = z_{j,i}^L + z_{j,i}^I \tag{5-4}$$

根据图 5-3（a），部门 i 的总产出为

$$p_i = \sum_{j=1}^n Z_{i,j}^L + e_i + d_i^L \tag{5-5}$$

基于图 5-3（c），可以将部门 i 体现于经济流的生态成本流平衡关系表示为式（5-6）。

$$F_{\text{rec},i} + F_{\text{nec},i} + F_{\text{les},i} + \sum_{j=1}^n \varepsilon_j^L \times z_{j,i}^L + \sum_{j=1}^n \varepsilon_j^I \times z_{j,i}^I = \varepsilon_i^L \times \left(\sum_{j=1}^n z_{i,j}^L + e_i + d_i^L \right) \tag{5-6}$$

在本研究中，为了核算"由于进口而避免的生态成本使用"，我们假设进口产品与本地产品具有相同的生态成本强度，即

$$\varepsilon_i^L = \varepsilon_i^I \tag{5-7}$$

于是可以将式（5-6）简化为

$$F_{\text{rec},i} + F_{\text{nec},i} + F_{\text{les},i} + \sum_{j=1}^n \left(\varepsilon_j^L \times z_{j,i} \right) = \varepsilon_i^L \times p_i \tag{5-8}$$

对于包含 n 个部门并要考虑 m 种生态成本的一个完整的生态成本经济体系，我们可以把式（5-8）表示为矩阵形式：

$$F_{\text{rec}} + F_{\text{nec}} + F_{\text{les}} + \varepsilon X = \varepsilon Y \qquad (5\text{-}9)$$

其中：

$$F_{\text{rec}} = \left[F_{\text{rec},i} \right]_{m \times n}$$

$$F_{\text{nec}} = \left[F_{\text{nec},i} \right]_{m \times n}$$

$$F_{\text{les}} = \left[F_{\text{les},i} \right]_{m \times n}$$

$$\varepsilon = \left[\varepsilon_j^L \right]_{m \times n} = \left[\varepsilon_j^I \right]_{m \times n}$$

$$X = \left[Z_{i,j} \right]_{n \times n}$$

$$Y = \left[y_{i,j} \right]_{n \times n}$$

当 $i=j$ 时，$y_{i,j}=p_i$；当 $i \neq j$ 时，$y_{i,j}=0$。

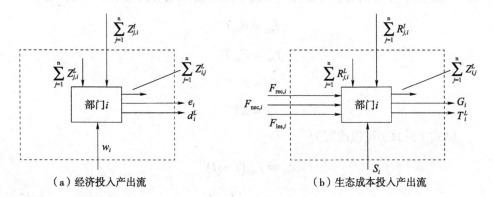

（a）经济投入产出流　　　　　　　　（b）生态成本投入产出流

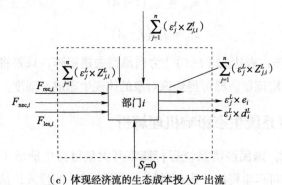

（c）体现经济流的生态成本投入产出流

图 5-3　与部门 i 相关的各种投入产出平衡关系

因此，只要知道生态成本中的可再生能源生态成本流矩阵 F_{rec}、非可再生资源生态成本流矩阵 F_{nec} 和生态系统服务损失生态成本流矩阵 F_{les}、经济投入产出矩阵 X 及本地产出矩阵 Y，就可以按照式（5-10）计算出相应的生态成本矩阵。

$$\varepsilon = \left(F_{rec} + F_{nec} + F_{les}\right)\left(Y - X\right)^{-1} \qquad （5-10）$$

相应地，生态成本强度中的可再生能源生态成本流（ε_{rec}）、非可再生资源生态成本流（ε_{nec}）和生态系统服务损失生态成本流（ε_{les}）可以根据式（5-11）计算。

$$\varepsilon_{rec} = F_{rec}\left(I - A\right)^{-1}$$

$$\varepsilon_{nec} = F_{nec}\left(I - A\right)^{-1} \qquad （5-11）$$

$$\varepsilon_{les} = F_{les}\left(I - A\right)^{-1}$$

如果再引入单位产值的直接可再生能源生态成本强度 f_{rec}、非可再生资源生态成本强度 f_{nec}、生态系统服务损失生态成本强度 f_{les} 以及经济技术矩阵 A，如下：

$$f_{rec} = F_{rec}Y^{-1}$$

$$f_{nec} = F_{nec}Y^{-1}$$

$$f_{les} = F_{les}Y^{-1}$$

$$A = XY^{-1}$$

则式（5-11）可以改写为

$$\varepsilon_{rec} = f_{rec}\left(I - A\right)^{-1}$$

$$\varepsilon_{nec} = f_{nec}\left(I - A\right)^{-1} \qquad （5-12）$$

$$\varepsilon_{les} = f_{les}\left(I - A\right)^{-1}$$

式中，I 为单位矩阵，表达式 $\left(I-A\right)^{-1}$ 为列昂惕夫逆矩阵。只要将任意产品的生态成本强度乘以相应流量，即可得到该对象的体现生态成本强度。

5.4.2 国民经济系统生态影响机理解析

如图 5-2 所示，国民经济系统运行离不开大量可再生能源（太阳能、地热能、潮汐能）和非可再生资源（化石燃料、矿物质等）的投入，这些资源的投入使得国民经济系统得以正常运转。但同时，国民经济在运转过程中，也会对国家生态系统产生负面影响，造成生态系统服务的损失。需要指出的是，2012 年经济投入产出表反映的是 2012 年内国民经济各部门之间的经济活动，相应地，需要度量 2012 年本年度内国民经济系统的生态影响。因此，2012 年内国民经济系统的生态影响（生态成本）核算主要包括 2012 年全国可再生能源使用量、2012 年全国非可再生资源使用量，以及 2012 年国民经济活动引起的生态系统服务损失三部分。其中，全国可再生能源与非可再生资源两部分数据可通过相关研究文献及统计年鉴等途径获得。下面将着重解析 2012 年国民经济活动引起的生态系统服务损失。

　　生态系统服务损失与土地利用变化过程密切相关（傅伯杰和张立伟，2014），主要表现在土地利用 / 覆盖的改变，如牧草地退化、耕地开垦、城市化建设等，会直接导致生态系统服务的损失。根据《2013 年中国国土资源公报》统计，除未利用地之外，我国 2012 年年底各类型土地利用结构如图 5-4 所示，可分为农田（耕地和园地）、牧草地、林地等自然生态系统和城镇村及工矿用地、交通运输用地、水利设施用地等建设用地。因此，可以将受国民经济活动影响的土地利用变化分为土地利用类型的变化和土地利用强度的变化，如图 5-5 所示，其中，土地利用类型的改变主要包括城镇建设、工矿开发、道路建设、水利建设和耕地开垦；而土地利用强度的改变则主要包括农田过度开垦、草地过度放牧和森林采伐。

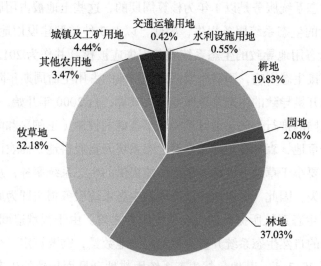

图 5-4　2012 年年底我国土地利用结构

数据来源：中国国土资源公报，2013。

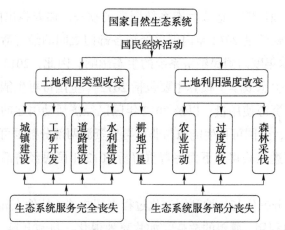

图 5-5　土地利用变化与生态系统服务损失的关系解析

根据图 5-4 和图 5-5 可以看出，相应地，国民经济活动导致的生态系统服务损失的核算可分为以下 3 种情形：

（1）建设用地的生态系统服务损失核算，主要包括国土资源公报中划分的全国土地利用现状中的城镇及工矿用地、交通运输用地以及水利设施用地等占用自然生态系统造成的生态系统服务损失，原本的生态用地一旦被转成建设用地，即丧失了原有生态系统的全部生态系统服务，直至相关设施被拆除，恢复原有的生态系统。而生态系统服务是以 1 年为核算周期的，这些土地被占用后，每年都会导致相同数量的生态系统服务损失，因此，以上 3 种类型建设用地在 2012 年所占用的全部生态用地导致的生态系统服务损失应被核算并作为 2012 年国民经济相应部门的直接生态影响，不需要根据建设用地的占用生命周期年限核算。

（2）耕地开垦导致的生态系统服务损失核算，自 2000 年开始，"退耕还林还草"政策在我国的推行，使耕地开垦得到了很好的控制（王闰平和陈凯，2006），但是仍有部分草地、森林及湿地等自然生态系统开垦成耕地，而农田所能提供的生态系统服务要小于草地、森林、湿地所能提供的生态系统服务，从而导致生态系统服务的损失。因此，由耕地开垦造成的生态系统服务损失即为原本的自然生态系统与农田生态系统所提供的生态系统服务之差。由于很难追溯在 2012 年之前由其他类型的自然生态系统开垦为耕地的土地数量，需要设定一个基准年，在基准年之后至 2012 年，其他自然生态系统因耕地开垦而导致的生态系统服务损失应被核算并作为 2012 年国民经济相应部门的直接生态影响。

（3）自然生态系统的直接退化导致的生态系统服务损失核算，主要指农田、森林、牧草地等生态系统在人类活动影响下发生退化从而导致的生态系统服务损失。这些土地虽未被改变利用类型，但是农田过度开垦、森林乱砍滥伐、草地过度放牧等人类经济活动，使不同的生态系统发生不同程度的退化，导致系统能够提供的生态系统服务降低。因此，2012 年各类型自然生态系统退化导致的生态系统服务损失应被核算并作为国民经济相应部门的直接生态影响。

综上所述，2012 年国民经济各部门的直接生态影响即为 2012 年各经济部门对可再生能源、非可再生资源使用量及造成的生态系统服务损失三者之和。

5.4.3 各部门直接生态影响核算

该部分将分别介绍国民经济系统生态影响各部分的数据来源、核算过程、核算结果以及与国民经济部门的对应关系。

5.4.3.1 资源消耗造成的生态影响

（1）数据来源

该部分可再生能源核算中如太阳能辐射数据、热流数据等采用 Yang 等和 Lou 等的研究数据（Lou and Ulgiati，2013；Yang et al.，2010）；2012 年国民经济消耗的非可再生资源数据则主要来自《中国统计年鉴 2013》（中国统计年鉴，2013）。根据能值分析方法体系，不同类别的能量通过 UEV 转化成太阳能值，而本研究采用的 UEV 主要来自已有文献（Chen and Chen，2010；Odum et al.，2000；Odum，1996）。

（2）能值核算结果

通过核算得到 2012 年支撑我国国民经济系统运行的可再生能源和非可再生资源的能值流动表，如表 5-4 所示。

表 5-4　2012 年我国能值资源核算表

项目		原始数据	UEV	参考文献	太阳能值 /（sej/a）
可再生能源	1. 太阳能	5.12×10^{22} J	1 sej/J	Odum，1996	5.12×10^{22}
	2. 雨水，化学能	3.15×10^{19} J	2.31×10^4 sej/J	Odum et al.，2000	7.27×10^{23}
	3. 雨水，势能	1.96×10^{19} J	3.56×10^4 sej/J	Odum et al.，2000	7.00×10^{23}

续表

	项目	原始数据	UEV	参考文献	太阳能值 / (sej/a)
可再生能源	4. 风能	2.51×10^{19} J	1.86×10^{3} sej/J	Odum et al., 2000	4.66×10^{22}
	5. 波浪能	4.01×10^{17} J	3.87×10^{4} sej/J	Odum et al., 2000	1.55×10^{22}
	6. 潮汐能	1.03×10^{19} J	5.60×10^{4} sej/J	Odum et al., 2000	5.78×10^{23}
	7. 地热能	1.91×10^{19} J	4.40×10^{4} sej/J	Odum et al., 2000	8.39×10^{23}
非可再生资源	8. 煤炭	7.06×10^{19} J	5.08×10^{4} sej/J	Chen and Chen, 2010	3.59×10^{24}
	9. 油品	1.99×10^{19} J	6.86×10^{4} sej/J	Chen and Chen, 2010	1.37×10^{24}
	10. 天然气	5.51×10^{18} J	6.10×10^{4} sej/J	Chen and Chen, 2010	3.36×10^{23}
	11. 黑色金属矿	1.68×10^{15} g	1.27×10^{9} sej/g	Chen and Chen, 2010	2.14×10^{24}
	12. 有色金属矿	3.70×10^{13} g	1.27×10^{9} sej/g	Chen and Chen, 2010	4.70×10^{22}
	13. 非金属矿	1.57×10^{14} g	4.63×10^{9} sej/g	Chen and Chen, 2010	7.29×10^{23}

（3）国民经济部门对应

根据体现能核算过程中的物理流进入模式，净物理流输入可直接分配给相应的初始经济部门，而其他经济部门的直接物理流输入量则为"0"（Chen and Chen，2010）。基于该原理，即可得到 2012 年国民经济各部门的可再生能源（表 5-5）和非可再生资源（表 5-6）的直接投入，为方便展示，表中只列出了非"0"输入的部门及其相关数据。

表 5-5　2012 年我国可再生能源与国民经济部门对应表　　单位：sej/a

能源 / 原始部门	01001	02002	03003	04004
雨水	2.11×10^{23}	3.56×10^{23}	3.10×10^{23}	1.98×10^{22}
地热能	1.32×10^{23}	2.24×10^{23}	1.95×10^{23}	1.24×10^{22}
潮汐能				5.78×10^{22}
总计	3.43×10^{23}	5.80×10^{23}	5.05×10^{23}	9.00×10^{22}

表 5-6　2012 年我国非可再生资源与国民经济部门对应表　　单位：sej/a

能源 / 原始部门	06006	07007	08008	09009	10010
煤炭	3.59×10^{24}				

能源 / 原始部门	06006	07007	08008	09009	10010
油品		1.37×10^{24}			
天然气		3.36×10^{23}			
黑色金属矿			2.14×10^{24}		
有色金属矿				4.70×10^{22}	
非金属矿					7.29×10^{23}
总计	3.59×10^{24}	1.71×10^{24}	2.14×10^{24}	4.70×10^{22}	7.29×10^{23}

在可再生能源投入中，因太阳能、雨水化学势能及重力势能、风能均由太阳能驱动，为避免重复计算，只将雨水纳入核算体系，而由月球引力产生的潮汐能及源于地球内部的地热能是独立于太阳能的，因此也被纳入核算体系（Odum，1996）。如表 5-5 所示，将雨水势能和地热能分配至农产品（01001）、林产品（02002）、畜牧产品（03003）和渔产品（04004）部门，而潮汐能则只分配至渔产品部门。

在非可再生资源投入中，如表 5-6 所示，煤炭属于煤炭采选产品（06006）；天然气和油品同属于石油和天然气开采部门（07007）；黑色金属矿属于黑色金属矿采选产品部门（08008）；有色金属矿属于有色金属矿采选产品（09009）；非金属矿属于非金属矿采选产品（10010）。

5.4.3.2　生态系统服务损失的核算

如 5.4.2 节所述，2012 年国民经济系统运行造成的生态系统服务损失主要是由土地利用强度和土地利用类型改变所导致的。要核算不同经济活动造成的生态系统服务损失，首先要核算不同类型自然生态系统单位面积所能提供的生态系统服务。

（1）各类型自然生态系统提供的生态系统服务核算

各类型自然生态系统所能提供的生态系统服务核算主要参照 MA 的核算框架体系，分为供给服务、调节服务、支持服务和文化服务，能值核算方法则参照已有的利用能值分析核算生态系统服务的研究，不同之处在于本研究的系统边界为国民经济核算边界，经济边界为人类参与的社会生产系统边界。系统边界确定之后，系统外部投入包括由自然生态系统进入国民经济系统的各种自然资源，而如农田生态系统生产农产品、草地生态系统生产畜牧产品等，均为人类活动的产物，且需要其他生态系统服务的贡献，因此未包含在核算体系内（Zhang，2008）。此外，因文化服务依赖于人类支付意愿，利用能值核算会存在较大误差，本研究暂不考虑该项功能的核算；而支持服务中的生物多样性维持功能因数据缺失，也未予考虑。通过对已有文献的数据搜集、核算，得到我国单位公顷的农田、森林、草地和湿地生态系统所能提供的生态系统服务，核算过程及结果分别如表5-7～表5-10所示。

表5-7 我国农田生态系统服务能值核算表

类别	细分	公式	数值/（sej/a）	相关参数含义及取值
调节服务	气候调节	$E_{21} = A_{CO_2} \times UEV_{CO_2} + A_{O_2} \times UEV_{O_2}$	9.16×10^{13}	A_{CO_2}为CO_2固定量，4.16×10^3 kg（孙新章等，2007）； UEV_{CO_2}为CO_2的单位能值价值，2.11×10^7 sej/g（Campbell et al.，2014）； A_{O_2}为O_2固定量，3.06×10^3 kg（孙新章等，2007）； UEV_{O_2}为O_2的单位能值价值，1.22×10^6 sej/g（Campbell et al.，2014）
	净化空气	$E_{22} = A_{SO_2} \times UEV_{SO_2}$	7.11×10^{14}	A_{SO_2}为SO_2的吸收量，45 kg（唐衡等，2008）； UEV_{SO_2}为SO_2的单位能值价值，3.99×10^{10} sej/g（Campbell et al.，2014）
	涵养水源	$E_{23} = W \times \rho \times j \times UEV$	8.68×10^{11}	W为年涵养水源总量，7.60 m³（孙新章等，2007）； ρ为雨水密度，$1\,000$ kg/m³； j为雨水的吉布斯自由能，4.94 J/g； UEV为雨水能值转换率，2.31×10^4 sej/J（Odum et al.，2000）
支持服务	土壤保持	$E_{32} = Q \times UEV$	7.00×10^{14}	Q为农田固土量，0.55×10^{-1} t（孙新章等，2007）； UEV为土壤的单位能值价值，1.27×10^9 sej/g（Odum，1996）
总计			1.50×10^{15}	

表 5-8　我国森林生态系统服务能值核算表

类别	细分	公式	数值 /（sej/a）	相关参数含义及取值
供给服务	木材供给	$E_{11} = Q \times \mathrm{UEV}$	8.84×10^{13}	Q 为木材产品量，1.72×10^2 kg（中国统计年鉴，2013）；UEV 为木材的单位能值价值，5.13×10^8 sej/g（Bastianoni et al., 2001）
调节服务	气候调节	$E_{21} = A_{\mathrm{CO_2}} \times \mathrm{UEV_{CO_2}} + A_{\mathrm{O_2}} \times \mathrm{UEV_{O_2}}$	3.22×10^{14}	$A_{\mathrm{CO_2}}$ 为 CO_2 固定量，1.46×10^4 kg（赵同谦等，2004a）；$\mathrm{UEV_{CO_2}}$ 为 CO_2 的单位能值价值，2.11×10^7 sej/g（Campbell et al., 2014）；$A_{\mathrm{O_2}}$ 为 O_2 固定量，1.06×10^4 kg（赵同谦等，2004a）；$\mathrm{UEV_{O_2}}$ 为 O_2 的单位能值价值，1.22×10^6 sej/g（Campbell et al., 2014）
调节服务	净化空气	$E_{22} = A_{\mathrm{SO_2}} \times \mathrm{UEV_{SO_2}}$	6.10×10^{15}	$A_{\mathrm{SO_2}}$ 为 SO_2 的吸收量，1.53×10^2 kg（赵同谦等，2004a）；$\mathrm{UEV_{SO_2}}$ 为 SO_2 的单位能值价值，3.99×10^{10} sej/g（Campbell et al., 2014）
调节服务	涵养水源	$E_{23} = W \times \rho \times j \times \mathrm{UEV}$	2.33×10^{14}	W 为年涵养水源总量，2.04×10^3 m^3（赵同谦等，2004a）；ρ 为雨水密度，1 000 kg/m^3；j 为雨水的吉布斯自由能，4.94 J/g；UEV 为雨水能值转换率，2.31×10^4 sej/J（Odum et al., 2000）
支持服务	养分循环	$E_{31} = Q_i \times \mathrm{UEV}_i$	2.57×10^{14}	Q_N 为森林对 N 的积累量，5.15×10 kg（赵同谦等，2004a）；UEV_N 为 N 的能值转换率，3.11×10^9 sej/g（Campbell and Ohrt, 2009）；Q_P 为森林对 P 的累积量，5.91 kg（赵同谦等，2004a）；UEV_P 为 P 的能值转换率，1.64×10^{10} sej/g（Campbell and Ohrt, 2009）
支持服务	土壤保持	$E_{32} = Q \times \mathrm{UEV}$	7.03×10^{16}	Q 为森林固土量，5.52×10^4 t（赵同谦等，2004a）；UEV 为土壤的单位能值价值，1.27×10^9 sej/g（Odum, 1996）
总计			7.73×10^{16}	

表 5-9 我国草地生态系统服务能值核算表

类别	细分	公式	数值 / (sej/a)	相关参数含义及取值
供给服务	产品提供	$E_{11} = Q \times \text{UEV}$	1.05×10^{15}	$Q_{草}$ 为草产量，4.21 kg（赵同谦等，2004b）；$\text{UEV}_{草}$ 为草的能值转换率，2.48×10^8 sej/g（Zhang，2008）
调节服务	气候调节	$E_{21} = A_{\text{CO}_2} \times \text{UEV}_{\text{CO}_2} + A_{\text{O}_2} \times \text{UEV}_{\text{O}_2}$	1.57×10^{14}	A_{CO_2} 为 CO_2 固定量，7.15 t（赵同谦等，2004b）；UEV_{CO_2} 为 CO_2 的单位能值价值，2.11×10^7 sej/g（Campbell et al.，2014）；A_{O_2} 为 O_2 固定量，5.05 t（赵同谦等，2004b）；UEV_{O_2} 为 O_2 的单位能值价值，1.22×10^6 sej/g（Campbell et al.，2014）
	净化空气	$E_{22} = A_{\text{SO}_2} \times \text{UEV}_{\text{SO}_2}$	3.43×10^{14}	A_{SO_2} 为 SO_2 的吸收量，21.7 kg（方瑜等，2011）；UEV_{SO_2} 为 SO_2 的单位能值价值，3.99×10^{10} sej/g（Campbell et al.，2014）
	涵养水源	$E_{23} = W \times \rho \times j \times \text{UEV}$	3.49×10^{14}	W 为年涵养水源总量，3 053 m³（赵同谦等，2004b）；ρ 为雨水密度，1 000 kg/m³；j 为雨水的吉布斯自由能，4.94 J/g；UEV 为雨水能值转换率，2.31×10^4 sej/J（Odum et al.，2000）
支持服务	养分循环	$E_{31} = BM \times k_i \times \text{UEV}_i$	3.52×10^{14}	Q_N 为草地对 N 的积累量，5.85 kg（赵同谦等，2004b）；UEV_N 为 N 的能值转换率，3.11×10^9 sej/g（Campbell and Ohrt，2009）；Q_P 为草地对 P 的积累量，13.40 kg（赵同谦等，2004b）；UEV_P 为 P 的能值转换率，1.64×10^{10} sej/g（Campbell and Ohrt，2009）
	土壤保持	$E_{32} = Q \times \text{UEV}$	4.68×10^{16}	Q 为草地固土量，3.68×10 t（赵同谦等，2004b）；UEV 为土壤的单位能值价值，1.27×10^9 sej/g（Odum，1996）
总计			4.91×10^{16}	

表 5-10　我国湿地生态系统服务能值核算表

类别	细分	公式	数值 /（sej/a）	相关参数含义及取值
供给服务	产品提供	$E_{11} = Q \times UEV$	7.42×10^{16}	Q 为水产品提供量，1.08 t（全国渔业经济统计公报，2013）； UEV 为水产品的单位能值价值，6.86×10^{10} sej/g（Brown and Bardi，2001）
调节服务	气候调节	$E_{21} = A_{CO_2} \times UEV_{CO_2} + A_{O_2} \times UEV_{O_2}$	3.01×10^{13}	A_{CO_2} 为 CO_2 固定量，1.37 t（赵同谦等，2003）； UEV_{CO_2} 为 CO_2 的单位能值价值，2.11×10^7 sej/g（Campbell et al.，2014）； A_{O_2} 为 O_2 固定量，0.99 t（赵同谦等，2003）； UEV_{O_2} 为 O_2 的单位能值价值，1.22×10^6 sej/g（Campbell et al.，2014）
调节服务	涵养水源	$E_{23} = W \times \rho \times j \times UEV$	8.83×10^{14}	W 为年涵养水源总量，7.73×10^3 m^3（赵同谦等，2003）； ρ 为雨水密度，1 000 kg/m^3； j 为雨水的吉布斯自由能，4.94 J/g； UEV 为雨水能值转换率，2.31×10^4 sej/J（Odum et al.，2000）
调节服务	净化水质	$E_{21} = A_N \times UEV_N + A_P \times UEV_P$	6.54×10^{14}	A_N 为 N 去除量，3.98×10^{-2} t（赵同谦等，2003）； UEV_N 为 N 的单位能值价值，5.85×10^9 sej/g（Liu et al.，2009）； A_P 为 P 去除量，1.86×10^{-2} t（赵同谦等，2003）； UEV_P 为 P 的单位能值价值，2.26×10^{10} sej/g（Liu et al.，2009）
支持服务	土壤保持	$E_{32} = Q \times UEV$	1.47×10^{17}	Q 为湿地固土量，1.16×10^2 t（赵同谦等，2003）； UEV 为土壤的单位能值价值，1.27×10^9 sej/g（Odum，1996）
总计			2.23×10^{17}	

　　基于上述对单位面积各种自然生态系统所能提供的生态系统服务核算，下面将分别核算 2012 年我国国家生态系统因土地利用强度改变和土地利用类型改变所导致的各项生态系统服务损失。

（2）土地利用强度变化导致的生态系统服务损失核算

如 5.4.2 节所述，由人类经济活动导致的土地利用强度变化主要包括农田过度垦殖、森林采伐及草地过度放牧三部分。

首先，对于农田生态系统，人类的过度垦殖会造成农田的退化，农田退化反过来会对农业生产活动产生影响。由于农田多为人工生态系统，多数生态系统服务的产生如农产品生产等依赖人类活动，因此本研究仅考虑由农业活动造成的土壤保持生态系统服务的损失，即土壤流失。据统计，2012 年我国土壤侵蚀总量约为 15.4 亿 t（中国水土保持公报，2013），推算农田的土壤流失量约为 2.86 亿 t，因此，由农业生产活动导致的生态系统服务损失为 3.64×10^{23} sej，该部分归为投入产出表中的农产品部门。

对于森林、草地生态系统的服务损失，考虑到森林、草地等生态系统的退化具有一定连续性以及本研究的数据可得性，本研究将 2000 年作为基准年，2012 年作为现状年，核算各类自然生态系统退化导致的生态系统服务降低。数据主要取自环境保护部和中国科学院联合发布的《全国生态环境十年变化（2000—2010 年）调查评估报告》。

调查评估报告中根据植被覆盖指数将草地生态系统划分为优（≥0.85）、良（0.7～0.85）、中（0.5～0.7）、低（0.25～0.5）、差（＜0.25）5 个等级，2000—2010 年我国草地生态系统恶化的主要地区和退化情况如表 5-11 所示。

表 5-11　2000—2010 年我国草地生态系统恶化的主要地区和退化情况　　单位：km²

地区	等级				
	优	良	中	低	差
内蒙古	-2 950.9	2 076.4	3 496.8	2 315.8	-4 937.6
浙江	-188.1	-68.1	217.6	38.2	0.4
福建	-162.1	143.7	10.8	6.8	0.8
湖南	8.3	-90.1	76.6	5.2	0.1
广东	-10.2	7.3	-1.3	3.9	0.3
海南	-8	6.3	1.5	0.1	0.1
云南	-222.2	-750.8	673.4	294.3	5.4
西藏	-499.2	-1 521.1	-6 392	-20 668.3	29 101.6
新疆	-2 047.1	-441.3	10 285.5	26 700.7	-34 497.8

假设草地退化遵循最小退化原则，即从优退化为良，良退化为中，而不是由优直接退化为中。由表 5-11 统计可知，2000—2010 年我国共有 6 087.8 km² 的草地生态系统由优退化为良，有 6 717.2 km² 由良退化为中，有 8 767.9 km² 由中退化为低，有 29 108.7 km² 由低退化为差。

据核算，我国 1 km² 的草地生态系统所能提供的生态系统服务功能为 4.91×10^{18} sej/a，具体核算过程见表 5-9。通过引入生态功能系数，对不同退化程度的草地单位面积的生态系统服务功能进行修正，优等级的草地生态功能系数为 1，良等级的草地生态服务功能系数为 0.8，中等级的草地生态服务功能系数为 0.6，低等级的草地生态服务功能系数为 0.4，差等级的草地生态服务功能系数为 0.2。因此由表 5-11 可以得到，2000—2010 年草地生态系统退化导致的生态系统服务损失为 4.98×10^{21} sej。因此，2012 年由草地生态系统退化导致的生态系统服务损失为 4.98×10^{20} sej。研究表明，过度放牧在草地退化因素中所占比例约为 1/3，因此 2012 年由过度放牧导致的草地生态系统服务损失为 1.66×10^{20} sej，该部分损失归为投入产出表中的畜牧产品部门。

调查评估报告中将森林生态系统根据生物量密度指数划分为优（≥0.85）、良（0.7~0.85）、中（0.5~0.7）、低（0.25~0.5）、差（＜0.25）5 个等级，表 5-12 即为 2000—2010 年我国森林生态系统退化的主要地区和退化情况。

表 5-12　2000—2010 年我国森林生态系统主要退化情况　　　　单位：km²

地区	等级				
	优	良	中	低	差
天津	−0.7	−5.2	−12.7	26.6	−8.0
辽宁	−12.6	157.1	−5.8	−772.5	633.8
吉林	−628.7	4 369.9	18 951.4	−22 924.9	231.5
黑龙江	−75.9	−13.2	111.7	93.7	−116.3
江苏	−21.4	−70.8	−158.7	137.7	113.3
海南	−0.6	2.2	13.9	−20.3	4.8
西藏	−883.7	1 727.9	5 770.9	−2 270.6	−4 344.6

假设森林生态系统也遵循最小等级退化，由表 5-12 可知，2000—2010 年我国共有 1 623.6 km² 的森林生态系统由优退化为良，有 187.2 km² 由良退化为中，

有 269.5 km² 由中退化为低，有 983.4 km² 由低退化为差。

根据表 5-8 核算可知，我国 1 km² 的森林生态系统所能提供的生态系统服务功能为 7.73×10^{18} sej/a。通过引入生态功能系数，对不同退化程度的森林单位面积的生态系统服务功能进行修正，优等级的森林生态功能系数为 1，良等级的森林生态服务功能系数为 0.8，中等级的森林生态服务功能系数为 0.6，低等级的森林生态服务功能系数为 0.4，差等级的森林生态服务功能系数为 0.2。因此通过表 5-12，可以得到 2000—2010 年森林生态系统退化导致的生态系统服务损失为 4.74×10^{20} sej。因此，2012 年由森林生态系统退化导致的生态系统服务损失为 4.74×10^{19} sej。假设人工砍伐森林在森林退化因素中所占比例为 1/3，因此，2012 年由乱砍滥伐导致的森林生态系统服务损失为 1.58×10^{19} sej，该部分损失归为投入产出表中的林产品部门。

综合以上分析，2012 年因国民经济活动造成的土地利用强度改变而导致的农田、草地和森林的生态系统服务损失分别为 3.64×10^{23} sej、1.66×10^{20} sej 和 1.58×10^{19} sej。

（3）土地利用类型变化导致的生态系统服务损失核算

根据 5.4.2 节的划分，我国土地利用类型改变主要包括城镇村及工矿用地（30.72 万 km²）、交通运输用地（2.88 万 km²）和水利设施用地（3.84 万 km²）以及耕地开垦。下面将分别核算 2012 年每种土地利用类型所占用的自然生态系统面积及其造成的生态系统服务损失。

①城镇村建设及工矿用地

城镇化是生态系统格局变化的重要驱动力，根据《全国生态环境十年变化（2000—2010 年）调查评估报告》，2000—2010 年，全国有 5.69 万 km² 的其他土地利用类型被城镇建设占用，其中，农田面积为 4.36 万 km²，草地面积为 0.47 万 km²，森林面积为 0.31 万 km²，湿地面积为 0.29 万 km²；矿产资源开发也占用了大量自然生态系统，新增矿区面积为 1 996.7 km²，占 2010 年矿区总面积的 28.2%，其中占用森林面积为 420.5 km²，草地面积为 275.9 km²，湿地面积为 47.5 km²，农田面积为 489.4 km²。因此，2012 年矿产资源开发占用的自然生态系统总面积为 7 479.8 km²，其中占用农田、森林、草地、湿地的面积分别为 1 833.3 km²、1 575.2 km²、1 033.6 km² 和 179.4 km²。除去矿产开发用地，2012 年全国城镇村建设及工业用地总面积为 29.97 万 km²，按照 2000—2010 年城市扩张占用各种自然生态系统的比例折算，占用农田、森林、草地和湿地的面积分别为 22.9 万 km^2、2.4 万 km^2、2.5 万 km^2 和 1.6 万 km^2。

②交通运输用地

本部分采用中国科学院地理科学与资源研究所牵头发布的《中国 5 年间隔陆地生态系统空间分布数据集（1990—2010）》中的 1990 年我国陆地生态系统类型空间分布图和 2012 年我国公路、铁路线路图，借助 ArcGIS 平台，得到交通运输用地占用各类生态用地的面积。通过分析计算可得，除去占用的荒漠等生态系统类型，2012 年我国交通运输用地占用农田、森林、草地和湿地生态系统的面积分别为 16 797.7 km^2、5 323.2 km^2、4 863.0 km^2 和 790.6 km^2。

③水利设施用地

水利设施用地包括用于水库（人工修建总库容≥10 万 m^3）及水工建筑的土地。2012 年我国水库水面的总面积为 2.5 万 km^2，则水工建筑物面积为 1.3 万 km^2。修建水库会淹没一定的森林、草地、农田及湿地等生态系统，由原有的生态系统转为河流生态系统，在《中国环境统计年鉴》中，水域归为湿地生态系统，而单位面积的湿地生态系统所能提供的服务大于其他几类自然生态系统。因此，本研究暂不考虑由水库淹没森林等生态用地的生态影响。对于水工建筑物占地，根据 2012 年我国各类自然生态系统占全国陆地总面积的比例，将占用的土地进行分类，可以估算出占用农田、森林、草地和湿地的面积分别为 3 015.8 km^2、5 096.4 km^2、4 428.3 km^2 和 1 065.8 km^2。

④耕地开垦

由耕地开垦导致的生态系统服务损失，考虑到数据可得性，本研究将 2000 年作为基准年，核算 2000—2012 年耕地开垦造成的生态系统服务损失。调查评估显示，2000—2010 年共有 4.06 万 km^2 的自然生态系统由于耕地开垦而丧失，其中，草地丧失 1.55 万 km^2、森林丧失 1.45 万 km^2、湿地丧失 0.83 万 km^2。因此，不同自然生态系统由耕地开垦导致的生态系统服务损失即为两种生态系统所提供的服务之差。

我国 1 km^2 的农田生态系统所能提供的生态系统服务为 1.50×10^{17} sej/a，具体核算过程见表 5-7。而 1 km^2 的湿地生态系统所能提供的生态系统服务为 2.23×10^{19} sej/a，具体核算过程见表 5-10。经核算，2012 年因将牧草地开垦成耕地所导致的生态系统服务损失为 8.24×10^{18} sej；因将森林开垦成耕地造成的损失

为 9.98×10^{18} sej，因将湿地开垦为耕地造成的损失为 7.14×10^{18} sej。

综合以上分析，2012 年我国土地利用类型改变包括的城镇村建设及工矿用地、交通运输用地和水利设施用地占用农田、森林、草地和湿地的面积分别为 250 657.5 km²、36 285.5 km²、35 283.1 km² 和 17 745.2 km²，由此计算可得损失的生态系统服务分别为 3.77×10^{22} sej、2.81×10^{23} sej、1.73×10^{23} sej、3.96×10^{23} sej。加上耕地开垦造成的生态系统服务损失，2012 年由国民经济活动造成的土地利用类型改变所导致的生态系统服务损失分别为 3.77×10^{22} sej、2.82×10^{23} sej、1.74×10^{23} sej 和 3.98×10^{23} sej，分别归为投入产出表中的农产品、林产品、畜牧产品和林产品部门（我国目前湿地由国家林业和草原局负责，因此，因占用湿地而导致的生态系统服务损失归为林产品部门）。

5.4.4　各部门体现生态影响的估算

结合 5.4.3 节所估算的直接生态影响数据，根据式（5-12）即可得到 2012 年国民经济各部门的体现生态成本数据，每个部门的体现生态成本数据包括可再生能源、非可再生资源和生态系统服务损失三部分。具体核算结果参见附表 2。

5.4.5　Eco-LCA 模型与传统能值分析模型中的 UEV 数据比较

本节将通过选取小水电生态经济系统中的重要水工建设材料投入，对比从 Eco-LCA 模型和传统能值分析中获得的 UEV 数据，以验证 Eco-LCA 模型的合理性和可靠性。在传统能值分析方法体系中，钢铁、水泥、矿物质等材料的 UEV 单位为 sej/g，柴油等能源的 UEV 单位为 sej/J，因此需要将各种物质对应的 Eco-LCA 数据库中相应经济部门的能值强度（sej/ 万元）通过产品生产者价格分别转换成单位为 sej/g 和 sej/J 的 UEV 数据，对比结果如表 5-13 所示。

表 5-13　传统能值分析与 Eco-LCA 数据库中经济产品 UEV 数据比较

项目	传统能值分析中 UEV	数据来源	部门能值强度 /（sej/ 万元）	价格 /（万元 /t）	Eco-LCA 模型中 UEV
钢铁	5.40×10^{9} sej/g	Zhang et al., 2009b	1.13×10^{16}	0.425 3	4.81×10^{9}
水泥	2.30×10^{9} sej/g	Pulselli et al., 2008	7.06×10^{15}	0.046 3	3.27×10^{8}
木材	5.14×10^{8} sej/g	Bastianoni et al., 2001	1.05×10^{16}	0.122 0[a]	2.37×10^{9}

续表

项目	传统能值分析中 UEV	数据来源	部门能值强度 /（sej/ 万元）	价格 /（万元 /t）	Eco-LCA 模型中 UEV
柴油	9.17×10^4 sej/g	Ingwersen，2010	1.07×10^{16}	0.852 0[b]	2.14×10^5
汽油	8.34×10^4 sej/g	Brown and Bardi，2001	1.07×10^{16}	0.933 0[b]	1.76×10^5
炸药	3.18×10^9 sej/g	Brown and Bardi，2001	5.81×10^{15}	0.837 3	4.86×10^9

注：[a] 木材密度取 540 kg/m³；[b] 柴油热值取 36 295 000 J/L，密度取 0.83 kg/L；汽油热值取 41 475 000 J/L，密度取 0.73 kg/L（Vassallo et al.，2009）。

通过以上对比可以看出，通过 Eco-LCA 模型得到的经济产品的 UEV 数据和传统能值分析方法得到的产品 UEV 数据多处在同一量级，但总体上比现有的 UEV 数据偏大，因为其中包含了生态系统服务损失的部分。更重要的是，Eco-LCA 数据库中各部门体现生态影响数据既全面涵盖了经济产品生产过程中的生态成本（资源消耗与生态系统服务损失），又使得很多经济产品的 UEV 数据可以快捷方便地获取，弥补了传统能值分析方法体系对于生态影响核算的不足，也使得很多经济产品的 UEV 不再需要通过单一的国家能值 / 货币比来核算。

基于以上分析，本研究将采用混合 Eco-LCA 模型核算并对比分析我国不同地区、不同模式和不同强度的小水电开发全生命周期的生态影响，以期为我国小水电的可持续发展提供定量化参考依据。

参考文献

陈凯，李就好，余长洪，等，2015. 广东省引水式梯级小水电生态环境效应评价 [J]. 水电能源科学，33(8): 116-119.

方瑜，欧阳志云，肖燚，等，2011. 海河流域草地生态系统服务功能及其价值评估 [J]. 自然资源学报，26(10): 1694-1706.

傅伯杰，张立伟，2014. 土地利用变化与生态系统服务：概念、方法与进展 [J]. 地理科学进展，33(4): 441-446.

黄和平，毕军，张炳，等，2007. 物质流分析研究述评 [J]. 生态学报，27(1): 368-379.

焦雯珺，闵庆文，李文华，等，2014. 基于生态系统服务的生态足迹模型构建及应用 [J]. 资源科学，26(11): 2392-2400.

蓝盛芳，钦佩，陆宏芳，2002. 生态经济系统能值分析 [M]. 北京：化学工业出版社.

李睿倩，孟范平，2012. 填海造地导致海湾生态系统服务损失的能值评估——以套子湾为例 [J]. 生态学报，32(18): 5825-5835.

林彰文，林生，顾继光，等，2013. 浮游植物群落对海南小水电建设的响应 [J]. 生态学报，33(4): 1186-1194.

刘毅，2004. 中国磷代谢与水体富营养化控制政策研究 [D]. 北京：清华大学.

孙洁斐，2008. 基于能值分析的武夷山自然保护区生态系统服务功能价值评估 [D]. 福州：福建农林大学.

孙新章，周海林，谢高地，2007. 中国农田生态系统的服务功能及其经济价值 [J]. 中国人口·资源与环境，17(4): 55-60.

唐衡，郑渝，陈阜，等，2008. 北京地区不同农田类型及种植模式的生态系统服务价值评估 [J]. 生态经济，(7): 56-59.

王长波，张力小，庞明月，2015. 生命周期评价方法研究综述——兼论混合生命周期评价的发展与应用 [J]. 自然资源学报，30(7): 1232-1242.

王闰平，陈凯，2006. 中国退耕还林还草现状及问题分析 [J]. 水土保持研究，13(5): 188-192.

魏国良，崔保山，董世魁，等，2008. 水电开发对河流生态系统服务功能的影响——以澜沧江漫湾水电工程为例 [J]. 环境科学学报，28(2): 235-242.

吴乃成，2007. 应用底栖藻类群落评价小水电对河流生态系统的影响——以香溪河为例 [D]. 北京：中国科学院.

肖建红，施国庆，毛春梅，等，2007. 水坝对河流生态系统服务功能影响评价 [J]. 生态学报，27(2): 526-537.

肖建红，施国庆，毛春梅，等，2006. 河流生态系统服务功能及水坝对其影响 [J]. 生态学杂志，25(8): 969-973.

张继业，2007. 四川天全白沙河流域小水电梯级开发的景观影响研究与评价体系构建 [D]. 雅安：四川农业大学.

赵同谦，欧阳志云，郑华，等，2004a. 中国森林生态系统服务功能及其价值评价

[J]. 自然资源学报，19(4): 480-491.

赵同谦，欧阳志云，贾良清，等，2004b. 中国草地生态系统服务功能间接价值评价 [J]. 生态学报，24(6): 1101-1110.

赵同谦，欧阳志云，王效科，等，2003. 中国陆地地表水生态系统服务功能及其生态经济价值评价 [J]. 自然资源学报，18(4): 443-452.

中华人民共和国国家统计局，2013. 中国统计年鉴 2012[M]. 北京：中国统计出版社.

中华人民共和国国土资源部，2013. 2013 中国国土资源公报 [OL]. http://data.mlr. gov.cn/gtzygb/201509/t20150914_1381010.htm.

中华人民共和国水利部，2015. 2013 中国水土保持公报 [OL]. http://www.mwr.gov. cn/zwzc/hygb/zgstbcgb/201501/P020150120365721253789.pdf.

中华人民共和国农业部，2013. 2012 年全国渔业经济统计公报 [OL]. http://www. moa.gov.cn/zwllm/zwdt/201305/t20130516_3463561.htm.

周江波，2008. 国民经济的体现生态要素核算 [D]. 北京：北京大学.

Anderson E P, Freeman M C, Pringle C M, 2006. Ecological consequences of hydropower development in Central America: Impacts of small dams and water diversion on Neotropical stream fish assemblages[J]. River Research and Applications, 22: 397-411.

Baral A, Bakshi B R, 2010. Emergy analysis using US economic input-output models with applications to life cycles of gasoline and corn ethanol[J]. Ecological Modelling, 221: 1807-1818.

Baral A, Bakshi B R, Smith R L, 2012. Assessing resource intensity and renewability of cellulosic ethanol technologies using Eco-LCA[J]. Environmental Science and Technology, 46: 2436-2444.

Bastianoni S, Marchettini N, Panzieri M, et al., 2001. Sustainability assessment of a farm in the Chianti area (Italy) [J]. Journal of Cleaner Production, 9: 365-373.

Brown M T, Bardi E, 2001. Handbook of Emergy Evaluation: A Compendium of Data for Emergy Computation Issued in a Series of Folios. Folio 3, Emergy of Ecosystems[DB]. Center for Environmental Policy, Environmental Engineering Sciences, University of Florida, Gainesville, FL[J]. http://www.cep.ees.ufl.edu/

emergy/publications/folios.shtml.

Brown M T, Ulgiati S, 2004. Energy quality, emergy, and transformity: H.T. Odum's contribution to quantifying and understanding systems[J]. Ecological Modelling, 178: 201-213.

Brown M T, Raugei M, Ulgiati S, 2012. On boundaries and "investments" in Emergy Synthesis and LCA: A case study on thermal vs. photovoltaic electricity[J]. Ecological Indicators, 15: 227-235.

Brown M T, Campbell D E, De Vilbiss C, et al., 2016. The geobiosphere emergy baseline: A synthesis[J]. Ecological Modelling, 339: 92-95.

Bullard C W, Penner P S, Pilati D A, 1978. Net energy analysis: Handbook for combining process and input-output analysis[J]. Resources and Energy, 1(3): 267-313.

Campbell D E, Lu H F, Lin B L, 2014. Emergy evaluations of the global biogeochemical cycles of six biologically active elements and two compounds[J]. Ecological Modelling. 271: 32-51.

Campbell D E, Ohrt A, 2009. Environmental accounting using emergy: evaluation of Minnesota[R]. USEPA Project Report. EPA/600/R-09/002.

Campbell D E, Tilley D R, 2014. Valuing ecosystem services from Maryland forests using environmental accounting[J]. Ecosystem Services, 7: 141-151.

Campbell E T, 2015. Emergy analysis of emerging methods of fossil fuel production[J]. Ecological Modelling, 315: 57-68.

Chen G Q, Chen Z M, 2010. Carbon emissions and resources use by Chinese economy 2007: A 135-sector inventory and input-output embodiment[J]. Communications in Nonlinear Science Numerical Simulation, 15(11): 3647-3732.

Chen G Q, Han M Y, 2015. Global supply chain of arable land use: production-based and consumption-based trade imbalance[J]. Land Use Policy, 49: 118-130.

Ciotola R J, Lansing S, Martin J F, 2011. Emergy analysis of biogas production and electricity generation from small-scale agricultural digesters[J]. Ecological Engineering, 37: 1681-1691.

Cortes R M V, Ferreira M T, Oliveira S V, et al., 2002. Macroinvertebrate community structure in a regulated river segment with different flow conditions[J]. River

Research and Applications, 18: 367-382.

Coscieme L, Pulselli F M, Marchettini N, et al., 2014. Emergy and ecosystem services: A national biogeographical assessment[J]. Ecosystem Services, 7: 152-159.

Costanza R, 1980. Embodied energy and economic valuation[J]. Science, 210: 1219-1224.

Dones R, Gantner U, 1996. Greenhouse gas emissions from hydropower full energy chain in Switzerland[C]. In: IAEA advisory group meeting on "Assessment of Greenhouse Gas Emission from the full energy chain for hydropower, nuclear power and other energy sources".

Dong X B, Yu B H, Brown M T, et al., 2014. Environmental and economic consequences of the overexploitation of natural capital and ecosystem services in Xilinguole League, China[J]. Energy Policy, 67: 767-780.

Dong X B, Brown M T, Pfahler D, et al., 2012. Carbon modeling and emergy evaluation of grassland management schemes in Inner Mongolia[J]. Agriculture, Ecosystems and Environment, 158: 49-57.

Finnveden G, Hauschild M Z, Ekvall T, et al., 2009. Recent developments in life cycle assessment[J]. Journal of Environmental Management, 91(1): 1-21.

Fu X C, Tang T, Jiang W X, et al., 2008. Impacts of small hydropower plants on macroinvertebrate communities[J]. Acta Ecologica Sinica, 28: 45-52.

Gronlund E, Froling M, Carlman I, 2015. Donor values in emergy assessment of ecosystem services[J]. Ecological Modelling, 306: 101-105.

Guinee J, 2001. LCA and MFA/SFA: Analytical tools for Industrial Ecology. Centre of Environmental Science (CML) Leiden Holanda.

Haberl H, Weisz H, Amann C, et al., 2006. The energetic metabolism of the EU-15 and the USA. Decadal energy input time-series with an emphasis on biomass[J]. Journal of Industrial Ecology, 10: 151-171.

Hendrickson C T, Lave L B, Matthews H S, 2006. Environmental life cycle assessment of goods and services: An input-output approach[R]. Resources for the Future. Washington, DC.

Hendrickson C, Horvath A, Joshi S, et al., 1998. Economic input-output models for environmental life-cycle assessment[J]. Environmental Science and Technology, 32: 184A-191A.

Huang S L, Hsu W L, 2003. Materials flow analysis and emergy evaluation of Taipei's urban construction[J]. Landscape and Urban Planning, 63: 61-74.

Ingwersen W W, 2011. Emergy as a life cycle impact assessment indicator—a gold mining case study[J]. Journal of Industrial Ecology, 15(4): 550-567.

Ingwersen W W, 2010. Uncertainty characterization for emergy values[J]. Ecological Modelling, 221: 445-452.

IPCC (Intergovernmental Panel on Climate Change), 2007. 2006 IPCC Guidelines for National Greenhouse Gas Inventories[R]. Tokyo, Japan: Prepared by the National Greenhouse Gas Inventories Programme. Institute for Global Environmental Strategies (IGES).

ISO (International Organization for Standardization), 2006. ISO 14040: Environmental management-Life Cycle Assessment-Principles and Framework[S]. International Organization for Standardization, Geneva.

ISO (International Organization for Standardization), 1998. ISO 14041 Environmental management, life cycle assessment, goal and scope definition and inventory analysis[S]. Geneva: ISO.

Jiang M M, Chen B, Zhou J B, et al., 2007. Emergy account for biomass resource exploitation by agriculture in China[J]. Energy Policy, 35: 4704-4719.

Kibler K M, Tullos D D, 2013. Cumulative biophysical impact of small and large hydropower development in Nu River, China[J]. Water Resources Research, 49: 3104-3118.

Lave L B, 1995. Using input-output analysis to estimate economy-wide discharges[J]. Environmental Science and Technology, 29(9): 420A-426A.

Lefroy E, Rydberg T, 2003. Emergy evaluation of three cropping systems in southwestern Australia[J]. Ecological Modelling, 161: 195-211.

Leontief W W, 1970. Environmental repercussions and the economic structure: an input-output approach[J]. The Review of Economics and Statistics, 52: 262-271.

Leontief W W, 1936. Quantitative input and output relations in the economic systems of the United States[J]. The Review of Economics and Statistics, 18(3): 105-125.

Liu G, Fi B, Chen L, et al., 1999. Characteristics and distributions of degraded ecological types in China[J]. Acta Ecologica Sinica, 20: 13-19.

Liu G Y, Yang Z F, Chen B, et al., 2014. Emergy-based dynamic mechanisms of urban development, resource consumption and environmental impacts[J]. Ecological Modelling, 271: 90-102.

Liu J E, Zhou H X, Qin P, et al., 2009. Comparisons of ecosystem services among three conversion systems in Yancheng National Nature Reserve[J]. Ecological Engineering, 35: 609-629.

Lou B, Ulgiati S, 2013. Identifying the environmental support and constraints to the Chinese economic growth—An application of the Emergy Accounting method[J]. Energy Policy, 55: 217-233.

Lu H F, Campbell E T, Campbell D E, et al., 2017. Dynamics of ecosystem services provided by subtropical forests in Southeast China during succession as measured by donor and receiver value[J]. Ecosystem Services, 23: 248-258.

Mantel S K, Hughes D A, Muller N W J, 2010a. Ecological impacts of small dams on South African rivers Part 1: Drivers of change-water quantity and quality[J]. Water SA, 36: 351-360.

Mantel S K, Muller N W J, Hughes D A, 2010b. Ecological impacts of small dams on South African rivers Part 2: Abundance and composition of macroinvertebrate communities[J]. Water SA, 36: 361-370.

MA (Millennium Ecosystem Assessment), 2005. Ecosystems and Human Well-being: A Framework for Assessment[R]. Washington DC: Island Press.

Odum H T, 1996. Environmental Accounting: Emergy and Environmental Decision Making[M]. New York: Wiley.

Odum H T, 1988. Self-organization, transformity, and information[J]. Science, 242: 1132-1139.

Odum H T, 1971. Environment, power and society[M]. New York: Wiley-Interscience.

Odum H T, Brown M T, Brandt-Williams S, 2000. Folio #1: Introduction and Global Budget. Handbook of Emergy Evaluation[DB]. Center for Environmental Policy,

University of Florida, Gainesville, FL. www.cep.ees.ufl.edu/emergy/publications/ folios.shtml.

Odum H T, Odum E P, 2000. The energetic basis for valuation of ecosystem services[J]. Ecosystems, 3: 21-23.

Pan H Y, Zhang X H, Wu J, et al., 2016. Sustainability evaluation of a steel production system in China based on emergy[J]. Journal of Cleaner Production, 112: 1498-1509.

Pang M Y, Zhang L X, Wang C B, et al., 2015a. Environmental life cycle assessment of a small hydropower plant in China[J]. The International Journal of Life Cycle Assessment, 20(6): 796-806.

Pang M Y, Zhang L X, Ulgiati S, et al., 2015b. Ecological impacts of small hydropower in China: Insights from an emergy analysis of a case plant[J]. Energy Policy, 76: 112-122.

Pascale A, Urmee T, Moore A, 2011. Life cycle assessment of a community hydroelectric power system in rural Thailand[J]. Renewable Energy, 36(11): 2799-2808.

Pulselli R M, Simoncini E, Ridolfi R, et al., 2008. Specific emergy of cement and concrete: an energy-based appraisal of building materials and their transport[J]. Ecological Indicators, 8: 647-656.

Rugani B, Benetto E, 2012. Improvements to emergy evaluations by using life cycle assessment[J]. Environmental Science and Technology, 46: 4701-4712.

Santos J M, Ferreira M T, Pinheiro A N, et al., 2006. Effects of small hydropower plants on fish assemblages in medium-sized streams in central and northern Portugal[J]. Aquatic Conservation-Marine and freshwater ecosystems, 16(4): 373-388.

Suwanit W, Gheewala S H, 2011. Life cycle assessment of mini-hydropower plants in Thailand[J]. The International Journal of Life Cycle Assessment, 16(9): 849-858.

Szargut J T, Morris D R, Stewart F R, 1987. Exergy analysis of thermal, chemical and metallurgical processes[D]. NY: Hemisphere.

Tassinari C A, Bonilla S H, Agostinho F, et al., 2016. Evaluation of two hydropower plants in Brazil: Using emergy for exploring regional possibilities[J]. Journal of Cleaner Production, 122: 78-86.

Ton S S, Odum H T, Delfino J J, 1998. Ecological-economic evaluation of wetland management alternatives[J]. Ecological Engineering, 11: 291–302.

Uchiyama Y, 1995. Life cycle analysis of electricity generation and supply systems[C]. In: Symposium on electricity, health and the environment: comparative assessment in support of decision making, 279–291.

Ukidwe N U, Bakshi B R, 2008. Resource intensities of chemical industry sectors in the United States via input–output network models[J]. Computers and Chemical Engineering, 32(9): 2050–2064.

Ukidwe N U, Bakshi B R, 2007. Industrial and ecological cumulative exergy consumption of the United States via the 1997 input–output benchmark model[J]. Energy, 32: 1560–1592.

Ukidwe N U, Bakshi B R, 2004. Thermodynamic accounting of ecosystem contribution to economic sectors with application to 1992 US Economy[J]. Environmental Science and Technology, 38(18): 4810–4827.

Ulgiati S, Brown M T, 2009. Emergy and ecosystem complexity[J]. Communications in Nonlinear Science Numerical Simulation, 14: 310–321.

Ulgiati S, Odum H T, Bastianoni S, 1994. Emergy use, environmental loading and sustainability: an emergy analysis of Italy[J]. Ecological Modelling, 73: 215–268.

Varun, Prakash R, Bhat I K, 2012. Life cycle greenhouse gas emissions estimation for small hydropower schemes in India[J]. Energy, 44(1): 498–508.

Varun, Bhat I K, Prakash R, 2009. LCA of renewable energy for electricity generation systems–A review[J]. Renewable and Sustainable Energy Reviews, 13(5): 1067–1073.

Wackernagel M, Onisto L, Bello P, et al., 1999. National natural capital accounting with the ecological footprint concept[J]. Ecological Economics, 29(3): 375–390.

Wall G, 1977. Exergy: a useful concept within resource accounting[R]. Institute of Theoretical Physics, Report No. 77–42.

Wang C B, Zhang L X, Chang Y, et al., 2015. Biomass direct–fired power generation system in China: An integrated energy, GHG emissions, and economic evaluation for Salix[J]. Energy Policy, 84: 155–165.

Wang G H, Fang Q H, Zhang L P, et al., 2010. Valuing the effects of hydropower development on watershed ecosystem services: Case studies in the Jiulong River Watershed, Fujian Province, China[J]. Estuarine, Coastal and Shelf Science, 86: 363-368.

Weiza H, Krausmann F, Amann C, et al., 2006. The physical economy of the European Union: Cross-country comparison and determinants of material consumption[J]. Ecological Economics, 58: 676-698.

Wu X F, Wu X D, Li J S, et al., 2014. Ecological accounting for an integrated "pig-biogas-fish" system based on emergetic indicators[J]. Ecological Indicators, 47: 189-197.

Yang J, 2016. EMergy accounting for the Three Gorges Dam project: three scenarios for the estimation of non-renewable sediment cost[J]. Journal of Cleaner Production, 112: 3000-3006.

Yang Q, Chen G Q, Liao S, et al., 2013. Environmental sustainability of wind power: an emergy analysis of a Chinese wind farm[J]. Renewable and Sustainable Energy Reviews, 25: 229-239.

Yang Z F, Jiang M M, Chen B, et al., 2010. Solar emergy evaluation for Chinese economy[J]. Energy Policy, 38: 875-886.

Yuksel I, 2008. Hydropower in Turkey for a clean and sustainable energy future[J]. Renewable and Sustainable Energy Reviews, 12(6): 1622-1640.

Zhang L X, Hao Y, Chang Y, et al., 2017b. Emergy based resource intensities of industry sectors in China[J]. Journal of Cleaner Production. 142: 829-836.

Zhang L X, Pang M Y, Wang C B, 2014. Emergy analysis of a small hydropower plant in southwestern China[J]. Ecological Indicators, 38: 81-88.

Zhang L X, Song B, Chen B, 2012b. Emergy-based analysis of four farming systems: insight into agriculture diversification in rural China[J]. Journal of Cleaner Production, 28: 33-44.

Zhang L X, Chen B, Yang Z F, et al., 2009a. Comparison of typical mega cities in China using emergy synthesis[J]. Communications in Nonlinear Science Numerical Simulation, 14: 2827-2836.

Zhang L X, Yang Z F, Chen G Q, 2007b. Emergy analysis of cropping-grazing system in Inner Mongolia Autonomous Region, China[J]. Energy Policy, 35: 3843-3855.

Zhang Q F, Karney B, MacLean H L, et al., 2007a. Life cycle inventory of energy use and greenhouse gas emissions for two hydropower projects in China[J]. Journal of Infrastructure Systems, 13: 271-279.

Zhang Y, Singh S, Bakshi B R, 2010a. Accounting for ecosystems services in life cycle assessment, Part I: A critical review[J]. Environmental Science and Technology, 44: 2232-2242.

Zhang Y, Baral A, Bakshi B R, 2010b. Accounting for ecosystem services in life cycle assessment, Part Ⅱ: Toward an ecologically based LCA[J]. Environmental Science and Technology, 44: 2624-2631.

Zhang Y, 2008. Ecologically-Based LCA-An Approach For Quantifying The Role Of Natural Capital In Product Life Cycles[D]. The Ohio State University.

Zhang X H, Jiang W J, Deng S H, et al., 2009b. Emergy evaluation of the sustainability of Chinese steel production during 1998—2004[J]. Journal of Cleaner Production, 17: 1030-1038.

Zhang X H, Shen J M, Wang Y Q, et al., 2017a. An environmental sustainability assessment of China's cement industry based on emergy[J]. Ecological Indicators, 72: 452-458.

Zhao X, Chen B, Yang Z F, 2009. National water footprint in an input-output framework—a case study of China 2002[J]. Ecological Modelling, 220(2): 245-253.

第 6 章

不同地区小水电生态影响比较

6.1　引言

　　我国小水电资源十分丰富，技术可开发量达到 1.28 亿 kW，居世界第 1 位（Zhou et al.，2009）。但从全国范围来看，小水电资源的空间分布很不均匀，主要分布在中西部山区，尤其是西南地区的四川、贵州、云南和西藏等省份。在不同地区，小水电开发所处的阶段即小水电的主要开发目的是不同的，加之不同地区自然生态环境特点不同，因此，不同地区的小水电建设及运行呈现出不同的特点。具体来看，四川、贵州等省份多处于高山峡谷地带，地势起伏较大，小水电较易累积高水头，同时依托于国家或区域电网的发展，当地小水电可向电网售电，从而成为当地政府发展山区经济的重要资源，小水电开发密度也较高；但四川、云南等省份受电网建设限制，小水电在汛期有时会产生大量弃水，机械设备闲置，造成社会经济资源的浪费；而在贵州，受水资源量限制，小水电对河流水资源利用程度高，容易出现挤占河流生态需水从而导致河道出现脱水甚至断流等现象。此外，贵州地势多为喀斯特地貌，也是典型的生态脆弱区（苏维词，2000），小水电站在建设过程中会采取相应措施加固引水渠道以防止河水下渗。西藏自治区水能资源也十分丰富，但由于当地电网建设较为落后，小水电开发的主要目的在于为当地居民提供生产生活用电，因此当地小水电站多为离网式运行，装机容量普遍较小；但西藏自治区自然生态系统较为脆弱，冻土分布广泛（Jin et al.，2008），也会对小水电的建设运行产生一定影响。而我国中部地区的湖南、湖北等省份，也是小水电开发大省，但地势相对平缓，小水电站一般水头较低。可以看出，我国不同地区小水电开发所产生的生态影响程度与作用机理也不尽相同。从保护生态环境的角度出发，应优先开发对生态系统影响较小地区的小水电资源。

　　因此，本章将选取我国不同省份开发模式相同、装机容量相似的典型小水电案例，采用本研究所建立的混合 Eco-LCA 模型对其建设运行的全生命周期生态影响进行核算，分析并比较不同区域小水电的生态影响，以筛选出适合优先开发小水电的区域，为我国不同区域小水电的未来发展路径提供定量化依据。

6.2 案例小水电概述

根据课题组调研数据的可得性，本研究分别选取贵州、湖南和西藏的 3 个装机容量相似、同为引水式开发的小型水电站为例，对其全生命周期生态影响进行核算，分别为红岩二级水电站（贵州省黔西南布依族苗族自治州安龙县，装机容量为 8 MW）、茉莉滩水电站（湖南省常德市澧县，装机容量为 2 MW）和阿尔丹二级水电站（西藏自治区那曲地区巴青县，装机容量为 0.8 MW）。下面将分别对这 3 个小水电站的工程概况进行介绍。

6.2.1 红岩二级水电站

安龙县位于贵州省黔西南布依族苗族自治州，该县小水电资源丰富且开发密度较高，目前投入运行的小水电站已达 20 多座，在贵州省小水电的建设运行方面具有很强的代表性，因此选择该县的红岩二级水电站为案例点进行研究。红岩二级水电站位于安龙县城西南部阿油槽村肖家云组南盘江畔（N24°59′44.52″，E105°11′55.68″），为无调节引水式水电站，始建于 2003 年，设计运行时间为30 年，其发电用水来自德卧河河流上游（南盘江一级支流），干旱时需用作农田灌溉。水电站利用挡水坝拦截河水，通过 2 200 m 长的引水渠道将河水平缓地引至与进水口有一定距离的河道下游，集中落差 498 m。在引水渠道末端设置压力前池，以连接引水渠道和水轮机的压力水管，通过压力水管将河水引至发电厂房发电，尾水排至南盘江主河道（珠江上游），电站装有 2 台 4 MW 水轮发电机组，引用流量为 2.06 m³/s，设计年利用小时数为 3 920 h，其中电量有效系数为 0.95，厂自用电取 1%，因此，红岩二级水电站每年通过变电设备等进行上网的电量为2 953 万 kW·h。

6.2.2 茉莉滩水电站

茉莉滩水电站位于湖南省常德市危水河流域上游澧县西北部的甘溪乡岩门村（N29°52′10.88″，E111°24′4.56″），距澧县县城约 75 km，电站始建于 2006 年，为低水头径流引水式电站，溢流闸坝拦截河水，在闸坝左端布置引水渠，水流经过 200 m 长的引水渠道流入前池，再经引水管道进入发电厂房带动水轮机组发电，设计水头为 6 m，电站布置有 3 台机组（分别为 2 台 0.8 MW 机组和

1台0.4 MW机组），装机容量总计2 MW，总引用流量为42.75 m³/s，尾水经过150 m长的尾水渠排至河流下游。茉莉滩水电站的设计生产期为25年，年利用小时数为3 890 h，年发电量778万kW·h，取有效电量95%，厂用电率为0.2%，每年上网电量约为738万 kW·h。

6.2.3　阿尔丹二级水电站

阿尔丹二级水电站位于西藏自治区那曲地区巴青县境内怒江上游二级支流——益曲河上（N31°58′15.60″，E94°0′57.60″），为引水式水电站。溢流坝拦截河水，通过833 m长的人工引水渠道将水引至前池，集中落差，水流进而通过压力管道带动水轮机组发电，尾水通过尾水渠排至河流下游。水电站布置2台0.4 MW的水轮发电机组，单机引水流量为4.88 m³/s，总装机容量为0.8 MW，设计水头为10 m，年利用小时数为6 916 h，年发电量553万 kW·h。需要说明的是，阿尔丹二级水电站为离网运行的水电站，其开发主要为了满足当地居民的用电需求。在每年生产的水电中，水电站自用电为5万 kW·h，548万 kW·h的电量直接供给巴青县城及周围乡镇居民，满足其生产生活用电需求。该水电站总投资3 383.9万元，开发任务也仅为发电，无灌溉、航运等其他要求，设计运行时间为25年。

综合以上概述，不同地区的3个水水电的主要工程指标如表6-1所示。

表6-1　不同地区的3个案例水电主要工程指标

项目	红岩二级水电站	茉莉滩水电站	阿尔丹二级水电站
地区	贵州省	湖南省	西藏自治区
开发模式	引水式	引水式	引水式
引水渠道长度 /m	2 200	200	833
装机容量 /MW	8	2	0.8
设计水头 /m	498	6	10
设计引水流量 /（m³/s）	2.06	42.75	9.76
设计年运行小时数 /h	3 920	3 890	6 916
设计年发电量 /万（kW·h）	2 953	738	548
设计运行年限 /a	30	25	25
运行方式	联网运行	联网运行	离网运行

6.3 数据介绍与来源说明

小水电全生命周期的生态影响可以分为建设和运行两个阶段，每个阶段又可分为对当地生态系统的干扰（直接影响）和由社会经济资源消耗所引起的生态影响（间接影响）。需要指出的是，经过课题组的大量实地调研发现，目前我国小水电站在服役结束之后多为直接废弃，不会进行坝体和厂房的拆除工作，因此，本研究暂不考虑小水电废弃阶段因建筑材料、机械设备回收或其他处理方式等进一步产生的生态影响。

6.3.1 小水电建设阶段

6.3.1.1 水工建筑物占用土地的清单数据

红岩二级水电站为引水式水电站，不存在水库淹没占用耕地等情况，其水工建筑物包括引水渠道、压力前池、厂房、升压站、管理房等，总占地面积为97亩[①]，其中灌木林60亩，草地37亩。

茉莉滩水电站库区不占用耕地，厂房进场公路需开挖约200 m² 菜园地，厂区范围也需占用少量菜园地，合计占地面积约为0.5亩。

阿尔丹二级水电站亦不存在淹没问题，根据设计报告书可知，引水渠道、前池、厂房等水工建筑物总占地面积为3 371.2 m²，主要为草地。

6.3.1.2 当地资源消耗的清单数据

水电站在建设过程中消耗的当地资源主要为建设砂、石等物料，用于挡水坝、发电厂房等水工建筑物的建造。根据3个水电站的设计报告书可知，红岩二级水电站、茉莉滩水电站和阿尔丹二级水电站在建设过程中使用的建设石材分别为4.67万t、2.21万t和2.64万t。

6.3.1.3 社会经济资源投入清单数据

水电工程项目的特点是前期建设阶段一次性投入很大，而运行期间所需投入

---

① 1亩≈666.67 m²。

较少。小水电在建设期间需要投入大量的社会经济资源，主要包括水泥、钢铁等水工建筑物料，水轮发电机组、电气设备等机械设备，以及闸门、拦污栅等金属结构，还包括将这些物料设备自购买地运输至水电站站址过程中所消耗的油料。

我国公路运输的柴油消耗为 0.05 L/（t·km）（Chen et al.，2011），铁路运输内燃机柴油消耗为 0.06 L/（t·km）（中国交通运输统计年鉴，2013）。在计算运输阶段的柴油消耗时，本书暂不考虑卡车空车返回时的能耗。此外，在建设阶段，还要投入劳动力等建设服务。表 6-2~表 6-4 分别为红岩二级水电站、茉莉滩水电站和阿尔丹二级水电站的水工建设材料、机械设备及运输清单。

表 6-2　红岩二级水电站水工建设材料和机械设备及其运输清单

项目		投入	单价 [a]	总价 / 万元	购买地	运输距离 /km
水工建筑材料	水泥	2 752 t	0.046 3 万元 /t	127.42	贵州安龙	35.5
	钢筋	125 t	0.425 3 万元 /t	53.16	贵州安龙	35.5
	钢板	12 t	0.425 3 万元 /t	5.10	贵州贵阳	317
	木材	13 632 m³	0.122 1 万元 /m³	1 664.02	贵州安龙	35.5
	炸药	65 t	0.837 3 万元 /t	54.42	贵州兴义	60
	柴油	232 t	0.852 0 万元 /t	197.66	贵州安龙	35.5
	电力	184 373 kW·h	0.65 元 /（kW·h）	11.95	—	—
机械设备	水轮机	2 台	65.72 万元 / 台	131.44	重庆 [b]	780
	发电机	2 台	164.30 万元 / 台	328.60	重庆 [b]	780
	励磁机	2 台	24.97 万元 / 台	49.95	重庆 [b]	780
	调速器	2 台	13.14 万元 / 台	26.29	重庆 [b]	780
	蝶阀	2 台	10.38 万元 / 台	20.77	湖北武汉 [b]	1 392
	起重机	1 台	30.23 万元 / 台	30.23	湖北武汉 [b]	1 392
	变压器	3 台		56.52	湖北武汉 [b]	1 392
	高压开关柜	10 面		75.84	湖北武汉 [b]	1 392
	平板闸门	2.1 t	1.18 万元 /t	2.48	贵州贵阳	317
	埋件	3.7 t	1.12 万元 /t	4.13	贵州贵阳	317
	启闭机	1 t	1.84 万元 /t	1.84	湖北武汉 [b]	1 392

续表

	项目	投入	单价 ^a	总价 / 万元	购买地	运输距离 /km
机械设备	拦污栅	6.4 t	1.12 万元 /t	7.15	贵州贵阳	317
	压力钢管	195 t	1.12 万元 /t	217.86	贵州贵阳	317
	建设服务	—		976.91	—	
运输阶段	柴油	27.60 t	0.852 0 万元 /t	23.51	—	—

注:^a 所有水工建筑材料及设备已采用 2012 年物价统计年鉴中价格或根据物价指数调整至 2012 年水平,下同。

^b 水工建筑材料均为公路运输;机械设备首先通过火车从生产地运输至贵阳,然后通过公路从贵阳运输至小水电厂址。

表 6-3 茉莉滩水电站水工建设材料和机械设备及其运输清单

	项目	投入	单价	总价 / 万元	购买地 ^a	运输距离 /km
水工建筑材料	水泥	3 370 t	0.046 3 万元 /t	156.04	湖南甘溪	7.5
	钢筋	257 t	0.425 3 万元 /t	109.11	湖南澧县	78
	钢板	94 t	0.425 3 万元 /t	39.94	湖南澧县	78
	木材	2 900 m³	0.122 1 万元 /m³	353.99	湖南甘溪	7.5
	炸药	7.33 t	0.837 3 万元 /t	6.13	湖南澧县	78
	柴油	193 t	0.852 0 万元 /t	164.72	湖南澧县	78
	电力	153 644 kW·h	0.65 元 / (kW·h)	9.96	—	
机械设备	水轮机	3 台	—	122.08	四川乐山	1 139
	发电机	3 台	—	104.88	四川乐山	1 139
	励磁机	3 台		7.22	湖北武汉	400
	调速器	3 台	—	30.38	四川乐山	1 139
	起重机	1 台	5.73 万元 / 台	5.73	湖南长沙	320
	变压器	1 台	16.05 万元 / 台	16.05	湖北武汉	400
	高压开关柜	6 面		20.98	湖北武汉	400
	平板闸门	72.7 t	1.32 万元 /t	96.20	湖南长沙	320
	埋件	15.2 t	—	11.51	湖南长沙	320

续表

项目		投入	单价	总价/万元	购买地ᵃ	运输距离/km
机械设备	启闭机	3 台	—	184.21	湖南长沙	320
	拦污栅	6 t	—	4.69	湖南长沙	320
	建设服务	—	—	383.43	—	—
运输阶段	柴油	7.21 t	0.852 0 万元/t	6.14	—	—

注：ᵃ所有水工建筑材料及机械设备通过公路运输至水电站。

表6-4　阿尔丹二级水电站水工建设材料和机械设备及其运输清单

项目		投入	单价	总价/万元	购买地ᵃ	运输距离/km
水工建筑材料	水泥	3 839 t	0.046 3 万元/t	134.87	西藏拉萨	600
	钢材	443 t	0.425 3 万元/t	155.23	西藏拉萨	600
	木材	180 m³	0.122 1 万元/m³	0.73	西藏那曲	254
	炸药	1.03 t	0.837 3 万元/t	13.06	西藏那曲	254
	柴油	275 t	0.852 0 万元/t	152.51	西藏那曲	254
机械设备	水轮机	2 台	26.50 万元/台	53.00	四川金堂	2 281
	发电机	2 台	21.77 万元/台	43.53	四川金堂	2 281
	励磁机	2 台	2.73 万元/台	5.47	四川金堂	2 281
	调速器	2 台	6.57 万元/台	13.14	四川金堂	2 281
	起重机	1 台	5.52 万元/台	5.52	四川金堂	2 281
	变压器	3 台	—	11.83	四川金堂	2 281
	高压开关柜	11 面	—	71.24	四川金堂	2 281
	平板闸门	45 t	1.12 万元/t	50.28	四川金堂	2 281
	启闭机	1 台	1.01 万元/台	1.01	四川金堂	2 281
	压力钢管	21.31 t	1.12 万元/t	23.81	四川金堂	2 281
	建设服务	—	—	837.02	—	—
运输阶段	柴油	118.67 t	0.852 0 万元/t	101.11	—	—

注：ᵃ所有水工建筑材料通过公路运输至水电站；机械设备先经火车运输至青海格尔木（1 848 km），再经公路由格尔木运输至水电站。

6.3.2　小水电运行阶段

6.3.2.1　本地资源消耗的清单数据

运行阶段，来自河流上游的驱动水轮机运转的河水是小水电生态经济系统消耗的唯一本地可再生资源，河水重力势能是由水轮机水头、引用流量和年利用小时数共同决定的，3 个水电站的主要工程指标如表 6-1 所示。计算可得，每年投入到红岩二级水电站、茉莉滩水电站和阿尔丹二级水电站系统的河水重力势能分别为 1.38×10^{14} J、3.52×10^{13} J、2.38×10^{13} J。

6.3.2.2　消耗的社会经济资源的清单数据

水电站在运行期间所需社会经济资源投入较少，但仍需运维、润滑油等的投入。根据课题组的实地调研可得，红岩二级水电站、茉莉滩水电站和阿尔丹二级水电站在每年运行过程中消耗的社会经济资源如表 6-5 所示。

表 6-5　不同地区案例小水电在运行过程中每年消耗的社会经济资源

项目	红岩二级水电站	茉莉滩水电站	阿尔丹二级水电站
润滑油消耗量 /kg [a]	380	300	425
运维费用 / 万元	87.8	19.1	2.49

注：[a] 润滑油 2012 年生产者价格为 15.37 元 /kg。

6.3.2.3　对河流生态系统干扰的清单数据

小水电拦河筑坝，不会改变河流的总水量，但会改变河水下泄的时间，从而改变了河流水体的自然时空分布（王强，2011；张继业，2007）；一旦小水电过度利用水资源，大量河水进入厂房发电，导致河流基本生态需水被挤占，就会中断河流生态系统原有的"时空连续性"，导致河道脱水甚至断流，对河流生态系统造成严重破坏（Pang et al., 2015）。本章首先按照设计情景下小水电站在运行过程中不会对河流生态系统产生干扰进行核算，实际运行情况将会在 6.5 节进一步详细讨论。此外，3 个小水电均为引水式水电站，没有成规模的水库，因此不存在泥沙淤积等问题。

综合以上分析，根据 Odum（1996）设计的能量语言，绘制了引水式小水电生态经济系统的物质能量流动图，如图 6-1 所示，图中包含了自然资源和经济输入主要成分以及系统组分之间的主要结构。表 6-6 给出了小水电系统的主要能值指标。

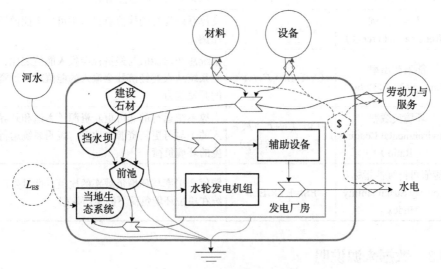

图6-1 引水式小水电系统的物质能量流动图

表6-6 小水电生态经济系统的主要能值指标

能值指标	符号或计算公式	含义
本地免费可更新资源	R	从上游直接流入厂房驱动水轮机运转的河水重力势能
本地免费非可更新资源	N	本地直接投入的非可更新资源，主要为建设石材等，对有库容的水电站而言也包括淤积在水库中的泥沙
生态系统服务功能损失	L_{ES}	水电站水工建筑物占地及水电站运行导致的下游河流生态系统服务损失
购入资源	F	从人类经济社会系统购入的能值
购入资源非可更新部分	F_N	从人类经济社会系统购入能值中的非可更新部分
购入资源可更新部分	F_R	从人类经济社会系统购入能值中的可更新部分

能值指标	符号或计算公式	含义
购入资源生态系统服务损失	F_{L-ES}	从人类经济社会系统购入能值中的生态系统服务损失部分
能值总投入	$U=R+N+L_{ES}+F$	支撑系统运行的总能值需求
可再生比例（Renewable Percent）	$\%R=(R+F_R)/U$	支撑系统运行的能值总投入中可再生能值所占比例
能值产出率（Emergy Yield Ratio）	$EYR=U/(F+L_{ES})$	系统总产出能值与经济社会投入能值之比，表明系统从人类经济社会输入的能值对本地资源的开发能力
环境负载率（Environmental Loading Ratio）	$ELR=(N+L_{ES}+F_N+F_{L-ES})/(R+F_R)$	支撑系统运行的非可更新资源（本地和外界输入的）与可更新资源之比例，表明系统运行产生的环境负荷
能值可持续性指标（Emergy Sustainability Index）	$ESI=EYR/ELR$	能值产出率与环境负载率的比值，衡量生产系统在单位环境负荷下的生产效率

6.3.3 数据来源说明

根据式（5-2）、式（5-3）可以看出，混合 Eco-LCA 模型核算过程采用的数据分为两部分，即水电站建设运行过程中的物质、能量投入和生态系统服务损失以及能值核算过程采用的单位能值价值（UEV）。物质、能量投入和生态系统服务损失均来自课题组实地调研，通过案例水电站的设计报告书、与电站负责人的访谈及已发表的研究文献获取相关数据。

核算所采用的 UEV 数据来源在 5.2 节已经做了简单介绍。小水电的直接生态影响，即现场的生态影响，相关 UEV 数据来源于佛罗里达大学的 Folio 系列数据库和已有的研究文献，如表 6-7 所示；而消耗的社会经济资源所引起的间接生态影响，则采用本研究所建立的生态投入产出数据库进行核算（附表 2）。采用生态投入产出数据库核算间接生态影响需要物料和设备的价格数据，并将各项投入与投入产出表中的相关部门进行对应。相关价格数据来自该水电站的设计报告书（根据物价指数调整至 2012 年水平）或当年的物价统计年鉴。各项投入与国民经济部门的对应关系参考我国行业分类标准（中华人民共和国国家统计局，2013）。

表 6-7　水电站直接物料、能量投入的单位能值价值

项目	UEV/（sej/单位）	参考文献
河水重力势能 /J	3.00×10^9	Brown and McClanahan，1996
建设石材 /g	1.27×10^9	Odum，1996
泥砂 /J	8.01×10^4	Brown and McClanahan，1996

6.4　生态影响核算与对比分析

　　根据第 5 章建立的混合 Eco-LCA 模型，本章核算了贵州省、湖南省和西藏自治区 3 个省份 3 个同为引水式开发、装机容量相似的小水电站的全生命周期生态影响，反映了我国不同地区小水电的生命周期各阶段的直接生态影响和间接生态影响。需要说明的是，本研究是基于 1 年的静态研究，在生态影响核算中水工建筑材料及机械设备等一次性投入能值均除以水电站设计运行年限折算为年度的流动量；而生态系统服务以 1 年为核算周期，对于水工建筑物占用土地所造成的生态系统服务损失，不需要根据水电站设计运行年限折算。根据小水电站建设和运行过程中的投入项目清单，小水电站工程投入项目部门分类分别如表 6-8、表 6-9 所示。

表 6-8　水电站建设期间水工建筑材料和机械设备部门分类

项目序号	项目	部门序号	部门
1	水工建筑材料	水泥	52	水泥、石灰和石膏
2		钢材	60	钢压延产品
3		钢板	60	钢压延产品
4		木材	34	木材加工品
5		炸药	46	专用化学产品和炸药、火工、焰火产品
6		柴油	7	石油和天然气采选业
7		电力	96	电力、热力生产和供应业
8	机械设备	水轮机	65	锅炉及原动设备
9		发电机	80	电机
10		励磁机	80	电机
11		调速器	65	锅炉及原动设备

项目序号	项目		部门序号	部门
12	机械设备	蝶阀	68	泵、阀门、压缩机及类似机械
13		起重机	67	物料搬运设备
14		变压器	81	输配电及控制设备
15		高压开关柜	81	输配电及控制设备
16		平板闸门	64	金属制品
17		埋件	64	金属制品
18		启闭机	67	物料搬运设备
19		拦污栅	64	金属制品
20		压力钢管	64	金属制品
21		运输柴油	7	石油和天然气采选业
22		建设服务	100	土木工程建筑

表 6-9　水电站运行阶段运维材料部门分类

项目序号	项目	部门序号	部门
1	润滑油	39	精炼石油和核燃料加工品
2	运维费用	125	水利管理

6.4.1　案例水电站系统的能值核算

通过混合 Eco-LCA 模型的核算结果显示，红岩二级水电站、茉莉滩水电站和阿尔丹二级水电站每年生产的水电分别为 1.06×10^{14} J、2.65×10^{13} J 和 1.97×10^{13} J，而需要的太阳能值分别为 7.77×10^{18} sej/a、2.75×10^{18} sej/a 和 2.59×10^{18} sej/a。3 个水电站的系统能值结构如图 6-2 所示。

从图 6-2 可以看出，3 个案例水电站的建设运行对当地免费自然资源的依赖程度都很高，分别占系统能值总投入的 84.31%、79.38% 和 80.20%。不同之处在于，红岩二级水电站中可再生的河水重力势能是该系统运行的最大驱动力，占总能值投入的 53.25%（4.14×10^{18} sej/a），非可再生的建设石材的投入为 1.98×10^{18} sej/a，占总投入的 25.52%；而阿尔丹二级水电站系统中建设石材是最大的能值输入项，为 1.34×10^{18} sej/a，占总能值投入的 51.98%，河水重力势能

投入为 7.13×10^{17} sej/a，仅占总投入的 27.58%；茉莉滩水电站系统中河水重力势能和建设石材的投入分别为 1.05×10^{18} sej/a 和 1.12×10^{18} sej/a，分别占总投入的 38.41% 和 40.97%，介于红岩二级水电站和阿尔丹二级水电站两者之间。河水重力势能与建设石材能值投入比例的区别直接导致 3 个水电站系统生态影响的不同。此外，红岩二级水电站、茉莉滩水电站和阿尔丹二级水电站由水工建筑物占地导致的生态系统服务损失分别为 4.30×10^{17} sej/a、5.00×10^{13} sej/a 和 1.66×10^{16} sej/a，分别占总投入的 5.54%、0.00% 和 0.64%，这主要是因为红岩二级水电站水工建筑物占地较多，且占用的主要为草地和森林，单位面积生态系统服务损失较大；而茉莉滩水电站只占用少面积果园，且单位面积生态系统服务损失较小；阿尔丹二级水电站介于两者之间。

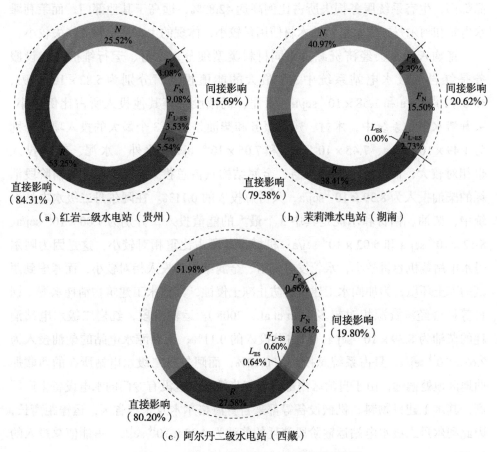

图 6-2　不同地区的案例小水电系统能值结构

　　将购入资源分为可再生能源、非可再生资源及生态系统服务损失来看，红岩二级水电站消耗的购入化石燃料、矿物质等非可再生资源为 7.18×10^{17} sej/a，占总能值投入的 9.08%；可再生能源投入占 3.08%；而生态系统服务损失为 2.74×10^{17} sej/a，占总投入的 3.53%。茉莉滩水电站消耗的化石燃料、矿物质等非可再生资源为 4.27×10^{17} sej/a，占总投入的 15.50%；而可再生能源为 6.57×10^{16} sej/a，占总投入的 2.39%；生态系统服务损失为 7.48×10^{16} sej/a，占总投入的 2.73%。阿尔丹二级水电站消耗的化石燃料、矿物质等非可再生资源所占比例大幅增高，占总投入的 18.64%，可再生能源投入占总投入的 0.56%，生态系统服务损失占 0.60%，为 1.56×10^{16} sej/a。可以看出，红岩二级水电站引起的间接生态系统服务损失最大，这是因为该水电站消耗了大量的木材，对应的林产品部门，生态系统服务损失所占比例高达 42.82%，远高于其他部门；而茉莉滩水电站和阿尔丹二级水电站的木材使用量较小，体现的生态系统服务损失较小。

　　将购入的社会经济资源按不同材料类型细分，木材、运行维护和建设服务是红岩二级水电站系统中 3 个最大的能值投入，分别为 5.82×10^{17} sej/a、1.86×10^{17} sej/a 和 1.58×10^{17} sej/a；水泥、机械设备等其他投入所占比例较小。茉莉滩水电站系统中，木材、建设服务和柴油是其中 3 个最大的投入项，分别为 1.49×10^{17} sej/a、7.45×10^{16} sej/a 和 7.05×10^{16} sej/a；此外，水泥、钢材投入也相对较大，而所有的机械设备、金属结构只占总投入的 3.96%。运输阶段消耗的柴油投入为 8.39×10^{15} sej/a，只占总投入的 0.11%。在阿尔丹二级水电站系统中，柴油、钢材和水泥是其中 3 个最大的能值投入，分别为 1.00×10^{17} sej/a、8.52×10^{16} sej/a 和 5.02×10^{16} sej/a；机械设备所占比重相对较小，这是因为阿尔丹水电站装机容量较小，水轮发电机组、金属结构等投入相对较小，而考虑到西藏的冻土环境，为加固水工建筑物防止冻土侵蚀，其他水工建筑物消耗水泥、钢材等社会经济资源相对较多（Jin et al.，2008）。运输阶段，红岩二级水电站消耗的柴油为 8.39×10^{15} sej/a，只占总投入的 0.11%；茉莉滩水电站的柴油投入为 2.63×10^{15} sej/a，只占系统总投入的 0.10%；而阿尔丹二级水电站所在的西藏那曲地区地处偏远，由于自治区内部工业起步较晚，也没有专门的水电设备生产厂商，其水工建设物料、机械设备等都来自青海格尔木及东部省区，运输距离长，因此阿尔丹二级水电站运输阶段消耗的柴油为 4.33×10^{16} sej/a，占能值总投入的 1.67%。

6.4.2 能值指标比较分析

根据能值方法体系，在核算得到各个小水电生态经济系统的能值流动之后，可以计算得到一系列能值指标，本研究选取水电能值转换率（UEV）、可再生比例（%R）、能值产出率（EYR）、环境负载率（ELR）和能值可持续指标（ESI）对三个不同地区、同为引水式开发的小水电系统环境表现进行对比分析（Brown and Ulgiati，1997；Odum，1996），3 个案例水电站系统的能值指标对比如表 6-10 和图 6-3 所示。

表 6-10　不同地区案例小水电系统的能值指标对比

项目	贵州红岩二级水电站	湖南茉莉滩水电站	西藏阿尔丹二级水电站
UEV/（sej/J）	7.31×10^4	1.03×10^5	1.31×10^5
%R	56.34%	40.79%	28.14%
EYR	6.37	4.84	5.05
ELR	0.78	1.45	2.55
ESI	8.22	3.34	1.98

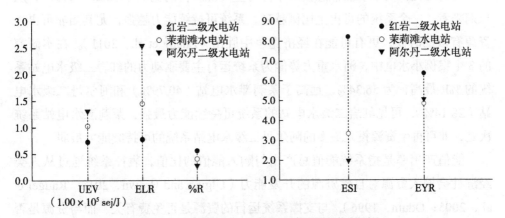

图 6-3　不同地区案例小水电系统的能值指标对比

能值转换率是指系统生产单位物质所需投入的能值量。当不同系统生产相同的产品时，能值转换率可表征系统的生产效率，能值转换率越低，生产相同的产品所需能量越少，或者相同能量可生产出更多的产品，则说明系统生产效率较高（Zhang et al.，2011；Odum，1996）。核算得知，在 3 个案例小水电中，红岩二级水电站生产的水电能值转换率最低（7.31×10^4 sej/J），可见该系统生产水电的效率最高，茉莉滩水电站次之（1.03×10^5 sej/J），阿尔丹二级水电站的生产效率最低（1.31×10^5 sej/J），其生产水电的能值转换率几乎是红岩二级水电站系统生产水电能值转换率的 2 倍。

从水轮发电机组效率看，3 个水电站的效率相似，均在 77%～84%，其中阿尔丹二级水电站的水轮发电机组效率最高（83.64%）。因此，3 个水电能值转化率的区别主要来源于除河水重力势能之外其他投入的差异，红岩二级水电站的水头高达 498 m，水能资源最为丰富，在转化单位河水重力势能的过程中所需要的水工建筑材料、机械设备等投入最少；湖南澧县位于我国中部山区，山势较为平缓，累积水头较低，为 42.75 m，所需投入的非可再生资源多，因此水电站生产效率低于贵州红岩二级水电站系统；西藏那曲地区的水能资源虽然十分丰富，阿尔丹二级水电站的年利用小时数高达 6 916 h，但因主电网建设落后，水电站为离网运行，考虑到当地居民的用电需求较低，装机容量小，仍需要修建相当规模的溢流坝、引水渠道等水工建筑物，大幅降低了水电站系统的生产效率。

可再生比例为系统能值总投入中可再生资源所占的比例（Odum，1996），从长期来看，一个系统的可再生比例越高，系统可持续能力越强，尤其当非可再生资源有限的时候，更有可能在经济竞争中胜出（Zhang et al.，2011）。在本研究的 3 个案例小水电中，河水重力势能为系统运行主要驱动力的红岩二级水电站系统的 %R 最高，为 56.34%，远高于茉莉滩水电站（40.79%）和阿尔丹二级水电站（28.14%），可见红岩二级水电站的系统可持续能力最强，茉莉滩水电站系统次之，非可再生资源投入最多的阿尔丹二级水电站系统的可持续能力最弱。

能值产出率是指系统能值总产出与购入能值的比值，表征系统通过从人类经济社会输入资源对自然资源的开发能力（Ulgiati and Brown，2012；Raugei et al.，2005；Odum，1996），与支撑系统运行的资源是否免费有关，而与资源是否为可再生无关，可以用来评估免费自然资源对系统运行的潜在贡献能力，同时反映了系统的经济活力（Zhang et al.，2011）。EYR 越大，表明免费自然资源对系统生产过程的贡献越大，系统经济活力越强，竞争力越大。本研究中，红岩二级水电站的 EYR 最高（6.37），阿尔丹二级水电站次之（5.05），茉莉滩水电站最低（4.84），可见 3 个案例小水电对自然资源的开发能力均较高，不同之处在于红岩二级水电站利用的主要为可再生的河水重力势能，而阿尔丹二级水电站系统开发的主要为非可再生的建设石材。值得注意的是，从能值转换率可以看出茉莉滩水电站的系统生产效率高于阿尔丹二级水电站，但从 EYR 数值来看其开发自然资源的能力要低于后者，说明一个系统可以获得较高的生产效率，但这与其开发当地资源的能力高低无关，进一步说明在能值方法体系中，需要多个指标以全面衡量生产过程的环境表现（Zhang et al., 2011）。

环境负载率是支撑系统运行的非可再生资源（本地和外界输入的）与可再生资源之比，表明系统运行中由于非可再生资源的投入产生的环境负荷（Odum, 1996）。理论上，一个自然系统如果 100% 依靠可再生资源支撑，则 ELR 为 0（Ulgiati and Brown, 1998），若系统持续处于较高的环境负载率，将会造成不可逆转的系统功能退化。本研究中，红岩二级水电站的 ELR 最低，为 0.78，远低于茉莉滩水电站（1.45）和阿尔丹二级水电站（2.55），说明红岩二级水电站在建设运行过程中能量的传递和转移对生态系统造成的压力最小，主要是因为在该系统中河水重力势能是主要驱动力，而对非可再生资源的依赖程度较低；阿尔丹二级水电站则需要投入更多的当地或外地输入的非可再生资源以开发可再生的河水重力势能，导致其对生态系统的压力较大。

能值可持续指标为能值产出率与环境负载率的比值，衡量生产系统在单位环境负荷下的生产效率，表征系统的可持续发展能力。若系统的能值产出率较高，同时环境负载率较低，则该系统的可持续能力较好（Ulgiati and Brown, 1998）。一般而言，ESI 介于 1 和 10 之间，说明该系统既有较好的发展潜力又有很好的持续能力；若 ESI<1，该系统为消费性系统，是不可持续的；若 ESI>10，该系统发展水平较低（Brown and Ulgiati, 1997）。本研究中，如图 6-3 所示，红岩二级水电站的 ESI 最高（8.22），远高于茉莉滩水电站（3.34）和阿尔丹二级水电站（1.98），可见在单位环境负荷下，红岩二级水电站的生产效率最高，系统可持续发展能力最强，而阿尔丹二级水电站可持续能力最弱，茉莉滩水电站系统的可持续能力介于两者之间。

6.5 不同地区小水电生态影响敏感性分析

小水电一般没有库容，来水调节能力差，实际运行往往不同于设计规划。课题组经大量调研发现，由于水能资源丰富程度不同和小水电运行期间的管理水平不同等原因，不同省份的小水电实际运行也呈现出不同的特点。

贵州省红岩二级水电站由于无库容，流量调节能力差，来水受季节性降水和农业灌溉争水等影响较大，导致小水电实际运行和设计规划有所不同。图 6-4 给出了红岩二级水电站 2010 年的每日上网电量，可以看出，2—5 月属于枯水季，且春季为农业灌溉用水主要季节，水电站无水可发，几乎处于停运状态；从 6 月开始，随着降水增多，水电站除因工程质量问题停运之外，一直处于运行状态，但只有极少天数能够达到满负载运行；进入 10 月之后，降水减少，发电量随之减少，一直持续到翌年 1 月。2010 年该水电站实际发电量 2 452 万 kW·h，上网电量 2 442 万 kW·h，折合年满发小时数为 3 066 h，与设计容量（3 980 h）存在一定的差距；此外，该水电站为追求发电经济效益，过度开发水资源，挤占下游河流生态需水，所有水资源都经人工引水渠道被引至发电厂房，导致原河道除汛期少数时间出现溢流外，一年中绝大部分时段都处于完全断流状态，河床裸露，不能为水生生物提供有效生境，小水电的尾水段也会出现不同程度的减水、脱水，导致河流生态系统严重退化。

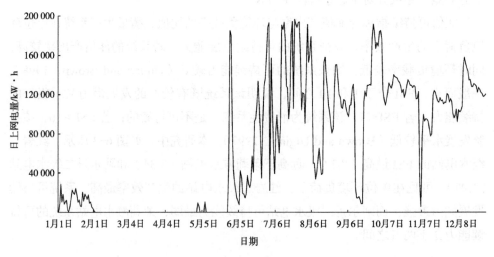

图 6-4　2010 年红岩二级水电站日上网电量波动图

湖南省茉莉滩水电站的运行情况与红岩二级水电站类似，发电量受到来水量的限制，不能达到满负荷运行，虽然挤占了下游河道的生态需水，2013 年该水电站实际发电量也仅为 320 万 kW·h，约为设计年发电量的 40%。

不同于红岩二级水电站和茉莉滩水电站，阿尔丹二级水电站所处的西藏自治区水能资源极为丰富，有"亚洲水塔"之称（Wang and Qiu, 2009），水资源不会成为小水电站运行的限制因素，但是 2013 年该水电站仅生产水电 134 万 kW·h，为设计年发电量的 24%。这主要是因为阿尔丹二级水电站属于离网式运行的小水电，发电量受居民实时用电负荷的需求影响波动较大，而且当居民用电负荷过小达不到水轮机的保证出力时，水轮发电机组也不能运转，不能为当地居民提供电力。

综合以上分析，为探讨我国不同地区小水电实际运行中存在的问题对其系统环境表现和可持续能力的影响，即不同水资源利用情景下小水电生态影响的变化，本研究将针对红岩二级水电站、茉莉滩水电站和阿尔丹二级水电站分别设置不同情景进行敏感性分析，核算不同情景下案例水电站的系统能值指标，观察水电站系统环境表现的变化。

6.5.1　红岩二级水电站

如前所述，影响红岩二级水电站环境表现的主要因素为实际年发电量（即可利用水资源量或年满负载运行小时数）和运行期间水电站过度利用水资源导致的挡水坝下游河流生态系统退化。因此，本节分别从这两个方面对红岩二级水电站系统的生态影响进行敏感性分析。

6.5.1.1　实际年发电量

根据现场调研得知，红岩二级水电站自 2006 年运行以来最低达到了 50% 的设计年发电量，因此本研究考虑 3 种情况：设计发电量、2010 年实际发电量（83% 的设计年发电量）以及最少发电量（50% 的设计年发电量），重新计算能值指标，并将 3 种情况下的系统能值指标与湖南茉莉滩水电站和西藏阿尔丹二级水电站系统能值指标进行对比，分析结果如图 6-5 所示。需要说明的是，此处核算不考虑由水电站运行导致的挡水坝下游河道断流所造成的生态系统服务损失。

可以看出，随着发电量的减少，红岩二级水电站系统的环境表现持续变差，当发电量减少到 50% 的设计年发电量时，生产的水电能值转换率由 7.31×

10^4 sej/J 增大至 1.07×10^5 sej/J，系统生产水电的效率和湖南省茉莉滩水电站生产水电的效率（1.03×10^5 sej/J）相似，高于西藏阿尔丹二级水电站（1.31×10^5 sej/J）；ESI 由 8.22 急剧减小为 3.18，可持续能力和茉莉滩水电站系统（ESI 值为 3.34）相似，但仍高于阿尔丹二级水电站系统（ESI 值为 1.98）。

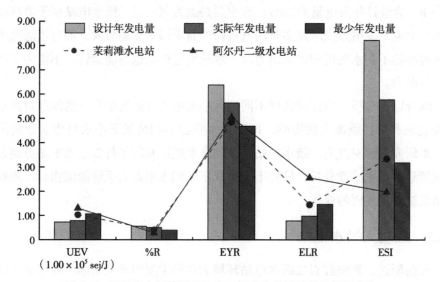

图6-5　不同发电量情况下红岩二级水电站系统能值指标变化

6.5.1.2　挡水坝下游河流生态系统退化

如前所述，小水电过度运行，挤占河流生态需水，中断了河流生态系统原有的时空连续性，导致下游河流生态系统发生退化。如图6-6所示，多数引水式小水电在运行期间会将连续的自然河流分成三段水体：挡水坝以上河段（A）、水坝取水口与尾水渠末端之间的河段（B）以及尾水渠末端以下受水电站影响的河段（C）。

对红岩二级水电站2010年每日运行数据进行统计可知，A、B、C三段水体的生境可分为图6-6中的S1、S2、S3 3种情景。其中，S1情景即水坝出现溢流，B河段有水流，该情景在2010年只有13天出现；大部分时刻处于S2情景，即水轮发电机组在运转，但水坝无溢流，此时，B河段无水，C河段获得发电下泄水量；除此之外，几乎每天都有不同时长的S3情景间断出现，即水轮发

电机组停止工作，水坝无水溢流也无水发电下泄，B、C 河段均断流，2010 年有
112 个整天处于这种状态。对本研究中的红岩二级水电站来说，其挡水坝位于德
卧河上，但厂房和尾水渠布置在南盘江边上，发电下泄河水直接注入南盘江，不
考虑南盘江河流上的水电开发对其生态系统的影响，红岩二级水电站发电尾水
的注入对南盘江的河流生态系统（C 河段）不会造成影响。此外，本研究主要考
虑小水电建设运行对水坝下游河道的生态影响，因此没有考虑其对水坝上游即 A
河段的影响。

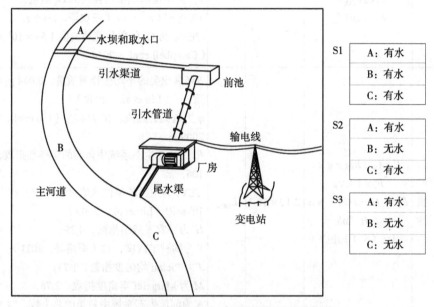

图 6-6　引水式小水电对河流生态系统的影响

　　总结以上分析，本研究主要考虑红岩二级水电站对 B 河段的影响，B 河段
在一年中绝大部分时段都处于完全断流状态，河床裸露，不能为水生生物提供有
效生境。根据实地调研可知，安龙县境内德卧河禁止捕捞鱼类、水生植物，因而
该河段不具有水产品生产功能，此外，此河段有濒危动物暗色唇鱼（*Semilabeo
obscurus*）。经测量，B 河段水域面积为 0.142 km²，因此，0.142 km² 的水域面积
丧失了气候调节功能和生物多样性维持功能。由于红岩二级水电站运行造成的挡
水坝下游生态系统服务损失能值见表 6-11。

表 6-11 红岩二级水电站挡水坝下游生态系统服务损失能值核算表

项目	公式	结果 / (sej/a)	划分	相关参数含义及取值
气候调节功能	$E_1=\text{Emergy}_{CO_2}+$ $\text{Emergy}_{O_2}=$ $A_B \times V_{CO_2} \times$ $\text{UEV}_{CO_2}+$ $V_{O_2} \times \text{UEV}_{O_2}$	8.12×10^{14}	L_{ES-R}	A_B 为 B 河段面积，$0.142\ km^2$；V_{CO_2} 为单位面积植物固定的 CO_2 质量，26.23 g/ ($m^2 \cdot a$)（王欢等，2006）；UEV_{CO_2} 为 CO_2 的单位能值价值，2.76×10^7 sej/g（Campbell et al.，2014）；V_{O_2} 为单位面积植物释放的 O_2 质量，19.08 g/ ($m^2 \cdot a$)（王欢等，2006）；UEV_{O_2} 为 O_2 的单位能值价值 1.59×10^6 sej/g（Campbell et al.，2014）
非濒危生物多样性	$E_2=A_B \times BM \times q \times$ $F_d \times \text{UEV}_F$ $F_d=(H'+J+M) \times S$ $J=H'/\ln S$ $M=(S-1)/\ln N$	2.10×10^{16}	L_{ES-R}	BM 为鱼类的平均生物质质量，0.044 g 干重 /m^2（Liu et al.，2009）；q 为鱼类的热值，16 744 J/g（Liu et al.，2009）；F_d 为河流生态系统中鱼类的多样性指数，106；UEV_F 为鱼类的单位能值价值，2.52×10^6 sej/J（Liu et al.，2009）；H' 为香农 - 威纳指数，4.29；S 为物种丰富度，12（周路等，2011）；J 为 Pielou 均匀度指数，1.73；M 为 Margalef 丰富度指数，2.76；N 为河流生态系统中鱼类的总头数，54（周路等，2011）
濒危生物多样性	$E_3=\mu \times$（Extinction risk $\times$ Habitat dependence）$/t$	2.32×10^{18}	L_{ES-N}	μ 为物种的平均能值转化率，2.11×10^{25} sej/种（Odum，1996）；Extinction risk 为濒危物种的灭绝指数，0.60（刘军，2004）；Habitat dependence 为所研究的河流生态系统占濒危物种全部栖息地的比例，5.44×10^{-6}（国家遥感中心，2012）；t 为水电站的运行年限，30 年
总计		2.34×10^{18}		

通过核算可知，红岩二级水电站在 2010 年的实际运行过程中因挤占下游河段生态用水导致的河流生态系统服务损失的能值为 2.34×10^{18} sej/a，主要是由濒危物种在受影响河段消失导致的生物多样性维持功能的丧失引起的，气候调节功能和非濒危物种维持功能在受影响河段的能值损失较小，仅为 2.19×10^{16} sej/a。

将下游河道的生态系统服务损失包含在小水电生态影响的能值核算体系中，重新计算红岩二级水电站系统的能值指标，对比在 2010 年实际发电量下考虑河道断流和不断流 2 种情景下的能值指标，结果如图 6-7 所示。考虑下游河流生态系统退化时，红岩二级水电站系统生产的水电能值转换率由 7.82×10^{4} sej/J 增至 1.05×10^{5} sej/J，ELR 由 0.98 增至 1.61，ESI 指标则由 5.77 降至 1.59，可见小水电仅以发电为中心目标，挤占河流生态需水，造成下游河段生态系统的退化，严重影响了小水电的环境表现，进而表明小水电单纯追求发电效益，挤占下游河段生态需水、以破坏生态环境为代价的开发方式是不可持续的。

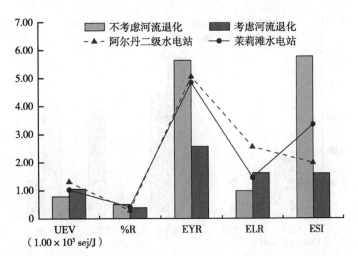

图 6-7　河流生态系统退化对红岩二级水电站系统环境表现的影响

综合以上敏感性分析结果可以看出，在不考虑水电站运行期间造成的河流生态系统退化的情况下，水能资源最为丰富的红岩二级水电站即使达不到设计发电量，系统的环境表现依然优于其他地区的小水电。而水电站一旦挤占了下游生态需水，造成河流断流，系统的生态影响就会急剧增大。因此，可以通过减少小水电站发电量，尤其是在枯水季的发电量，防止水电站挤占下游河道生态需水，保证河流生态系统健康，优化小水电的生态影响。值得注意的是，这种情况与四川、云南等地区的小水电"窝电弃水"现象相似，由于当地电网消纳能力限制，导致小水电站在汛期大量水资源没有推动水轮发电机组运转发电就直接排至河道下游，水电站虽然没有达到设计发电量，经济效益受损，但从生态角度出发，系统的可持续能力仍较好。

6.5.2 茉莉滩水电站

湖南省的茉莉滩水电站和贵州省的红岩二级水电站在运行过程中表现出相似的特点，即因河流上游来水不足导致的水电站不能满负载运行，从而出现因过度开发水资源导致下游河道断流的情况，本节主要从年发电量对茉莉滩水电站系统的生态影响进行敏感性分析，重新计算实际发电量下的系统能值指标，并和设计发电量与西藏阿尔丹二级水电站的系统能值指标进行对比，结果如图 6-8 所示。

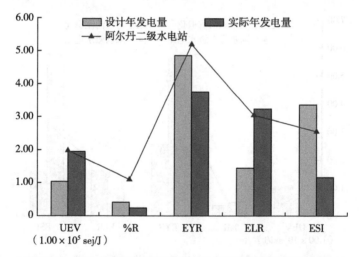

图 6-8　不同发电量情况下茉莉滩水电站系统能值指标变化

在实际发电量情景下，茉莉滩水电站生产水电的能值转换率由 1.03×10^5 sej/J 增至 1.95×10^5 sej/J，系统生产效率大大降低；ELR 则由 1.44 增至 3.23，ESI 由 3.36 降至 1.16，对生态系统的压力明显增大，可持续能力降低，整体来看，比西藏阿尔丹二级水电站的系统表现还要差。

由此可见，与贵州省的红岩二级水电站相比，在不造成河流生态系统退化的前提下，来水不足已经使得茉莉滩水电站的生态影响明显增大，这是因为茉莉滩水电站的水能资源相对较为贫乏，系统本身可持续能力较弱，发电量降低会进一步降低系统的可持续性；而在实际运行过程中，水电站会挤占河流生态需水导致河流生态系统退化，鱼类等水生动物在引水河段和厂房下游无法生存，由此使得茉莉滩水电站的生态影响进一步增大，系统不具有可持续性。

6.5.3　阿尔丹二级水电站

如前所述，影响西藏阿尔丹二级水电站系统可持续能力的主要因素为实际年发电量（即每年满负载运行小时数）和水电站的运行年限，本节主要从这两个方面对阿尔丹二级水电站的生态影响进行敏感性分析。

6.5.3.1　满负载运行小时数

考虑到阿尔丹二级水电站 2013 年实际发电量仅为设计发电量的 24%，折合年满发电小时数为 1 660 h，因此，年发电量对该系统环境表现的影响的敏感性分析，本研究从满负载年运行小时数角度考虑 4 种情景：1 660 h、2 000 h、4 000 h 和 6 000 h，重新计算 4 种情景下水电站系统的能值指标，并与水电站设计运行情况下（6 916 h）的系统能值指标作对比，结果如图 6-9 所示。

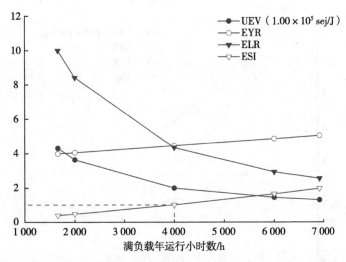

图 6-9　阿尔丹二级水电站在不同满负载年运行小时数下的系统环境表现变化

当阿尔丹二级水电站由设计满负载年运行小时数 6 916 h 减少到 1 660 h 时，系统生产的水电能值转换率由 1.31×10^5 sej/J 增至 4.32×10^5 sej/J，系统生产效率大幅降低；而 ELR 由 2.55 增至 10.0，对生态系统的压力明显增大；系统的 ESI 则由 1.98 降至 0.40，远小于 1，从长久来看是不可持续的，表明小水电系统的环境表现对年发电量变化十分敏感，阿尔丹二级水电站系统在实际运行中不具有可持续能力。从图 6-9 可以看出，要保障阿尔丹二级水电站系统的可持续能力，在运行年限为 25 年的情况下，至少要保证满负载运行 4 000 h，生产约 60% 的设计年发电量。

6.5.3.2　水电站运行年限

一般来说，小型水电站的运行年限可以达到 35～50 年（Adhikary and Kundu，2014），而西藏很多小水电站都面临着提前报废的困境。根据课题组在那曲地区对于当地小水电的深入调研统计，服务于不同区域的小水电运行年限不同，为县城居民供电的小水电站运行年限较长，一般在 15 年左右；而为乡镇居民供电的小水电站由于前期建设、后期运营都存在较大问题，导致运行年限大幅缩短。阿尔丹二级水电站属于为巴青县县城及周围乡镇居民提供生产生活用电的水电站，因此，对于阿尔丹二级水电站的运行年限的敏感性分析情景设置为 3 种情况：10 年、15 年、20 年，重新计算 3 种情景下水电站系统的能值指标，并与设计运行年限情景下（25 年）的能值指标做对比，各指标变化如图 6-10 所示。

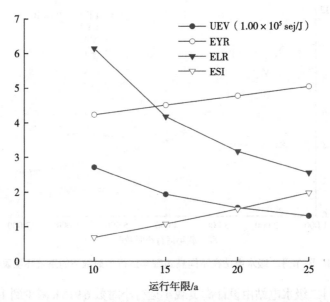

图 6-10　阿尔丹二级水电站系统在不同运行年限下的环境表现变化

当阿尔丹二级水电站的运行年限由 25 年缩短至 10 年时，所生产的水电能值转换率将由 1.31×10^5 sej/J 增至 2.72×10^5 sej/J，系统生产效率也大幅降低；而系统 ESI 指标由 1.98 降至 0.69，小于 1，从长久来看，系统也是不可持续的。由此可见，阿尔丹二级水电站系统的环境表现与其运行年限紧密相关，随着运行年限的缩短，系统可持续能力不断降低。这主要是因为在小水电建设阶段，投入系统中的水工建设材料和机械设备的总量是不变的，而随着运行年限的变化，折算到每年的量会发生变化。水电站运行年限缩短，导致折算到每年投入的水工建筑材料和机械设备等非可再生资源量增大，而每年水电站利用的可再生的河水重力势能不变，因此，系统环境表现变差。从图 6-10 可以看出，要保持系统的可持续能力，在设计发电量情况下，阿尔丹二级水电站至少要运行 15 年。考虑到该水电站的年发电量很难达到设计发电量，因此，需要达到更长的运行年限，以优化小水电的系统环境表现。

6.6　本章小结

本章采用混合 Eco-LCA 模型，分别对贵州省、湖南省和西藏自治区的 3 个装机规模相似、同为引水式开发的小水电建设和运行阶段的生态影响进行了核算与对比分析，研究发现，3 个案例水电站全生命周期中约 80% 的生态影响为对当地生态系统的直接影响，由社会经济资源消耗引起的间接影响仅占 20% 左右，主要区别在于直接影响中消耗的为可再生的河水重力势能还是非可再生的建设石材，由此导致小水电系统环境表现的差异。

从能值指标来看，贵州省的红岩二级水电站系统生产的水电能值转换率为 7.31×10^4 sej/J，生产效率最高、环境表现最优，其次为湖南省的茉莉滩水电站，西藏自治区的阿尔丹二级水电站系统生产的水电能值转换率为 1.31×10^5 sej/J，几乎是红岩二级水电站生产水电的能值转换率的 2 倍，系统生产效率最低、可持续能力最差。3 个水电站同为引水式电站，水工建筑物结构相同，环境表现的差异主要是由于水能资源的丰富程度不同，开发利用单位的河水重力势能，所需投入的资源不同。红岩二级水电站水头高达 498 m，而引用流量较小（2.06 m^3/s），尽管为防止喀斯特地貌造成的流水下渗，需要投入混凝土等来加固引水渠道，但开发单位的河水重力势能，投入的外部资源仍然是最少的；茉莉滩水电站所处的湖南省山区地势平缓，水头仅为 6 m，但引用流量大（42.75 m³/s），所需的外部资源增多，环境表现相对较差；阿尔丹二级水电站位于远离大电网的西藏那曲地区，尽管水能资源相对丰富，但因当地居民用电需求小，水电装机容量小，仍要修筑相当规模的水工建筑物来利用河水重力势能，因而其环境表现在 3 个水电站系统中是最差的，生态影响也是最大的。

从各案例小水电实际运行的生态影响敏感性分析结果来看，水能资源最为丰富的贵州省红岩二级水电站即使达不到设计年发电量，系统的环境表现也要优于其他地区；而一旦水电站过度开发，挤占了下游河道生态需水，导致河流断流，其生态影响就会急剧增大，甚至高于其他地区。水能资源相对贫乏的湖南省茉莉滩水电站，即使不造成河流生态系统退化，上游来水不足已经导致其生态影响明显增大；在实际运行过程中，河流生态系统退化会导致其生态影响进一步增大，系统不具有可持续性。而对于西藏的小水电开发，实际年发电量和水电站的运行年限都会严重影响其系统环境表现，增大对生态环境的压力。

参考文献

国家遥感中心，2012. 全球生态环境遥感监测（陆表水域面积分布状况）2012 年度报告（中文版）[R/OL]. http://www.csi.gov.cn/lbsymjfbzk/index_3.html.

刘军，2004. 长江上游特有鱼类受威胁及优先保护顺序的定量分析 [J]. 中国环境科学，24(4): 395-399.

苏维词，2000. 贵州喀斯特山区生态环境脆弱性及其生态整治 [J]. 中国环境科学，20(6): 547-551.

王欢，韩霜，邓红兵，等，2006. 香溪河河流生态系统服务功能评价 [J]. 生态学报，26(9): 2971-2978.

王强，2011. 山地河流生境对河流生物多样性的影响研究 [D]. 重庆：重庆大学.

肖弟康，温汝俊，吕红，2007. 藏东地区小水电提前报废问题研究 [J]. 中国农村水利水电，12: 91-92.

张慧，2013. 深度调查：云南水电弃水或因难以消纳 [J]. 广西电业，(10): 88-92.

张继业，2007. 四川天全白沙河流域小水电梯级开发的景观影响研究与评价体系构建 [D]. 雅安：四川农业大学.

中华人民共和国国家统计局，2013. 中国统计年鉴2012[M]. 北京：中国统计出版社.

中华人民共和国交通运输部，2013. 中国交通运输统计年鉴2012[M]. 北京：交通运输出版社.

周路，张竹青，李正友，等，2011. 北盘江光照水电站建设前后鱼类资源变化 [J]. 水生态学杂志，32(5): 134-137.

Adhikary P, Kundu S, 2014. Small hydropower project: Standard practices[J]. International Journal of Engineering Science and Advanced Technology, 4(2): 241-247.

Brown M T, Ulgiati S, 1997. Emergy-based indices and ratios to evaluate sustainability: Monitoring economies and technology toward environmentally sound innovation[J]. Ecological Engineering, 9: 51-69.

Brown M T, McClanahan T R, 1996. Emergy analysis perspectives of Thailand and Mekong River dam proposals[J]. Ecological Modelling, 91: 105-130.

Campbell D E, Lu H F, Lin B L, 2014. Emergy evaluations of the global biogeochemical cycles of six biologically active elements and two compounds[J]. Ecological Modelling, 271: 32-51.

Chen G Q, Yang Q, Zhao Y H, 2011. Renewability of wind power in China: A case study of nonrenewable energy cost and greenhouse gas emission by a plant in Guangxi[J]. Renewable and Sustainable Energy Reviews, 15: 2322-2329.

Jin H J, Wei Z, Wang S L, et al., 2008. Assessment of frozen-ground conditions for engineering geology along the Qinghai-Tibet highway and railway, China[J]. Engineering Geology, 101: 96-109.

Liu J E, Zhou H X, Qin P, et al., 2009. Comparisons of ecosystem services among three conversion systems in Yancheng National Nature Reserve[J]. Ecological Engineering, 35: 609-629.

Odum H T, 1996. Environmental Accounting: Emergy and Environmental Decision Making[M]. New York: Wiley.

Pang M Y, Zhang L X, Ulgiati S, et al., 2015. Ecological impacts of small hydropower in China: Insights from an emergy analysis of a case plant[J]. Energy Policy, 76:

112-122.

Raugei S, Bargigli S, Ulgiati S, 2005. Emergy "Yield" Ratio—Problems and Misapplication. In: Brown, M T, Campbell D, Comar V, Huang S L, Rydberg T, Tilley D R, Ulgiati S (Eds.), Emergy Synthesis 3. Theory and Applications of the Emergy Methodology[C]. The Center for Environmental Policy, University of Florida, Gainesville, FL.

Ulgiati S, Brown M T, 2012. Resource quality, technological efficiency and factors of scale within the emergy framework: A response to Macro Raugei[J]. Ecological Modelling, 227: 109-111.

Ulgiati S, Brown M T, 1998. Monitoring patterns of sustainability in natural and man-made ecosystems[J]. Ecological Modelling, 108: 23-36.

Wang Q, Qiu H N, 2009. Situation and outlook of solar energy utilization in Tibet, China[J]. Renewable and Sustainable Energy Reviews, 13: 2181-2186.

Zhang L X, Ulgiati S, Yang Z F, et al., 2011. Emergy evaluation and economic analysis of three wetland fish farming systems in Nansi Lake area, China[J]. Journal of Environmental Management, 92: 683-694.

Zhou S, Zhang X L, Liu J H, 2009. The trend of small hydropower development in China[J]. Renewable Energy, 34: 1078-1083.

第 7 章

不同模式小水电生态影响比较

7.1 引言

如第1章中所述，按照集中水头的方式不同，小水电的开发模式主要可分为筑坝式、引水式和混合式3种，如图7-1所示，然而对于装机容量相似的不同开发模式的小水电，其工程量是不同的，对生态系统造成的影响也就不同。

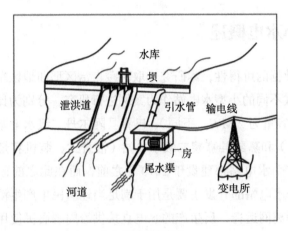

（a）筑坝式小水电

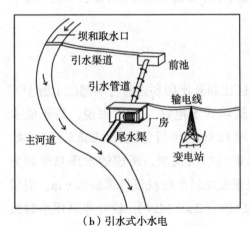

（b）引水式小水电

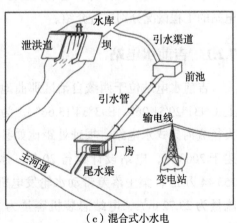

（c）混合式小水电

图7-1 小水电开发模式

一般来说，小水电的开发模式应在前期规划阶段经过严谨的地形地质勘测、工程设计等步骤确定（肖弟康等，2007）。然而根据课题组的调研，有些小水电在前期规划阶段设计粗糙，导致开发模式混乱，这对小水电的可持续发展是十分不利的。综合对比分析不同开发模式的小水电生态影响，可为未来小水电开发过程中模式的选择提供科学定量化的依据，以促进小水电的环境友好型开发。因此，本章将选取典型小水电案例，采用本研究所建立的混合 Eco-LCA 模型分别对同一区域、装机容量相似、不同开发模式的小水电全生命周期生态影响进行核算分析与对比。

7.2　案例小水电概述

根据案例数据的可得性，本研究选取西藏自治区那曲地区东部 3 个装机容量相似、开发模式不同的小型水电站作为案例进行研究，分别为比如县吉前水电站（筑坝式，装机容量为 2 MW，下同）、巴青县阿尔丹二级水电站（引水式，装机容量为 0.8 MW）和嘉黎县嘉黎二级水电站（混合式，装机容量为 1.5 MW）。需要说明的是，3 个水电站都建设于 2010 年之前，而在此之前，那曲地区没有主电网建设，3 个水电站的开发主要是用于满足当地居民生产生活用电需要，因此 3 个水电站均为离网运行，所生产的水电直接供给周围居民使用，而非向电网售电。下面将对比如县吉前水电站、巴青县阿尔丹二级水电站和嘉黎县嘉黎二级水电站的工程概况分别进行介绍。

7.2.1　吉前水电站

吉前水电站位于西藏自治区那曲地区比如县比如乡吉前村的怒江上游干流上（N31°29′51.06″，E93°34′13.66″），为筑坝式水电站，具体来说，属于低水头径流河床式水电站。坝址处距比如县城 12 km，项目总投资 7 208.5 万元，始建于 2003 年，电站设计运行 20 年。水电站拦河筑坝，形成的水库总库容为 153.44 万 m^3，集中落差带动水轮发电机组发电，水轮机设计水头为 9 m，引用流量为 29.72 m^3/s，电站总装机容量为 2 MW（2×1 MW），设计年利用小时数为 6 533 h，设计年发电量为 1 307 万 kW·h，其中电厂自用电为 14 万 kW·h。因此，吉前水电站规划每年可向比如县县城及周围 3 个乡镇的居民供给 1 293 万 kW·h 的电力，以满足其生产生活使用。经调研可知，该水电站的开发任务仅为发电，无航运、供水等其他要求。

7.2.2 阿尔丹二级水电站

阿尔丹二级水电站位于西藏自治区那曲地区巴青县境内怒江上游二级支流——益曲河上（N31°58′15.60″，E94°0′57.60″），为引水式水电站。溢流坝拦截河水，通过 833 m 长的人工引水渠道将水引至前池，集中落差，水流进而通过压力管道带动水轮发电机组发电，尾水通过尾水渠排至河流下游。水电站布置 2 台 0.4 MW 的水轮发电机组，单机引水流量为 4.88 m³/s，总装机为 0.8 MW，设计水头为 10 m，年利用小时数为 6 916 h，年发电量为 553 万 kW·h。在每年生产的水电中，水电站自用电为 5 万 kW·h，548 万 kW·h 的电量直接供给巴青县城及周围乡镇居民，满足其生产生活用电需求。该水电站总投资 3 383.9 万元，开发任务也仅为发电，设计运行 25 年。

7.2.3 嘉黎二级水电站

嘉黎二级水电站位于西藏自治区那曲地区嘉黎县境内雅鲁藏布江北岸中游一级支流易贡藏布江上游的村雄曲河上（N30°41′6″，E93°36′21.60″），为混合式水电站，水电站总投资 4 390.5 万元，始建于 2006 年。水电站通过拦河筑坝，形成 260 万 m³ 的库容，水流通过进水闸进入 110 m 长的引水隧洞到达压力前池，水坝和引水管道共同形成 33.5 m 高的水头，之后水流通过压力管道进入发电厂房带动水轮机和发电机运转发电，水轮机单机引用流量为 1.875 m³/s。电站总装机容量为 1.5 MW（3×0.5 MW），年利用小时数为 4 825 h，年发电量为 724 万 kW·h，其中 717 万 kW·h 可输送至嘉黎县县城及周围乡镇居民使用，其余 7 万 kW·h 为电站自用电。该水电站设计运行 20 年，开发任务也仅为发电。

综述，3 种不同模式的案例小水电站主要工程指标数据如表 7-1 所示。

表 7-1　不同模式的案例小水电站主要工程指标表

项目	吉前水电站	阿尔丹二级水电站	嘉黎二级水电站
开发模式	筑坝式	引水式	混合式
所在区（县）	比如县	巴青县	嘉黎县
水库总库容 / 万 m³	153.44	0	260

续表

项目	吉前水电站	阿尔丹二级水电站	嘉黎二级水电站
引水渠道长度 /m	—	833	110
装机容量 /MW	2	0.8	1.5
设计水头 /m	9	10	33.5
设计引水流量 / (m³/s)	29.72	9.76	5.64
设计年运行小时数 /h	6 533	6 916	4 825
设计年发电量 / (万 kW·h)	1 307	553	724
设计运行年限 / 年	20	25	20

7.3 案例数据介绍

参照第 6 章,本章将从小水电建设和运行两个阶段分别描述 3 个案例小水电的清单数据。相关数据来源同本书 6.3.3 节所述,本节不再赘述。

7.3.1 小水电建设阶段

7.3.1.1 水工建筑物占用土地的清单数据

吉前水电站的库区内无耕地、草场、农舍等分布,不存在淹没问题;该水电站属于筑坝式中的河床式水电站,厂房位于河床上作为挡水建筑物的一部分,因此不占用周边的自然生态系统。

阿尔丹二级水电站不存在淹没问题,根据设计报告书可知,引水渠道、前池、厂房等水工建筑物占地面积共为 3 371.2 m²,主要为草地。

嘉黎二级水电站水库回水只淹没库区内的部分乡道,没有草地等淹没;该水电站的引水渠道为输水隧洞,未占用自然生态系统,前池、厂房、升压站等其他水工建筑物占地面积总计 618.2 m²,原为草地。

7.3.1.2 当地资源消耗的清单数据

小水电站在建设过程中对当地资源的消耗主要指建设石材、沙子等,属于免费的非可再生资源。根据设计报告书可得，建设吉前水电站需要的砂砾石料量约为 5.47 万 m³，阿尔丹二级水电站需要砂砾石料（砼粗细骨料及溢流坝填筑料）1.82 万 m³；而嘉黎二级水电站需要砂料（中、粗砂）8 750 m³、石子 10 368 m³ 及块石 5 779 m³。由此计算可得，吉前水电站、阿尔丹二级水电站和嘉黎二级水电站需要的建设石材量分别为 7.94 万 t、2.64 万 t、3.61 万 t。

7.3.1.3   消耗的社会经济资源清单数据

水电站在建设过程中需要一次性购买大量的水工建筑材料、能源和机械设备等，根据 3 个案例水电站的设计报告书和课题组的实地调研，表 7-2、表 7-3 和表 7-4 分别给出了吉前水电站、阿尔丹二级水电站和嘉黎二级水电站的水工建设材料、机械设备及其运输清单。

表 7-2   吉前水电站水工建设材料和机械设备及其运输清单

项目		投入	单价	总价 / 万元	购买地 [a]	运输距离 /km
水工建筑材料	水泥	10 837 t	0.046 3 万元 /t	501.75	青海格尔木	1 050
	钢筋	1 410 t	0.425 3 万元 /t	599.67	青海格尔木	1 050
	钢材	707.9 t	0.425 3 万元 /t	301.07	青海格尔木	1 050
	木材	687 m³	0.122 1 万元 /m³	180.60	西藏拉萨	541
	炸药	2.1 t	0.837 3 万元 /t	1.79	西藏那曲	215
	柴油	275 t	0.852 0 万元 /t	234.30	西藏那曲	215
机械设备	水轮机	2 台	59.15 万元 / 台	118.30	广东潮州	3 718
	发电机	2 台	44.95 万元 / 台	99.89	广东潮州	3 718
	励磁机	2 台	8.28 万元 / 台	16.56	广东潮州	3 718
	调速器	2 台	15.78 万元 / 台	31.55	广东潮州	3 718
	起重机	1 台	26.81 万元 / 台	26.81	广东潮州	3 718
	主变压器	3 台	—	27.65	广东潮州	3 718
	高压开关柜	9 面	—	59.94	广东潮州	3 718
	平板闸门	266 t	1.22 万元 /t	323.47	湖南长沙	3 756
	埋件	100 t	1.10 万元 /t	110.54	湖南长沙	3 756
	卷扬机	8 台	—	321.02	湖南长沙	3 756

续表

	项目	投入	单价	总价/万元	购买地[a]	运输距离/km
机械设备	拦污栅	12 t	1.05 万元/t	12.62	湖南长沙	3 756
	建设服务	—		887.84	—	
运输阶段	柴油	711.22 t	0.852 0 万元/t	605.96	—	

注：[a] 所有水工建筑材料和机械设备均通过公路运输至水电站厂址。

表 7-3　阿尔丹二级水电站水工建设材料和机械设备及其运输清单

	项目	投入	单价	总价/万元	购买地[a]	运输距离/km
水工建筑材料	水泥	3 839 t	0.046 3 万元/t	134.87	西藏拉萨	600
	钢材	443 t	0.425 3 万元/t	155.23	西藏拉萨	600
	木材	180 m³	0.122 1 万元/m³	0.73	西藏那曲	254
	炸药	1.03 t	0.837 3 万元/t	13.06	西藏那曲	254
	柴油	275 t	0.852 0 万元/t	152.51	西藏那曲	254
机械设备	水轮机	2 台	26.50 万元/台	53.00	四川金堂	2 281
	发电机	2 台	21.77 万元/台	43.53	四川金堂	2 281
	励磁机	2 台	2.73 万元/台	5.47	四川金堂	2 281
	调速器	2 台	6.57 万元/台	13.14	四川金堂	2 281
	起重机	1 台	5.52 万元/台	5.52	四川金堂	2 281
	变压器	3 台	—	11.83	四川金堂	2 281
	高压开关柜	11 面	—	71.24	四川金堂	2 281
	平板闸门	45 t	1.12 万元/t	50.28	四川金堂	2 281
	启闭机	1 台	1.01 万元/台	1.01	四川金堂	2 281
	压力钢管	21.31 t	1.12 万元/t	23.81	四川金堂	2 281
	建设服务	—	—	837.02	—	
运输阶段	柴油	118.67 t	0.852 0 万元/t	101.11	—	

注：[a] 所有水工建筑材料通过公路运输至水电站；机械设备先经火车运输至青海格尔木（1 848 km），再经公路由格尔木运输至水电站。

表 7-4　嘉黎二级水电站水工建设材料和机械设备及其运输清单

项目		投入	单价	总价 / 万元	购买地 [a]	运输距离 /km
水工建筑材料	水泥	2 913 t	0.046 3 万元 /t	134.87	青海格尔木	1 036
	钢材	365 t	0.425 3 万元 /t	155.23	青海格尔木	1 036
	木材	6 m³	0.122 1 万元 /m³	0.73	青海格尔木	1 036
	炸药	15.6 t	0.837 3 万元 /t	13.06	青海格尔木	1 036
	柴油	179 t	0.852 0 万元 /t	152.51	青海格尔木	1 036
机械设备	水轮机	3 台	29.75 万元 / 台	89.26	浙江临海	4 266
	发电机	3 台	24.44 万元 / 台	73.32	浙江临海	4 266
	励磁机	3 台	3.07 万元 / 台	9.21	浙江临海	4 266
	调速器	3 台	4.25 万元 / 台	12.75	浙江临海	4 266
	起重机	1 台	10.83 万元 / 台	10.83	浙江临海	4 266
	变压器	1 台	14.87 万元 / 台	14.87	浙江临海	4 266
	高压开关柜	6 面	—	26.82	浙江临海	4 266
	平板闸门	14.63 t	1.12 万元 /t	16.39	浙江临海	4 266
	启闭机	4 台		24.69	浙江临海	4 266
	建设服务	—	—	1 063.07	—	—
运输阶段	柴油	219.96 t	0.852 0 万元 /t	187.41		

注：[a] 所有水工建筑材料和机械设备均通过公路运输至水电站厂址。

7.3.2　小水电运行阶段

7.3.2.1　本地资源消耗的清单数据

在小水电的运行阶段，驱动水轮机运转的河水重力势能是小水电生态经济系统投入的唯一本地可再生资源，而河水重力势能是由水头、水轮机的引水流量和年利用小时数共同决定的，本研究中 3 个案例水电站的各项相关数据见表 7-1。由此计算可得，每年投入吉前水电站、阿尔丹二级水电站和嘉黎二级水电系统的河水重力势能分别为 6.16×10^{13} J、2.38×10^{13} J 和 3.21×10^{13} J。

7.3.2.2　消耗的社会经济资源的清单数据

根据课题组的实地调研可知，吉前水电站、阿尔丹二级水电站和嘉黎二级水电站在运行过程中每年消耗的社会经济资源如表 7-5 所示。

表 7-5　3 个案例水电站运行过程中每年消耗的社会经济资源

项目	吉前水电站	阿尔丹二级水电站	嘉黎二级水电站
润滑油 /kg[a]	1 530	425	187
运维费用 / 万元	76.41	2.49	46.45

注：[a] 润滑油 2012 年生产者价格为 15.37 元 /kg。

7.3.2.3　对河流生态系统的干扰的清单数据

那曲地区位于青藏高原腹地，是多条亚洲主要河流的发源地，包括长江、怒江（出境后称为"萨尔温江"）、澜沧江（出境后称为"湄公河"）等，是一个水资源极其丰富的地方（Gao et al.，2009）；而本研究中的 3 个案例水电站均为离网运行的小水电，装机容量非常小，发电所需的河水流量小，因此，各水电站在运行过程中只将所在河流的一小部分水流引至发电厂房推动水轮发电机组发电，不会挤占河流的生态需水。

在河流生态需水得到保障的前提下，小水电运行不会对河流生态系统维持生物多样性、调节气候等主要服务功能造成影响；但是，筑坝式和混合式的水电站拦河筑坝，形成水库，会导致泥沙在水库中淤积，影响河流的正常输沙功能。泥沙中含有大量的有机质，原本可以随河水迁移到下游，在冲积平原和河口生态系统中分解，为其提供营养物质；而修建拦水坝之后，泥沙淤积在水库中，不能为河流下游提供营养物质，可以作为小水电生态经济系统的运行成本（Brown and McClanahan，1996）。引水式水电站由于只有溢流坝，没有形成规模的水库，不会造成泥沙的淤积。因此，本研究主要考虑吉前水电站和嘉黎二级水电站在运行过程中的泥沙淤积。根据设计报告书可知，吉前水电站和嘉黎二级水电站的年淤沙库容分别为 2.52 万 m^3 和 3.07 万 m^3，这些泥沙中所含有机质的能量分别为 2.28×10^{14} J 和 2.78×10^{14} J。

综合以上分析，根据 Odum（1996）设计的能量语言，绘制了不同开发模式的小水电生态经济系统的物质能量流动图，如图 7-2 所示，图中包含了不同开发模式的小水电生态经济系统中各自的自然资源和经济输入主要成分以及系统组分之间的主要结构。

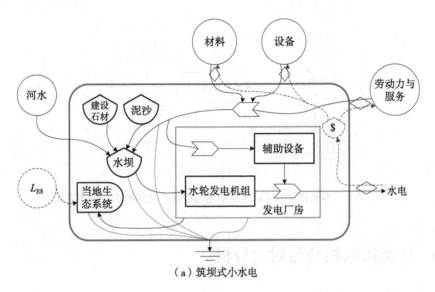

（a）筑坝式小水电

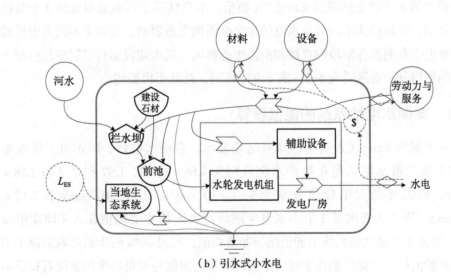

（b）引水式小水电

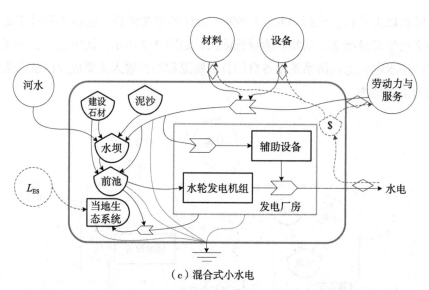

（c）混合式小水电

图 7-2　不同开发模式的小水电生态经济系统的物质能量流动图

7.4　生态影响核算与对比分析

根据第 5 章建立的混合 Eco-LCA 模型，本章核算了西藏那曲地区 3 个装机容量相似、开发模式不同的小水电的全生命周期生态影响，反映了不同开发模式的小水电生命周期各阶段的直接和间接生态影响，工程建设运行过程中相应投入项目的部门分类对照同表 6-8、表 6-9 中所列，此处不再赘述。

7.4.1　案例水电站系统的能值核算

基于混合 Eco-LCA 模型的核算结果显示，吉前水电站、阿尔丹二级水电站和嘉黎二级水电站每年生产水电分别为 4.66×10^{13} J、1.97×10^{13} J 和 2.58×10^{13} J，而需要的太阳能值分别为 9.63×10^{18} sej/a、2.59×10^{18} sej/a 和 5.12×10^{18} sej/a。图 7-3 给出了 3 个小水电生态经济系统的主要能值输入（即能值结构），可见 3 个水电站系统的能值结构非常相似，超过 80% 的生态影响来源于本地资源的消耗，主要区别在于可再生的河水重力势能与非可再生的建设石材等本地资源的比例不同。

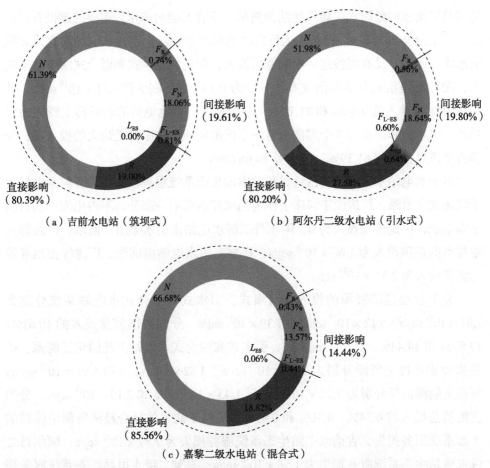

图7-3　不同开发模式的案例小水电生态经济系统能值结构

　　根据本研究的划分，本地免费可再生资源指运行期间从河流上游来的驱动水轮机运转的河水重力势能，通过表7-1中3个水电站的水头、水轮机引水流量和年利用小时数等数据可以计算得出，吉前水电站、阿尔丹二级水电站和嘉黎二级水电站发电利用的河水重力势能分别为 1.85×10^{18} sej/a、7.13×10^{17} sej/a 和 9.63×10^{17} sej/a，分别占各自系统能值总投入的 19.00%、27.58% 和 18.82%。

　　本地免费非可再生资源投入主要包括水电站建设期间用于水工建筑物的建设石材和运行期间淤积在水库中的泥沙。首先对于建设石材的使用，筑坝式的吉前水电站因为复杂的水工建筑尤其是大坝的修建，需要的能值投入最大，为 5.05×10^{18} sej/a；混合式的嘉黎二级水电站次之，为 2.30×10^{18} sej/a；引水式的阿尔丹二级水电站因水工建筑物结构简单、没有大坝的修建，需要的建设石材最少，为 1.34×10^{18} sej/a。而对于运行期间的泥沙淤积，引水式水电站没有成规模的水库，因此，没有泥沙这一项的能值投入；但是在筑坝式和混合式水电站系统中，泥沙都是很重要的能值成本，分别为 9.13×10^{17} sej/a 和 1.11×10^{18} sej/a，分别占总能值输入的 9.40% 和 21.72%。总体来说，本地免费的非可再生资源在筑坝式、引水式和混合式 3 个案例水电站系统的能值结构中都是最大的投入项，分别占能值总投入的 61.39%、51.98% 和 66.68%。

对于水电站水工建筑物占地导致的本地生态系统服务损失项，吉前水电站属于河床式水电站，厂房位于河床上作为挡水建筑物的一部分，不占用周边的自然生态系统，因此该项投入为 0；阿尔丹二级水电站由引水渠道、前池、厂房等占地导致的该项投入为 1.66×10^{16} sej/a；嘉黎二级水电站由前池、厂房等占地导致的该项投入为 2.51×10^{15} sej/a。

关于社会经济资源的投入，筑坝式、引水式和混合式水电站系统分别为 1.81×10^{18} sej/a、5.12×10^{17} sej/a 和 7.39×10^{17} sej/a，分别占能值总投入的 19.61%、19.80% 和 14.44%。其中，筑坝式、引水式和混合式水电站消耗的化石能源、矿物质等非可再生资源分别为 1.76×10^{18} sej/a、4.82×10^{17} sej/a 和 6.95×10^{17} sej/a；可再生能源消耗分别为 7.22×10^{16} sej/a、1.45×10^{16} sej/a 和 2.19×10^{16} sej/a，分别占能值总投入的 0.74%、0.56% 和 0.43%；而对于购入的社会经济资源中体现的生态系统服务损失，吉前水电站生态系统服务损失为 7.87×10^{16} sej/a；阿尔丹二级水电站生态系统服务损失为 1.56×10^{16} sej/a；嘉黎二级水电站生态系统服务损失为 2.27×10^{16} sej/a。

将购入的社会经济资源进一步细分，每个案例水电站的水工建筑物都需要大量的水泥、钢铁等水工建筑材料的投入，以制作混凝土、钢筋混凝土等，尤其是在筑坝式水电站中。此外，在高海拔、工作环境较为恶劣的西藏，人工等建设服务也是相当重要的投入；由于自治区内部工业化水平不高，小水电机械设备、水工建筑材料都需要从东部省区或拉萨、青海格尔木购买，长距离的运输使运输柴油消耗在 3 个水电站中成为重要投入，占能值总投入的 1.67%~3.33%。

7.4.2 能值指标对比分析

由以上案例系统的能值流动可以计算得到吉前水电站、阿尔丹二级水电站和嘉黎二级水电站系统的能值指标，本节仍选取包括水电能值转换率、可再生比例（%R）、能值产出率（EYR）、环境负载率（ELR）和能值可持续指标（ESI）等指标，以对3个不同开发模式的水电站系统的生态影响和环境表现进行更深入的分析与对比，如图7-4所示。

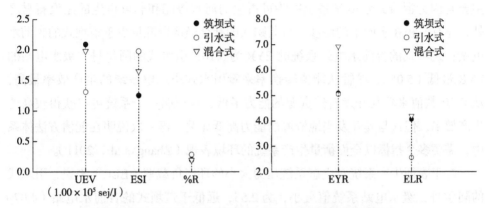

图7-4　3个不同模式的案例小水电系统能值指标对比

在3个不同模式的案例水电站中，引水式的阿尔丹二级水电站系统生产的水电能值转化率最低（1.31×10^5 sej/J），而筑坝式的吉前水电站和混合式的嘉黎二级水电站生产的水电能值转换率分别为1.98×10^5 sej/J 和 2.09×10^5 sej/J，表明引水式水电站系统转化河水重力势能生产水电的效率要比筑坝式和混合式水电站的高（Zhang et al.，2011；Odum，1996）。尽管阿尔丹二级水电站的水轮发电机组效率（83.64%）略高于吉前水电站和嘉黎二级水电站的水轮发电机组效率（分别为76.30% 和 81.01%），但3个水电站系统生产效率出现差异的主要原因在于水工建筑物的差别，引水式水电站水工建筑结构简单，尤其是没有大坝的修建，所需投入的非可再生资源少；相较之下，筑坝式水电站和混合式水电站中成规模的大坝修建需要大量来自当地免费的建设石材和来自社会经济体的水泥等资源。此外，由于引水式水电站中没有成规模的水库，也就不会有大量的泥沙淤积，这在其他两种模式的水电站系统中也都是一个重要的能值成本，大幅降低了筑坝式和混合式小水电系统的转化效率。

对于可再生比例，引水式的阿尔丹二级水电站系统的%R值最高，为28.14%，远高于筑坝式的吉前水电站（19.74%）和混合式的嘉黎二级水电站（19.25%），这主要是因为引水式水电站结构相对简单，对非可再生资源的需求较低，系统中可再生的河水重力势能所占比例较高；而相较引水式水电站，筑坝式和混合式水电站系统更多地依赖建设石材、水泥等非可再生资源的投入，长久来看，其可持续能力要低于引水式水电站系统（Zhang et al.，2013）。

3 个小水电系统中，混合式的嘉黎二级水电站的能值产出率最高（6.92），这主要是因为混合式水电站系统中除可再生的河水势能和非可再生的建设石材之外，还有淤积在水库中的泥沙，且其购入的社会经济资源量少于筑坝式的吉前水电站；筑坝式的吉前水电站系统的 EYR 为 5.10，引水式的阿尔丹二级水电站的 EYR 最低（5.05）。尽管从能值转换率来看引水式小水电系统的生产效率最高，从 EYR 数值来看其开发自然资源的能力最低，这说明一个系统可以获得较高的生产效率，但这与其开发当地资源的能力高低无关，再一次说明在能值方法体系中，需要多个指标以全面衡量生产系统的环境表现（Zhang et al.，2011）。

对于表征生产系统对生态系统压力大小的环境负载率（ELR）来说，引水式的阿尔丹二级水电站系统值最小，为 2.55，远低于筑坝式的吉前水电站（4.07）和混合式的嘉黎二级水电站（4.19），这说明引水式小水电的建设运行对生态系统产生的压力最小（Chen et al.，2006），这主要是因为引水式小水电系统中可再生的河水重力势能所占比例较大，而对非可再生资源的依赖程度较低，从而使得引水式的小水电在建设运行过程中对生态系统产生的压力最小；而筑坝式和混合式水电站中非可再生资源的投入大幅增多，对生态系统的压力随之增大。

综合各案例系统的能值产出率和环境负载率，可以得到表征不同模式的案例小水电系统的可持续能力的能值可持续指标（ESI）（Ulgiati and Brown，1998）。其中，引水式的阿尔丹二级水电站系统的 ESI 值最高，为 1.98，表明该系统的可持续能力最强；而筑坝式的吉前水电站系统的 ESI 值为 1.25，呈现弱可持续性；混合式的嘉黎二级水电站系统的 ESI 值为 1.65，可持续能力介于引水式和筑坝式两者之间。

综合以上能值指标对比，在 3 种开发模式的案例小水电站中，引水式的阿尔丹二级水电站环境表现最好，对生态系统的影响最小，其次为混合式的嘉黎二级水电站，筑坝式的吉前水电站可持续能力最差。3 个水电站均位于水资源丰富的那曲地区，装机容量相似，环境表现的差异主要源于开发模式的不同，水工建筑结构不同，从而导致开发利用单位的河水重力势能，所需投入的非可再生资源量不同。引水式小水电开发利用可再生的河水重力势能生产水电，水工建筑物结构最为简单，没有大规模的水坝修筑，所需的非可再生资源投入最少，也没有泥沙淤积等问题，因而系统可持续能力最强；此外，值得注意的是，本研究中的引水式案例小水电的累积水头仅为 10 m，甚至比案例混合式水电站的水头还要低，几乎没有显示出引水式小水电的优势，如果累积的水头更高，其环境表现会得到进一步优化。混合式小水电兼具筑坝式和引水式小水电的工程特点，水工建筑物规模介于两者之间，因而环境表现也介于引水式和筑坝式两者之间；筑坝式水电站的水工建筑物最为复杂，对建设石材、水工建筑材料和机械设备等需求都是最大的，因而其可持续能力最差。

7.5　不同维度下小水电相对适宜的开发条件探讨

综合第 6 章与本章对不同地区、不同模式及不同水资源利用程度的小水电生态影响核算与分析，各系统的 ESI 指标如图 7-5 所示，相关数据对比可以看出：

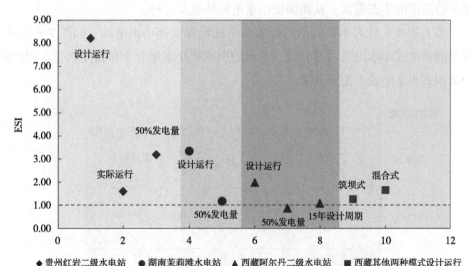

图 7-5　不同维度下案例小水电系统 ESI 指标对比

（1）从开发模式来讲，在同一地区、装机容量相似的 3 种模式中，引水式水电站因水工建筑物结构简单、无水库泥沙淤积等系统环境表现最好，其次为混合式水电站，筑坝式水电站对生态系统的影响最大。可以看出，在不同开发模式下，引水式是相对最为适宜的开发模式。

（2）从开发地区来讲，在开发模式相同、装机容量相似的前提下，水能资源最为丰富的贵州水电站系统环境表现最好；其次为湖南水电站，由于所在山区地势平缓，所需的外部资源增多，环境表现相对变差；西藏尽管水能资源十分丰富，由于当地居民用电需求小，水电装机容量小，但仍要修筑相当规模的水工建筑物利用河水重力势能，因而环境表现在 3 个水电站系统中是最差的。此外，西藏 3 个案例的水电站的 ESI 值都要低于其他省份，印证了在西藏开发小水电，无论采取何种开发模式，都会对生态系统产生较大干扰，尤其是在实际运行中，该地区小水电环境表现进一步变差。可以看出，在本研究中，贵州是相对最为适宜的开发地区，湖南次之，西藏则是相对最不适宜的开发地区。

（3）从水资源利用程度来讲，水能资源丰富的贵州小水电即使达不到设计发电量，系统的环境表现也要优于其他地区；而一旦过度开发，挤占了河流生态需水，导致河流断流，其生态影响就会急剧增大，甚至高于其他地区。可以看出，保障下游河道生态需水就是相对适宜的水资源利用程度。因此，需要采取措施保障下游河道的生态需水，从而保证小水电的环境友好性。

综上所述，针对本研究所选择的案例区域和案例小水电站，如图 7-6 所示，贵州的引水式小水电最适宜开发，西藏的引水式小水电处于可接受水平，而西藏的筑坝式小水电最不适宜开发。

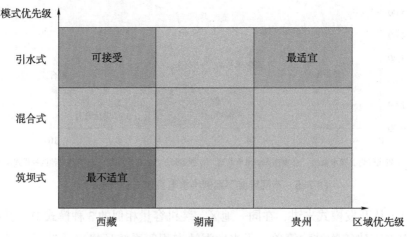

图 7-6　不同维度下小水电开发的优先级选择

7.6 我国未来小水电的适应性管理建议

7.6.1 我国未来新建小水电模式的选择

通过本章核算结果可以看出，在我国未来各地区小水电开发模式的选择中，若该地区的地质、地形等自然环境可以满足 3 种模式的开发条件，应尽量选择工程结构简单、对非可再生资源依赖较小的引水式小水电。此外，通过本章所选的阿尔丹二级水电站案例系统的能值结构可以看出，非可再生资源所占比例仍较大，尤其是建设阶段中非可再生资源的投入较大，这意味着进一步优化小水电水工建筑结构的重要性。即使在引水式小水电开发的建设和运行阶段，也有一些需要优化的地方，如可以利用当地自然的地形结构作为引水渠道，以减少水工建设材料的消耗（Yi et al.，2010）；也可以通过技术创新开发集成式的水轮发电机组，通过减少设备生产过程中的材料消耗，或使用环境友好的材料，进一步优化引水式小水电系统的环境表现（Zhang et al.，2007）。总之，无论是哪种小水电开发模式，在建设和运行过程中，都要尽量减少非可再生资源的消耗来开发可再生的河水重力势能，以减少对当地生态环境的扰动及对其他区域生态系统的间接影响，增强小水电的环境友好性。

同时需要指出的是，本章所选的 3 个小水电案例都是位于水资源极其丰富的西藏自治区那曲地区，水电站在运行期间只引用小部分的河水流量，不会挤占下游河流生态需水、造成河流生态系统退化；但在中东部省区，在缺乏有效监督的情况下，几乎所有小水电站都会挤占河流生态需水以追求经济利益的最大化。在这种情况下，如果引水式和混合式水电站将全部水流引至厂房发电，就会导致原河道很长距离的脱水、断流，其生态影响甚至可能会大于没有人工引水渠道的筑坝式水电站。因此，对于引水式和混合式水电站，更要加强运行期间的监督和检查，确保水电站对下游河流生态需水的有序下泄，防止原河道减脱水，以维护河流生态系统健康。

7.6.2 我国未来不同地区小水电开发建议

7.6.2.1 未来小水电优先开发区域

在不同地区的小水电开发中，水能资源丰富程度是影响小水电环境表现的关键因素，水能资源较为丰富，开发小水电所需投入的非可再生资源少，对生态系统造成的压力相对较小；水能资源较为贫乏，需要的非可再生资源投入多，系统可持续能力差。因此，在我国未来小水电开发过程中，应优先开发水能资源较为丰富的地区，如四川、云南、贵州等省份，这些地区山势陡峭，水头容易累积，且水资源较为丰富，单位装机投资小，适合开发小水电。而对于水能资源相对较为贫乏的地区，如湖南等地，应规划先行、防止小水电项目盲目"上马"，避免对当地生态系统产生严重干扰。

尽管西藏水资源十分丰富，小水电技术可开发资源量在我国各省之中排第三位（Cheng et al.，2015），目前我国未开发的小水电资源也主要集中于西藏，但是研究结果显示，在西藏开发小水电，无论选择哪种模式，都会对当地脆弱的生态环境造成较为严重的影响。考虑到西藏作为我国生态安全的重要屏障，西藏小水电的开发应采取保守策略，在满足当地居民用电需求的情况下，尽量减少小水电开发对当地生态环境的影响。

西藏地广人稀，在仅有几百人居住的偏远乡镇村落，通过一味地延伸主电网为居民提供电力是不切实际的，在主电网不能覆盖的地区，应该因地制宜、合理适度开发小水电，尤其是小小型（100 kW＜装机容量＜2 MW）或微型（装机容量＜100 kW）水电站的建设（Liu et al.，2013），以满足当地居民的用电需求。除此之外，在主电网覆盖的区域，应尽量减少小水电的开发，以保护当地脆弱的生态环境。西藏自治区内主电网的不断建设，使得开发更多小水电以促进当地经济发展成为可能，尤其是在水资源丰富且易于接入电网的地区。换句话说，小水电在西藏自治区的开发角色可能会发生变化，不仅是为了满足当地缺电地区的居民用电需求，而且可能成为当地用来发展经济甚至实现节能减排的重要资源。但从课题组的调研和本研究的核算结果来看，西藏小水电的开发会对当地生态系统造成严重干扰。因此，在主电网覆盖的范围内，应尽量减少装机容量小的水电站（如小于 10 MW）的建设。

7.6.2.2　不同省份新建小水电的相关建议

根据课题组在各省份的实地调研及本研究的核算结果，得出不同省份小水电建设的规划应在以下几个方面加强：

（1）在贵州、四川等地区，在规划阶段确定小水电的装机规模时，应系统评

估水电资源，充分考虑居民用水、农业用水、工业用水等各种不确定因素，并且
预留出充足的河流生态用水，在此基础上确定合适的装机容量以保证小水电系统
的稳定运行及河流生态系统健康。如果水电站规模小于可利用水量，会造成部分
水能资源的浪费；如果水电站规模超过了可利用水量，会因缺水造成设备闲置，
而在我国目前监督缺失的情况下，极易造成水资源的过度开发，挤占下游河道生
态需水，从而对河流生态系统造成严重影响。因此，对于特定的河流，进行适度
规模的水电开发，确保水电站的生态效益和经济效益达到最佳至关重要。而对于
四川、云南等省份，要提高小水电的可持续能力，或通过加强电网建设，增强电
网对小水电的消纳能力；或根据电网建设，规划新建小水电，以减少小水电窝电
弃水现象的发生。

（2）在西藏，在小水电工程规划阶段，首先要充分调查当地居民的用电需
求，确定合适的小水电装机容量。当地水电站为离网运行。如果装机容量过大，
一方面会导致机械设备长期闲置，造成社会经济资源的浪费；另一方面，如果居
民用电负荷过小，达不到水轮发电机组的保证出力，设备亦不能运转发电，不能
为当地居民提供电力。如果装机容量过小，随着当地人口增加、人们生活水平的
提高，小水电很快不能满足当地居民快速增长的用电需求，届时对旧的水电站进
行扩容改造或新建小水电都会对当地生态环境造成新的干扰，从经济角度考虑也
不划算。因此，要科学合理地确定小水电规模，以环境友好的方式更好地满足当
地居民的用电需求。

此外，要做好充分的项目前期勘测工作，运用科学的手段确定合理的小水电
开发位置与开发模式等；在建设阶段，要保证水电站的施工质量及安装的机械设
备质量。这些都需要充足的建设资金支撑，尤其是对于水电工程建设成本较高但
经济发展水平又相对落后的西藏而言（杨铭钦和王崇礼，2008）。由课题组调研
得知，在西藏，小水电的建设资金主要来源于中央财政分配，但中央的财政转移
金额相对保守，同时需要当地政府给予一定的配套资金。如果当地政府无力支付
相应资金，在小水电"上马"过程中，就无法进行充分的前期调研，使得电站因
设计不合理以及施工质量低下而存在先天隐患；也不能购买先进的机械设备，在
调研过程中发现很多设备是东部小水电站淘汰的产品，这都会对建成之后小水电
的正常运行造成潜在的威胁。因此，应保障西藏小水电充足的建设资金，除了中
央财政转移支付，也可以鼓励企业投资小水电建设，有了充足的资金，小水电的

设计可以经过严谨的勘探规划与可行性分析，以确定合适的地理位置与装机规模；高水平的施工队伍以及先进的机械设备也可以保证水电站的工程质量。确定合适的开发规模和开发模式，以安全、可持续的方式开发小水电，对于保护西藏脆弱的生态系统尤其重要。

7.6.2.3 不同省份已建小水电运行管理相关建议

根据课题组在各省份的实地调研及本研究的核算结果，得出不同省份对已建小水电的运行阶段应在以下几个方面加强，以优化小水电的环境表现：

（1）在贵州、湖南等地区，相关部门要采取有效措施加强对小水电利用水资源的监督和检查，保证小水电站下泄充足的生态流量，防止其为追求经济利益过度开发水资源，以维护河流生态健康。例如，相关政府部门可以确认管辖范围内每条河流的生态需水量，督促各个小水电站安装在线运行监测系统，以便实时检查各小水电站是否下泄了生态需水，尤其是在枯水期，或者由于干旱或其他原因，在上游来水急剧减少、使得水电站发电效益和生态需水之间的矛盾变得尖锐时，发电也应让步于河流的生态需水。此外，考虑到很多小水电站位于非常偏僻的山区，没有在线监测系统，政府部门难以做到实时监督，在这种情况下，可以鼓励当地民众参与监督。最有效的途径为有关小水电开发水资源的相关法律的颁布，可以为政府监督提供法律保障。如果下泄河流生态需水成为对小水电的法律要求，小水电为追求发电效益导致河流断流的现象可以大幅避免。政府部门可以对那些不下泄生态需水的小水电实施严厉的经济惩罚，如处以罚金或停止水电上网，只有采取严厉的监督和惩罚措施，才能够防止小水电占用河流生态需水。但同时，考虑到小水电作为企业，要保障其经济效益，相关部门可以考虑适当制定生态电价，当小水电站为下泄河流生态需水而减少发电效益时，可以适当提高小水电的上网电价，保障水电站的经济利益，从而更好地维护河流生态系统健康。

（2）在西藏，首先要提高小水电的精细化管理，做好机械设备的日常维护，保障小水电站正常的运行年限，对于离网运行的小水电，当地居民实时电力负荷的剧烈波动会对机械设备造成损害，在这种情况下，电厂的精细化管理尤为重要，如准确预测居民的用电负荷，灵活开关机组以满足不同负荷的要求，并且在适当的间隔对机械设备进行去污清洗、紧固螺栓和螺母等常规维护、对水工建筑物进行检查维修（Paish，2002），对于减少电厂停运、保证小水电的正常运行年限非常必要。事实上，不只是西藏，其他如贵州、湖南等省份有些小水电运行阶段的管理也是相对粗放的。要改善小水电的运行现状，做到精细化管理，首先要培养一批专业的小水电管理人才。我国很多小水电站都面临着专业管理人才匮乏的局面，这是因为小水电站大多处于偏远山区，交通不便，很难有专业人才自发留在偏远地区管理小水电，多数水电站只能以低价雇用当地农牧民进行日常看管。但受知识水平限制，这些农牧民只能机械地记住简单的开关按钮等操作，而对于日常机械设备、水工建筑物的维护等则难以完成，这种极其粗放的管理模式使得小水电站时常出现故障。一旦设备发生故障，员工无法对其进行维修，水电站只能停运，等待外面的专业维修人员来进行维修，或者将机械设备送至区外去维修，长距离的运输使得水电站在很长时间内无法运行，由此导致大量水资源没有推动水轮发电机组发电就直接排向河道下游，这也是西藏小水电年发电量偏低的主要原因之一。因此，我国亟须对这些小水电的管理人员进行培训，加强其专业技能，以提高小水电的管理水平。

（3）西藏自治区内主电网的不断建设延伸不仅会对其未来小水电的开发产生影响，而且对已经建成的小水电也产生了很大影响。根据课题组在那曲地区的深入调研发现，很多当地小水电站在被主电网覆盖之后，都会直接废弃，造成了社会经济资源的极大浪费。为了减少社会资源的浪费，本研究建议根据我们的核算结果，将西藏自治区内已建成的小水电站分为如下两种情形进行管理：

对于人口相对集中的区域，如县城及其周边乡镇，在不久的将来可以被主电网覆盖。如此一来，这些区域的居民可以直接通过电网取电，因此，周围的小水电站对当地居民的日常生活来说不再是不可或缺的。我们建议这些小水电站根据各自整体的环境表现进行不同的转型。对于环境表现较好的小水电，如巴青县的阿尔丹二级水电站，可以接入电网继续运行，向电网售电。水电站接入电网之后，可以使得机械设备满负载运行，年发电量将大幅提高，小水电系统环境表现得到进一步优化；但接入电网之后，这些水电站的发电量不再受用户端需求的限制，此时更要加强运行期间对水电站的监管，防止过度利用水资源，为追求经济利益挤占下游河流生态需水，导致下游河流生态系统严重退化（Pang et al.，2015；Hennig et al.，2013）。西藏生态系统极其脆弱，一旦发生严重的退化，则需要很长时间的恢复，甚至难以恢复（Jin et al.，2008）。而对于那些对生态系统产生严重干扰的小水电，例如吉前水电站，水库泥沙淤积较为严重，在这种情况下，为维护流域生态系统的健康，废弃是一个较好的选择。

对于主电网不能覆盖的地区，对当地居民来说，小水电依然是必不可少的社会服务。因此，这些地区的小水电站应当继续运行，因为要建造新的小水电或者寻找其他替代途径（如光伏、风电等）从环境角度或经济角度都不划算。但是应该加强对这些小水电的管理运行，以优化其环境表现，例如，可以更换先进的可以更好地适应离网运行环境的机电设备，以提高其运行稳定性，更好地发挥小水电的作用，为当地居民提供电力，从而提高当地居民的生活水平。

7.7　本章小结

本章采用混合 Eco-LCA 模型，分别对西藏自治区那曲地区的 3 个装机容量相似但开发模式不同的小水电全生命周期的生态影响进行了分析。3 个水电站都位于水资源丰富的那曲东部地区，系统生态影响的差异主要源于开发模式的不同及水工建筑结构的不同，从而导致开发利用单位的河水重力势能，所需投入的资源不同。

研究结果表明，引水式的水电站的水工建筑物结构最为简单，没有大规模的水坝修筑，开发利用单位可再生的河水重力势能生产水电，所需的非可再生资源投入最少，也没有泥沙淤积等问题，因而系统生产效率最高（水电能值转换率为 1.31×10^5 sej/J）、生态影响最小、可持续能力最强；其次为混合式水电站，筑坝式水电站因工程结构复杂、非可再生资源投入较多等导致系统生产效率最差（水电能值转换率为 2.06×10^5 sej/J）、可持续能力最差。因此，对于我国未来待开发的小水电，若地质、地形等自然条件使 3 种模式都可以开发，应尽量选择工程结构简单、对非可再生资源依赖较小的引水式开发模式。同时要进一步加强引水式小水电的系统优化设计，采用环境友好的工程设计和建筑材料，以优化小水电的生态影响。

本章结合第 6 章对不同区域小水电生态影响的核算，探讨了不同地区不同模式小水电开发的相对适宜条件，得出在不同开发模式下，引水式是相对最为适宜的开发模式；在不同区域，贵州是相对最为适宜的开发地区，而西藏是相对最不适宜的开发地区；而在不同水资源利用程度下，保障下游河道生态需水是贵州等地小水电开发相对适宜的水资源利用程度。最后，根据不同的分析结果，提出了我国未来小水电开发在优先模式、优先区域及规划、运行管理方面的相应建议，以提高小水电的环境友好性。

参考文献

蓝颖春, 2015. "藏电外送"大幕开启 [J]. 地球, 4: 16.

肖弟康, 温汝俊, 吕红, 2007. 藏东地区小水电提前报废问题研究 [J]. 中国农村水利水电, 12: 91-92.

杨铭钦, 王崇礼, 2008. 西藏地理气候特殊性对水电工程造价的影响 [J]. 水力发电, 34(6): 95-97.

Brown M T, McClanahan T R, 1996. Emergy analysis perspectives of Thailand and Mekong River dam proposals[J]. Ecological Modelling, 91: 105-130.

Chen G Q, Jiang M M, Chen B, et al., 2006. Emergy analysis of Chinese agriculture[J]. Agriculture, Ecosystems and Environment, 115: 161-173.

Cheng C T, Liu B X, Chau K W, et al., 2015. China's small hydropower and its dispatching management[J]. Renewable and Sustainable Energy Reviews, 42: 43-55.

Gao Q Z, Li Y, Wan Y F, et al., 2009. Significant achievements in protection and restoration of alpine grassland ecosystem in Northern Tibet, China[J]. Restoration Ecology, 17(4): 320-323.

Hennig T, Wang W L, Feng Y, et al., 2013. Review of Yunnan's hydropower development. Comparing small and large hydropower projects regarding their environmental implications and social-economic consequences[J]. Renewable and Sustainable Energy Reviews, 27: 585-595.

Jin H J, Wei Z, Wang S L, et al., 2008. Assessment of frozen-ground conditions for engineering geology along the Qinghai-Tibet highway and railway, China[J]. Engineering Geology, 101: 96-109.

Liu H, Masera D, Esser L, 2013. World Small Hydropower Development Report 2013[R]. United Nations Industrial Development Organization, International Center on Small Hydro Power.

Odum H T, 1996. Environmental Accounting: Emergy and Environmental Decision Making[M]. New York: Wiley.

Paish O, 2002. Small hydro power: Technology and current status[J]. Renewable and Sustainable Energy Reviews, 6: 537-556.

Pang M Y, Zhang L X, Ulgiati S, et al., 2015. Ecological impacts of small hydropower in China: Insights from an emergy analysis of a case plant[J]. Energy Policy, 76: 112-122.

Ulgiati S, Brown M T, 1998. Monitoring patterns of sustainability in natural and man-made ecosystems[J]. Ecological Modelling, 108: 23-36.

Yi C S, Lee J H, Shim M P, 2010. Site location analysis for small hydropower using geo-spatial information system[J]. Renewable Energy, 35: 852-861.

Zhang L X, Hu Q H, Wang C B, 2013. Emergy evaluation of environmental sustainability of poultry farming that produces products with organic claims on the outskirts of mega-cities in China[J]. Ecological Engineering, 54: 128-135.

Zhang L X, Ulgiati S, Yang Z F, et al., 2011. Emergy evaluation and economic analysis of three wetland fish farming systems in Nansi Lake area, China[J]. Journal of Environmental Management, 92: 683-694.

Zhang Q F, Karney B, MacLean H L, et al., 2007. Life cycle inventory of energy use and greenhouse gas emissions for two hydropower projects in China[J]. Journal of Infrastructure Systems, 13: 271-279.

第 8 章

梯级小水电开发生态影响核算与分析

8.1 引言

在水电开发中，受到地形、地质、施工技术水平及工程投资等因素限制，在河流某处不适宜修建单一的水电站来利用河流总落差时，可以将一条河流分成几段，沿河修建几个电站，分段集中水头、利用河流落差，以便更充分地利用水能资源（姚兴佳等，2010），这就是所谓的梯级水电开发。近年来，为满足国民经济发展对河流水资源开发利用强度的要求，梯级开发逐渐成为水电开发的主要方式。我国目前无论是黄河、金沙江、怒江等主要河流，还是中小河流，大多采用梯级开发的方式（Fang and Deng，2011；曾华丽，2008）。例如在第 1 章中所提到的，长江干流上从乌东德水电站至葛洲坝水电站的 6 座巨型梯级水电站东西跨越 1 800 km，总装机容量达到 7 169.5 万 kW，共同形成了世界最大的清洁能源走廊，对保障长江流域防洪、发电、航运、水资源综合利用和水生态安全具有重要意义，同时也可有效缓解华中、华东地区及川、滇、粤等省份的用电紧张，为"西电东送"提供有力支撑。对于特定河流的梯级开发，合适的水电开发强度可确保该条河流的水能资源得到充分利用，增加水电开发的经济效益；但每增加一级水电站，要投入大量的水泥、钢铁等社会经济资源，而河流的水能资源是有限的，当水电站级数增加到一定数量时，整条河流水电开发的综合效益可能存在边际效应，即再增加水电站级数，每投入单位的社会经济资源，产出的水电会减少，导致流域整体开发的经济效益变差。

此外，梯级小水电的开发往往不同于大型梯级水电，大型梯级水电由水利部牵头开发，经过严谨的现场勘探与设计规划，并设有龙头水库，可以对下游河流径流起到一定的调节作用，使河流在枯水期径流增加，在汛期径流减少（王朋，2015）；而小水电的梯级开发一般由省级或地级市的水利部门牵头。经过课题组的实地调研和文献查阅发现，我国多数省份盲目、无序地规划与建设导致小水电梯级开发混乱，"跑马圈河"现象严重，导致很多中小河流缺少龙头水库，难以调节河流径流。更糟糕的是，一些梯级水电站由不同的开发商投资建设，上下游水电站之间的水位衔接出现问题，严重影响了梯级水电开发的发电效益；而且密集的梯级开发不仅没有使河流在枯水季径流增加，反而使整条河流的河道因梯级小水电无序拦水或引水而连续脱水甚至断流（Hennig et al.，2013），导致整个流域生态环境遭受严重影响。梯级水电开发的生态影响不同于单个水电项目,往往具有累积效应(Kibler and Tullos,2013;李帅,2010);但类似于对单个小水电生态影响的研究,目前对于梯级水电站的生态影响研究也主要集中于对河流水量、水质和生境等单一要素的定量分析(陈凯等,2015;郑江涛,2013;Kibler and Tullos,2013;李帅,2010;杨宏,2007),缺少系统性的综合定量评价。

综合以上分析,本章将选取我国典型梯级小水电开发案例,采用第5章所建立的混合Eco-LCA模型,通过整合不同梯级开发强度的小水电建设运行导致的资源消耗及生态系统退化,核算并对比分析不同开发强度的小水电的生态成本,探究在梯级小水电开发过程中不同的开发强度是否存在边际效应,以期为我国未来梯级小水电开发选择合适的开发强度提供定量参考依据。

8.2 案例梯级小水电概述与系统模拟

8.2.1 梯级水电开发案例概述

根据案例数据的可得性,本研究选取湖南省常德市石门县境内溇水(属洞庭湖水系澧水流域一级支流)干流3个梯级开发的小型水电站作为案例进行研究,由上至下分别为张家渡水电站(装机容量为15 MW)、所街水电站(装机容量为15 MW)及中军渡水电站(装机容量为26.4 MW)。根据初期规划,溇水河流梯级开发以黄虎港作为龙头水库,总共有5级开发方案,分别为黄虎港、张家渡、所街、中军渡和皂市水电站。但通过实地调研得知,上游的黄虎港水电站目前仍未开工,且由于该地区已被划为石门县的重要生态功能区,黄虎港水电项目未来动工的可能性不大。因此,张家渡水电站可以看作溇水梯级开发的第一级水电站,上游为溇水天然来水,且张家渡水电站厂房处至中军渡水电站厂房处的溇水河段中间没有重要支流汇入;所街水电站为第二级水电站,发电用水主要为张家渡水电站的尾水及其泄洪水;中军渡水电站为第三级水电站,利用所街水电站的尾水及其泄洪水进行发电。中军渡水电站下游为皂市水电站(已建成运行),距离中军渡水电站较远,其水库正常蓄水水位不会对中军渡水电站的尾水水位造成影响,因而本章主要研究对象为张家渡水电站、所街水电站、中军渡水电站形成的 3 级梯级开发水电。

图 8-1 给出了溇水流域各梯级水电站的水能资源及开发指标。张家渡、所街及中军渡 3 个梯级水电站在前期规划阶段除发电之外，还要兼顾防洪、航运等功能，但经课题组实地调研得知，3 个水电站仅有发电功能，不涉及其他。此外，需要说明的是，这 3 个梯级水电站同属于石门县张家渡水电公司，由该公司对 3 个水电站的蓄水、泄水、发电等业务进行统一调度，调度总台位于最上游的张家渡水电站厂房内。下面将对这 3 个梯级水电站的工程概况分别进行介绍。

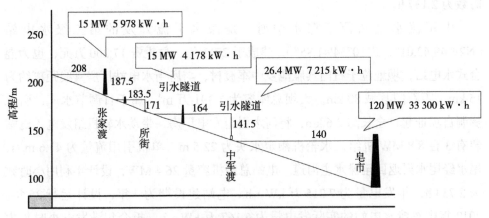

图 8-1 溇水河流梯级水电开发水能资源

张家渡水电站位于溇水干流上游（N29°55′21.84″，E110°51′58.74″），是溇水干流开发的第一级水电站，建成于 2004 年，总投资 9 800 万元，为坝后式水电站，坝址位于石门县所街乡的南河渡村，距石门县城约 97 km，水库总库容为 2 500 万 m³，属于日调节水库。电站规划装机容量 31 MW，目前已装有 3 台 5 MW 水轮发电机组，总共 15 MW，额定水头为 20.5 m，单机引用流量为 28.4 m³/s，设计年利用小时数为 3 985 h，年发电量为 5 978 万 kW·h。电站建设期为 4 年，设计运行 25 年。如第 3 章中所述，小水电的实际运行和设计规划往往有所不同，2012 年张家渡水电站的实际发电量为 5 034 万 kW·h，折合年满发电小时数为 3 270 h。

所街水电站位于张家渡水电站下游（N29°54′38.41″，E110°52′23.67″），是溇水上游开发的第二级水电站，总投资 12 000 万元，建成于 2006 年，为混合式水电站，坝址位于石门县所街乡柳家台村，与上游的张家渡水电站直线距离约为

3.5 km，距石门县城 90 km，大坝总库容为 180 万 m³，属于日调节水库，在左岸坝轴线上游 67.5 m 处布置进水口，河水经过进水口进入 724.8 m 长的引水隧洞，主厂房布置在引水隧洞出口，形成 12.5 m 高的水头。电站也由 3 台 5 MW 机组组成，总装机容量为 15 MW，由于水头较低，河水带动水轮机组发电所需的流量较大，所街水电站的水轮机单机额定引用流量为 48.55 m³/s，设计年利用小时数为 2 785 h，年发电量为 4 178 万 kW·h，电站建设期为 4 年，设计运行年限为 25 年。2012 年所街水电站的实际发电量为 3 206 万 kW·h，折合年满发电小时数为 2 137 h。

中军渡水电站位于溇水中游，是溇水干流开发的第三级水电站（N29°49′42.01″，E110°54′41.85″），建成于 2011 年，总投资 17 200 万元，也为混合式水电站，坝址位于石门县雁池乡中军渡村，与所街水电站厂房直线距离约为 15 km，距石门县城 80 km。大坝总库容为 1 391 万 m³，属于日调节水库，引水隧洞自坝址起，全长约 2.6 km，将河水引至发电厂房，带动水轮机组发电，电站装有 3 台 8.8 MW 机组，水轮机额定水头为 22.5 m，单机引用流量为 41.6 m³/s，尾水经尾水渠返回至溇水主河道。电站总装机容量 26.4 MW，设计年利用小时数为 2 733 h，年发电量为 7 215 万 kW·h。电站建设期为 4 年，设计运行 25 年。2012 年中军渡水电站的实际发电量为 6 167 万 kW·h，折合年满发电小时数为 2 336 h。

综合以上信息，溇水中上游 3 个梯级水电站开发的主要工程指标如表 8-1 所示。

表 8-1 溇水梯级开发水电站主要工程指标

项目	张家渡	所街	中军渡
开发模式	筑坝式	混合式	混合式
坝址控制集雨面积 /km²	1 525	1 566	1 668
多年平均流量 / (m³/s)	61.66	61.66	61.66
水库总库容 / 万 m³	2 500	180	1 391
引水渠道长度 /m	—	724.8	2 580
正常蓄水位 /m	208	183.5	164
回水长度 /km	9.40	—	7.63

续表

项目	张家渡	所街	中军渡
调节性能	日调节	日调节	日调节
装机容量 / MW	15	15	26.4
设计水头 /m	20.5	12.5	22.5
设计引水流量 / (m³/s)	85.2	145.5	134.7
设计年运行小时数 /h	3 985	2 785	2 733
设计年发电量 / (万 kW·h)	5 978	4 178	7 215
2012 年实际发电量 / (万 kW·h)	5 034	3 206	6 167
2012 年实际运行小时数 /h	3 270	2 137	2 336
设计运行年限 /a	25	25	25
开工时间	2001 年	2004 年	2007 年

需要指出的是，在该案例梯级水电站的实际运行中，尽管属于同一家公司，上下游之间调度较好，水能资源可以得到充分的重复利用，但是各水电站尤其是第二、第三级水电站很难达到设计运行，如表 8-1 所示，3 个水电站的年发电量均与设计发电量有较大差距。为分析不同梯度开发强度的小水电生态影响的不同，首先应厘清梯级水电开发中各级水电站之间的水力联系，包括各级水电站来水与发电量的过程以及上游水电站的建设运行对下游水电站的影响。

8.2.2 梯级水电站河水流量与发电过程的系统模拟

8.2.2.1 各级水电站引水流量 - 发电量关系

在水力发电系统中，水轮发电机组将河水的重力势能转化为电能，遵循以下公式：

$$P = \eta \rho g Q H \tag{8-1}$$

式中，P 为水轮发电机组功率，W，即装机容量；η 为效率（水轮机效率与发电机效率的乘积）；ρ 为水的密度，1 000 kg/m³；g 为重力加速度，9.8 m/s²；Q 为水轮机的引水流量，m³/s；H 为水轮机的水头（Paish, 2002）。本研究中的案例梯级水电站引水流量与发电量的关系如表 8-2 所示。

表 8-2 案例水电站引水流量－发电量关系

水电站	单机装机容量 / MW	每小时发电量 / （MW·h）	单机引水流量 / （m³/s）	每小时引水流量 / （m³/h）	水轮发电机组效率 /%
张家渡	5	5	28.4	102 240	87.63
所街	5	5	48.5	174 600	84.16
中军渡	8.8	8.8	44.9	161 640	88.88

8.2.2.2 梯级水电站上游来水－发电量过程模拟的设计

本研究以系统动力学为基础（Feng et al.，2013），通过仿真软件 Stella 9.0 模拟梯级水电开发中各水电站来水与发电量之间的关系，建立的系统动力学模型如图 8-2 所示。在模型中，为方便起见，忽略了水电站之间的水量损耗，也不考虑上游水电站下泄河水时的水流时滞。为反映不同上游来水情景下梯级水电站的运行状况，本研究模拟了 2012 年 2 个发电时段的运行状况，分别为 7 月 15 日 1—15 时、10 月 1 日 11 时至 10 月 5 日 1 时。在水电站运行调度中，3 个水电站均维持高水头运行，因此在模型中设定 3 个水电站均按照设计情况下的额定水头和引水流量发电运行。两个时段的具体参数如表 8-3、表 8-4 所示，即两个时段张家渡水电站的来水－出水保持平衡，在研究时段进入张家渡水电站水库的河水均通过发电泄水或溢流的方式排至河道下游，水库中河水总量未变。

表 8-3 2012 年 7 月 15 日张家渡水电站和所街水电站各时段参数

时间	上游来水量 / （m³/s）	张家渡上游水位 /m	所街前池水位 /m
1 时	105	207.76	182.51
15 时	105	207.76	183.11

表 8-4 2012 年 10 月 1—4 日张家渡水电站和所街水电站各时段参数

时间	上游来水量 / （m³/s）	张家渡上游水位 /m	所街前池水位 /m
1 日 11 时	12	206.60	183.31
4 日 20 时	8	206.60	183.31

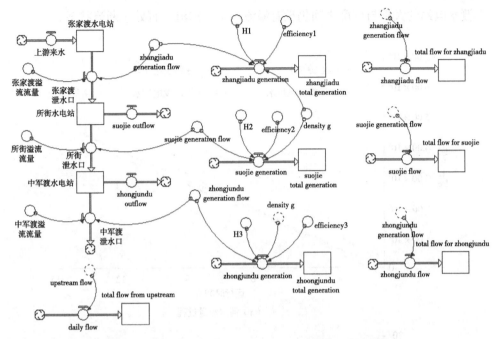

图 8-2　溇水河流梯级水电站来水 - 发电量系统动力学模型

8.2.2.3　模型运行结果

模型运行之后，得到两个时段案例梯级水电站的河水流量过程及发电量过程分别如图 8-3、图 8-4 所示。由图 8-3 可以看出，2012 年 7 月 15 日张家渡水电站水库上游一直有来水，从用水总量来看，上游来水没有被张家渡水电站完全利用，其中一部分作为溢流排至河道下游；所街水电站发电所需流量最多，不仅利用了所有张家渡水电站下泄的流量，而且利用了原本储存在水库中的河水，因此至运行结束时，前池水位降低；中军渡水电站发电所用水量小于来水总量，多余水量储存在水库中。从发电量来看，自开始运行至第 5 个小时，张家渡水电站和所街水电站均为 3 台机组运行，中军渡水电站为 2 台机组运行，第 6 个小时开始，所街水电站关闭一台机组，其他 2 个水电站没有改变，在整个过程中，中军渡水电站发电量最多，为 26.4 万 kW·h，其次是张家渡水电站（22.5 万 kW·h），所街水电站发电量最少（18 万 kW·h）。通过以上分析可以看出，在整个过程中，3 个水电站的厂房下游都获得了发电下泄河水，河流没有断流，但所街水电站和中军渡水电站的大坝与厂房之间仍没有溢流产生，河流一直处于断流状态。

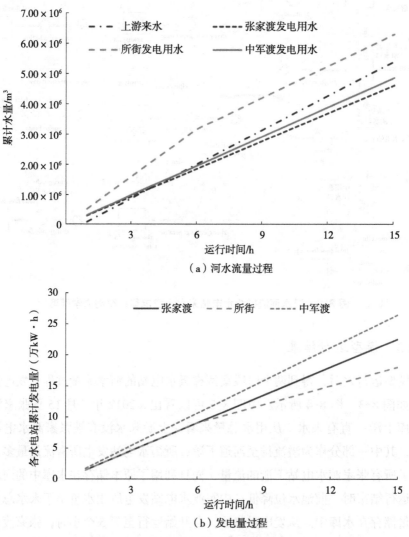

（a）河水流量过程

（b）发电量过程

图 8-3　2012 年 7 月 15 日案例梯级水电站来水及发电量过程模拟

从图 8-4 可以看出，2012 年 10 月 1—4 日张家渡上游一直有来水进入水库，但张家渡水库在开始阶段为累积水头不发电，下游 2 个水电站也均无水发电，因此，3 个电站厂房下游均没有下泄流量，河道断流；自第 28 个小时起，3 个水电站同时发电，张家渡水电站 2 台机组运行，所街水电站和中军渡水电站 1 台机

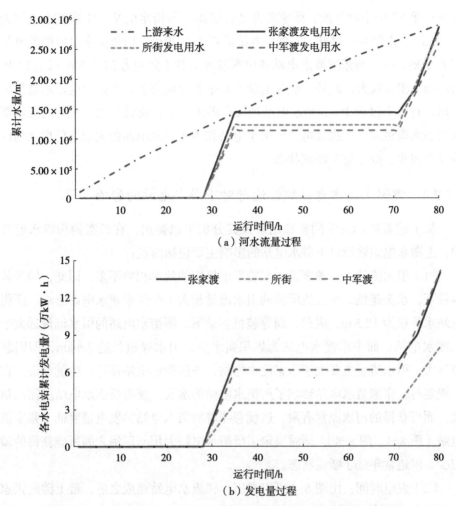

图 8-4　2012 年 10 月 1—4 日案例梯级水电站来水及发电量过程模拟

组运行，厂房下游获得发电下泄流量，其中张家渡水电站下泄的没有用于所街水
电站发电的流量储存于所街水电站的水库中，同样，所街水电站下泄的没有用
于中军渡水电站发电的流量储存于中军渡水电站的水库中；运行 7 个小时之后，
3 个水电站停止发电，重新蓄水，累积水头；自第 71 个小时起，水电站再次开
始发电，至第 75 个小时，3 个水电站均开 1 台机组，由于所街水电站的引水流
量大于张家渡水电站，因此在这 4 个小时中，除利用张家渡水电站下泄的发电
流量之外，所街水电站还需要上一阶段（28～35 小时）积攒在水库中的水补充

发电；第75个小时开始，张家渡开2台机组，所街水电站和中军渡水电站仍开1台机组。由图8-4可知，3个水电站消耗水量相近，但所街水电站的发电量只有8万kW·h，与张家渡水电站和中军渡水电站（分别为14万kW·h、14.08万kW·h）相差较大；此外，从张家渡上游来水总量与各水电站发电用水总量可以看出，在整个过程中，3个水电站均没有溢流产生，也就是说，所有的河水都经人工引水渠道进入厂房发电，所街水电站和中军渡水电站的大坝至厂房之间的河段没有河水，处于完全断流状态。

8.2.2.4　案例上游水电站建设运行对下游水电站的影响

从上述系统动力学的模拟结果及其分析可以得出，在该案例梯级水电开发中，上游水电站建设对下游水电站的影响主要包括两点：

（1）引水流量：一般来说，水轮发电机组的效率相差不多，因此，同等装机容量下，水头越低，水轮机所需的引水流量越大。受张家渡水电站影响，所街水电站水头仅为12.5 m，因此，同等装机容量下，所街水电站的引水流量远大于张家渡水电站；而中军渡水电站为累积高水头，引水渠道长达2.6 km，但因装机容量大，引水流量也要大于张家渡水电站，与所街水电站接近。也就是说，在设计规划时，张家渡水电站影响了所街水电站的水头，使得所街水电站所需水量增大，而可获得的河水流量有限，这就意味着所街水电站的发电量要低于张家渡水电站（图8-3、图8-4），同时决定了所街水电站大坝与厂房之间所能获得的溢流减少，河道常年处于断流状态。

（2）发电时间：由图8-4可以看出，梯级水电站建成之后，最上游的张家渡水电站水库拦水，改变了河水的下泄时间，但不会改变河水的下泄总量；而下游两个水电站的引水流量都远大于张家渡，因此只要张家渡水电站发电泄水，所街水电站和中军渡水电站就可以利用其中绝大部分河水同时发电，剩余少部分水量储存在各自水库中，等待下一次张家渡发电泄水时补充流量延长发电时间。总体来讲，在梯级水电站建成之后，张家渡水电站的运行，会影响下游所街和中军渡两个水电站的发电时间，也就是影响了两个水电站厂房下游的断流时间，但不会影响两个水电站的发电总量。

因此，从梯级水电站建设运行的整个生命周期来看，上游水电站影响了下游水电站的年发电量和断流时间。

8.3　梯级水电站案例数据介绍

参照第 6 章，本节也将从小水电建设和运行两个阶段分别描述 3 个梯级小水电案例的清单数据。需要说明的是，为探究案例梯级小水电在建设运行过程中造成的实际生态影响，本研究采用 3 个梯级水电站 2012 年的实际运行数据，采用 2012 年的实际发电量，并且考虑水电站由于过度运行对河流生态系统造成的影响。在建设过程中的设备投入、建筑材料消耗等数据来自各水电站的设计报告书，运行期间的数据则来自课题组的现场调研及相关文献。

8.3.1　小水电建设阶段

8.3.1.1　水工建筑物占用土地的清单数据

张家渡水电站属于筑坝式中的坝后式水电站，厂房位于大坝右端非溢流坝后，主厂房、副厂房等建筑物总占地面积为 959 m^2，主要为河漫滩，地基主要为砂质页岩、砂卵石等，没有植物生长等，因此，暂不考虑由水工建筑物占用土地导致的生态系统服务损失。

所街水电站水库淹没占用耕地 178 亩，迁移人口 58 人，厂房、开关站等占用的也主要为河漫滩，暂不考虑由水工建筑物占用土地导致的生态系统服务损失。

中军渡水电站水库淹没土地 499.9 亩，其中耕地 106.7 亩，无迁移人口，电站引水渠道、厂房、升压站等工程永久占地为 55 亩（主要为果园）。

8.3.1.2　当地资源消耗的清单数据

对于各个水电站在建设过程中使用的石材、沙子等，根据设计报告书可得，张家渡水电站需要浆砌石方 5.68 万 m^3、混凝土 1.70 万 m^3；所街水电站需要浆砌石方 2 008 m^3、混凝土 67 749 m^3；而中军渡水电站需要浆砌石方 643.2 m^3、混凝土 106 416 m^3。由此可得，张家渡水电站、所街水电站和中军渡水电站所需要的建设石材分别为 15.2 万 t、13.2 万 t 和 20.2 万 t。

8.3.1.3 消耗的社会经济资源的清单数据

水电站在建设过程中需要一次性从经济社会购买大量的水工建筑材料、能源和机械设备等，根据 3 个梯级水电站的设计报告书和课题组的实地调研，表 8-5、表 8-6、表 8-7 分别列出了张家渡水电站、所街水电站和中军渡水电站的水工建设材料、机械设备投入及其运输清单。

表 8-5　张家渡水电站水工建设材料和机械设备及其运输清单

项目		投入	单价	总价 / 万元	购买地[a]	运输距离 /km
水工建筑材料	水泥	16 730 t	0.046 3 万元 /t	774.57	湖南石门	97
	钢材	1 883 t	0.425 3 万元 /t	800.83	湖南常德	183
	木材	363 m³	0.122 1 万元 /m³	44.26	湖南石门	97
	炸药	87 t	0.837 3 万元 /t	73.20	湖南常德	183
机械设备	水轮机	3 台	223 万元 / 台	667.25	四川乐山	1 022
	发电机	3 台	357 万元 / 台	1 073.26	四川乐山	1 022
	励磁机	3 台	25 万元 / 台	76.20	四川乐山	1 022
	调速器	3 台	32 万元 / 台	96.29	四川乐山	1 022
	蝶阀	3 台	82 万元 / 台	246.19	四川乐山	1 022
	起重机	1 台	77.35 万元 / 台	77.35	湖南长沙	348
	电气设备	1 套	632.34 万元 / 套	632.34	湖南长沙	348
	平板闸门	229.94 t	1.14 万元 /t	242.09	湖南长沙	348
	埋件	29 t	1.14 万元 /t	32.41	湖南长沙	348
	启闭机	1 台	184.10 万元 / 台	184.10	湖南长沙	348
	拦污栅	13.6 t	1.14 万元 /t	14.32	湖南长沙	348
	建设服务	—	—	1 198.34		
运输阶段	柴油	125.40 t	0.852 0 万元 /t	106.84	—	—

注：[a] 所有水工建筑材料和机械设备均通过公路运输至水电站厂址。

表 8-6　所街水电站水工建设材料和机械设备及其运输清单

项目		投入	单价	总价 / 万元	购买地[a]	运输距离 /km
水工建筑材料	水泥	20 485 t	0.046 3 万元 /t	948.45	湖南石门	90
	钢材	2 305.7 t	0.425 3 万元 /t	980.61	湖南常德	176
	木材	444 m³	0.122 1 万元 /m³	54.20	湖南石门	90
	炸药	185 t	0.837 3 万元 /t	154.86	湖南常德	176
机械设备	水轮机	3 台	260.12 万元 / 台	780.36	福建南平	1 084
	发电机	3 台	377.79 万元 / 台	1 133.38	福建南平	1 084
	励磁机	3 台	14.24 万元 / 台	42.73	福建南平	1 084
	调速器	3 台	30.97 万元 / 台	92.90	福建南平	1 084
	起重机	1 台	358.31 万元 / 台	358.31	湖南长沙	341
	电气设备	1 套	559.75 万元 / 套	559.75	湖南长沙	341
	平板闸门	363.6 t	1.15 万元 /t	382.82	湖南长沙	341
	埋件	45 t	1.15 万元 /t	47.38	湖南长沙	341
	启闭机	1 台	212.37 万元 / 台	212.37	湖南长沙	341
	拦污栅	27 t	1.15 万元 /t	28.43	湖南长沙	341
	建设服务	—	—	1 230.71	—	—
运输阶段	柴油	128.32 t	0.852 0 万元 /t	109.33		

注：[a] 所有水工建筑材料和机械设备均通过公路运输至水电站厂址。

表 8-7　中军渡水电站水工建设材料和机械设备及其运输清单

项目		投入	单价	总价 / 万元	购买地[a]	运输距离 /km
水工建筑材料	水泥	31 881 t	0.046 3 万元 /t	1 476.09	湖南石门	80
	钢材	4 551 t	0.425 3 万元 /t	1 935.54	湖南常德	166
	木材	444 m³	0.122 1 万元 / m³	54.20	湖南石门	80
	炸药	376 t	0.837 3 万元 /t	314.69	湖南常德	166

项目		投入	单价	总价 / 万元	购买地 [a]	运输距离 /km
机械设备	水轮机	3 台	391.45 万元 / 台	1 174.35	天津	1 460
	发电机	3 台	629.65 万元 / 台	1 888.94	天津	1 460
	励磁机	3 台	44.70 万元 / 台	134.11	天津	1 460
	调速器	3 台	32.10 万元 / 台	96.29	天津	1 460
	蝶阀	3 台	144.43 万元 / 台	433.29	湖南长沙	331
	起重机	1 台	136.14 万元 / 台	136.14	湖南长沙	331
	电气设备	1 套	797.57 万元 / 套	797.57	江苏南京	984
	平板闸门	330 t	1.15 万元 /t	321.53	湖南长沙	331
	埋件	64.7 t	1.15 万元 /t	63.04	湖南长沙	331
	启闭机	1 台	272.77 万元 / 台	272.77	湖南长沙	331
	拦污栅	19.8 t	1.15 万元 /t	19.29	湖南长沙	331
	建设服务	—	—	1 234.82	—	—
运输阶段	柴油	129.61 t	0.852 0 万元 /t	110.43	—	—

注: [a] 所有水工建筑材料和机械设备均通过公路运输至水电站厂址。

8.3.2 小水电运行阶段

8.3.2.1 本地资源消耗的清单数据

运行阶段,投入小水电生态经济系统中的河水重力势能由设计水头、引用流量和年利用小时数共同决定,2012 年各个水电站实际利用的河水重力势能需用 2012 年的实际利用小时数计算,3 个案例水电站的各项数据如表 8-1 所示。计算可得,2012 年张家渡水电站、所街水电站和中军渡水电系统实际发电利用的河水重力势能分别为 2.01×10^{14} J、1.37×10^{14} J 和 2.50×10^{14} J。

8.3.2.2 消耗的社会经济资源的清单数据

根据课题组实地调研得知,2012 年张家渡水电站、所街水电站和中军渡水电站在运行过程中消耗的社会经济资源如表 8-8 所示。

表 8-8　案例水电站运行过程中的社会经济资源消耗

项目	张家渡水电站	所街水电站	中军渡水电站
润滑油 /kg[a]	16 667	16 667	16 667
运维费用 / 万元	106.9	106.9	161.7

注：[a] 如第 6 章所述，润滑油在 2012 年的生产者价格为 15.37 元 /kg。

8.3.2.3　对河流生态系统的干扰的清单数据

溇水属于洞庭湖水系澧水一级支流，多年平均流量为 61.66 m^3/s，而张家渡水电站、所街水电站和中军渡水电站在满负载运行时的水轮机引水流量分别为 85.2 m^3/s、145.5 m^3/s 和 134.7 m^3/s，均大于溇水的平均流量。因此，在相关部门监管缺失的情况下，水电站不会考虑下泄河流生态需水，尤其是在枯水期，当上游来水量较小时，张家渡水电站水库蓄水，累积一定水量，由图 8-4（a）可以看出，尽量满足高水头发电，一般 3 个水电站的水轮机同时运转发电，以此确保发电效益的最大化；只有当汛期上游来水量过大时，考虑到防洪和水库安全需要，水电站才会开启泄洪闸门，产生溢流。因此，3 个梯级水电站的运行对溇水河流生态系统造成严重影响。具体分析如下：

对 2012 年张家渡水电站每日运行数据进行统计可知，水电站上游每日都有来水进入水库，可知在没有水电站建设运行的情况下，溇水全年不会出现断流的情况。而筑坝式的张家渡水电站建成之后，在运行阶段将河流分为如图 8-5（a）所示的两种情景：S1 情景即下游（C 河段）获得溢流或发电下泄河水，由于水库拦截，2012 年只有间隔的 50 天出现溢流；大部分时刻处于水坝无溢流，但有发电下泄水量的状况；除有溢流出现的 50 天外，水电站往往不能满负载运行，每日都有不同时长的 S2 情景出现，即水轮机停止运转，无溢流也无发电下泄水流，导致 C 河段无水，2012 年有 110 个整天处于这种状态。由于每日都有不同时长的断流时间出现，导致对河流生境变化最为敏感的水生动物包括重点保护动物不能在 C 河段生境内生存。但此前研究表明，在枯水期只要保证河流周期性的连通，不会对底栖藻类产生较大影响（吴乃成，2007），因此在 C 河段内水生植物可以正常生存。

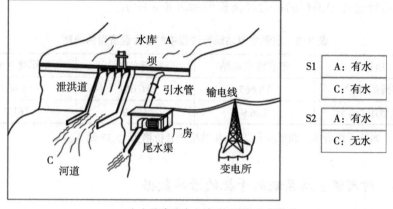

（a）张家渡水电站对河流的生态影响

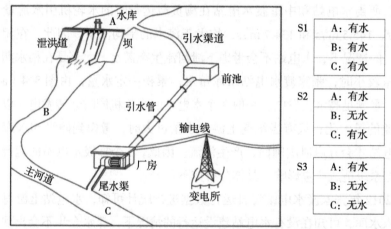

（b）所街水电站和中军渡水电站对河流的生态影响

图 8-5　案例梯级水电站生态影响

　　所街水电站和中军渡水电站均为混合式开发模式，对河流生态系统的影响机理相同。首先，水电站拦河筑坝，只有当来水量大于水轮机的引水流量时，水坝出现溢流；否则，全部河水将通过引水渠道进入厂房带动水轮机发电，导致图 8-5（b）中的 B 河段（即大坝与厂房之间的主河段）无水。据统计，2012 年所街水电站和中军渡水电站只有间隔的 26 天有溢流出现，也就是说，B 河段大多数时间都处于断流状态。在河水发电之后，通过尾水渠排至主河道下游，即 C 段（厂房下游河段）河流可以获得发电下泄水量，即 S2 情景；但 2012 年每日所街水电站和中军渡水电站都有不同时长的 S3 情景出现，即水轮发电机组停

止工作，C 河段没有发电下泄水流，2012 年所街水电站和中军渡水电站分别有
113 个和 114 个整天处于这种状态。通过以上分析可知，B 河段在一年中绝大部
分时段都处于完全断流状态，河床裸露，不能为水生生物提供有效生境；C 河段
同张家渡水电站下游的 C 河段，可以为水生植物提供水生生境，但对河流生境
变化敏感的水生动物不能在此生存。此外，本研究主要考虑小水电建设运行对水
坝下游河道的生态环境影响，暂未考虑小水电建设运行对水坝上游即 A 河段的
影响。

上述为单个水电站建设运行对下游河道的生态影响，当张家渡、所街和中军
渡水电站形成三级梯级水电之后，对河流生态系统的影响会发生改变，如果上下
游水电站建设过于密集，各水电站对同一河段的河流生态系统的干扰可能会产生
重叠，即产生"累积效应"（杨宏，2007）。通过 ArcGIS 软件对 3 个水电站建设
前后的遥感影像进行叠加处理，可确定不同梯级开发强度下小水电影响的下游河
道面积，如表 8-9 所示。

表 8-9　不同开发强度的小水电导致的河流生态系统退化面积　　　单位：m^2

水电开发强度	B 河段面积	C 河段面积
一级（张家渡）	0	683 377
二级（张家渡 + 所街）	511 413	1 278 531
二级（张家渡 + 中军渡）	1 039 491	1 009 576
三级（张家渡 + 所街 + 中军渡）	1 550 904	1 604 730

根据对澧水流域鱼类资源的调查研究发现，该流域以山溪流水性鱼类为主，
洄游鱼类所占比例非常低（刘良国等，2013），因此，可推断在所街水电站厂房
下游至中军渡水电站大坝之间没有断流的河段中鱼类可以生存，该生态系统不受
梯级水电开发的影响。

除对水生动植物的影响之外，3 个梯级水电站均有水库，在运行过程中也会
造成泥沙在水库中淤积，导致泥沙不能随河水迁移到下游，为下游动植物提供营
养物质。根据设计报告书可知，张家渡水电站在未考虑排沙及黄虎港修建的情况
下，每年水库泥沙淤积量约为 44.64 万 m^3；所街水电站可以通过工程排沙，确保
水库不被淤积；中军渡水电站在不考虑排沙及黄虎港电站修建的情况下，每年水
库泥沙淤积量约为 6.12 万 m^3。黄虎港水电站目前修建的可能性较小，但张家渡

水电站和中军渡水电站会在汛期洪水过程中降低水位运行，提高库内水流速度，增加水流挟沙能力，使绝大部分淤沙随水流排出库外，在排沙过程中，约80%的泥沙可以被排出水库，因此，每年张家渡水电站和中军渡水电站库区泥沙淤积量分别约为 8.83 万 m^3 和 1.22 万 m^3。

8.4 生态影响核算与对比分析

8.4.1 溇水河流生态系统服务损失的能值核算

根据石门县的发展规划，石门县在溇水流域的水产养殖区域主要位于下游的皂市水库库区（石门县畜牧水产局，2015），而案例水电站所在的溇水中上游的河段不属于水产养殖区域，因此不具有水产品生产功能。溇水流域有国家重点二级保护动物大鲵（*Andrias davidianus*，俗称"娃娃鱼"）生存（陈绍金等，2010）。因此，案例水电站建设运行导致的河流生态系统服务的损失主要是下游河段气候调节与生物多样性维持功能等方面的损失，其中生物多样性维持可以分为非濒危物种维持和濒危物种维持两种。表 8-10 给出了溇水河流单位面积生态系统服务损失的能值核算。

表 8-10　溇水河流单位面积生态系统服务损失的能值核算表　　　单位：m^2

项目	公式	结果 / (sej/a)	分类	相关参数含义及取值
气候调节功能损失（Liu et al., 2009）	$E_1=\text{Emergy}_{CO_2}+\text{Emergy}_{O_2}=V_{CO_2}\times\text{UEV}_{CO_2}+V_{O_2}\times\text{UEV}_{O_2}$	5.72×10^9	L_{ES-R}	V_{CO_2} 为单位面积水生植物固定的 CO_2 质量，26.23 g/（$m^2\cdot a$）（王欢等，2006）；UEV$_{CO_2}$ 为 CO_2 的单位能值价值，2.09×10^7 sej/g（Campbell et al., 2014）；V_{O_2} 为单位面积水生植物释放的 O_2 质量，19.08 g/（$m^2\cdot a$）（王欢等，2006）；UEV$_{O_2}$ 为 O_2 的单位能值价值 1.21×10^6 sej/g（Campbell et al., 2014）

项目	公式	结果 / （sej/a）	分类	相关参数含义及取值
非濒危生物多样性维持功能损失（Liu et al.，2009）	E_2=BM $\times q \times Fd \times$ UEV$_F$ Fd=（H'+J+M）$\times S$ J=H'/ln$S$ M=（S-1）/ln$N$	1.11×10^{12}	L_{ES-R}	BM 为鱼类的平均生物质质量，0.044 g 干重 /m² （Liu et al.，2009）； q 为鱼类的热值，16 744 J/g （Liu et al.，2009）； F_d 为河流生态系统中鱼类的多样性指数，791； UEV$_F$ 为鱼类的单位能值价值，1.91 × 10⁶ sej/J （Liu et al.，2009）； H' 为香农威纳指数，3.00（刘良国等，2013）； S 为物种丰富度，68（刘良国等，2013）； J 为 Pielou 均匀度指数，0.71（刘良国等，2013）； M 为 Margalef 丰富度指数，7.93； N 为河流生态系统中鱼类的总头数，4 662（刘良国等，2013）
濒危生物多样性维持功能损失（Lu et al，2012）	E_3=$\mu \times$（$Er \times H_d$）/t	1.23×10^{13}	L_{ES-N}	μ 为物种的平均能值转换率，1.60 × 10²⁵ sej/ 种（Odum，1996）； Er 为濒危物种的濒危系数，0.85（刘军，2004）； H_d 为所研究的河流生态系统占濒危物种全部栖息地的比例，2.27×10⁻¹¹（国家遥感中心，2012；殷梦光等，2014）； t 为案例水电站的设计运行年限，均为 25 年
总计		1.34×10^{13}		

由此可以得到不同梯级开发强度的小水电导致的河流生态系统服务损失，见表 8-11。通过核算可知，若只有张家渡一级水电站，则 2012 年由其过度运行导致的下游河道生态系统服务损失的能值为 9.18×10^{18} sej，主要是由重点保护两栖动物大鲵在受影响河段消失导致生物多样性维持功能的丧失引起的。可见，如果

不能保障下游河道基本生态需水，仅以小水电发电为中心目标，就会破坏水生物种的生存生境，大幅削弱其生态系统服务。随着梯级水电站的增多，受影响河道面积增大，生态系统服务损失会急剧增大，尤其是在中军渡水电站建成运行之后，这主要是因为中军渡水电站为累积高水头，引水渠道过长，对河流影响面积增大。

表 8-11　不同开发强度的小水电导致的生态系统服务损失

水电梯级开发强度	L_{ES-R}/（sej/a）	L_{ES-N}/（sej/a）	L_{ES}/（sej/a）
一级（张家渡）	7.61×10^{17}	8.42×10^{18}	9.18×10^{18}
二级（张家渡+所街）	2.00×10^{18}	2.20×10^{19}	2.40×10^{19}
二级（张家渡+中军渡）	2.29×10^{18}	2.52×10^{19}	2.75×10^{19}
三级（张家渡+所街+中军渡）	3.52×10^{18}	3.89×10^{19}	4.24×10^{19}

8.4.2　案例梯级水电站系统的能值核算

根据第 5 章建立的混合 Eco-LCA 模型，本章核算了湖南省石门县溇水中上游的 3 个梯级开发小水电的全生命周期生态影响，反映了不同开发强度小水电的生命周期各阶段的直接生态影响和间接生态影响。水电站建设运行过程中相应投入项目的部门分类对照同表 6-8、表 6-9 中所列，此处不再赘述。为比较不同强度梯级水电开发的资源投入－电力产出的效应，以下分为考虑和不考虑下游河流生态系统退化两种情况，不同开发强度的小水电系统的能值结构如表 8-12 和图 8-6 所示。

表 8-12　溇水河流不同梯级开发强度的小水电系统能值流动

项目	张家渡	张家渡+所街	张家渡+中军渡	张家渡+所街+中军渡
不考虑下游河流生态系统服务损失				
发电量 /J	1.67×10^{14}	2.77×10^{14}	3.78×10^{14}	4.87×10^{14}
L_{ES}/（sej/a）	0	0	5.50×10^{15}	5.50×10^{15}
R/（sej/a）	6.04×10^{18}	1.01×10^{19}	1.35×10^{19}	1.76×10^{19}
N/（sej/a）	1.10×10^{19}	1.77×10^{19}	2.17×10^{19}	2.85×10^{19}

续表

项目	张家渡	张家渡+所街	张家渡+中军渡	张家渡+所街+中军渡
不考虑下游河流生态系统服务损失				
F_R/（sej/a）	5.67×10^{16}	1.22×10^{17}	1.48×10^{17}	2.13×10^{17}
F_N/（sej/a）	1.77×10^{18}	3.76×10^{18}	4.72×10^{18}	6.71×10^{18}
F_{L-ES}/（sej/a）	5.92×10^{16}	1.27×10^{17}	1.54×10^{17}	2.22×10^{17}
F/（sej/a）	1.89×10^{18}	4.01×10^{18}	5.02×10^{18}	7.15×10^{18}
U/（sej/a）	1.89×10^{19}	3.19×10^{19}	4.02×10^{19}	5.32×10^{19}
考虑下游河流生态系统服务损失				
L_{ES-R}/（sej/a）	7.61×10^{17}	2.00×10^{18}	2.29×10^{18}	3.52×10^{18}
L_{ES-N}/（sej/a）	8.42×10^{18}	2.20×10^{19}	2.52×10^{19}	3.89×10^{19}
U'/（sej/a）	2.81×10^{19}	5.59×10^{19}	6.77×10^{19}	9.56×10^{19}

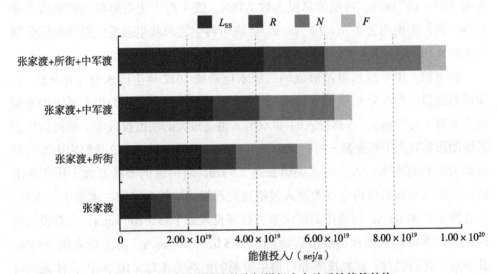

图 8-6　不同开发强度的案例梯级水电站系统能值结构

具体来看，2012 年张家渡水电站系统生产水电 1.67×10^{14} J，而能值总投入为 2.81×10^{19} sej。其中，由水电站过度运行导致的下游河流生态系统服务损失是最大的能值投入项，占总投入的 32.71%；其次为用于驱动水轮机运转的河水重力势能和用于水电站水工建筑物建设的石材，分别占总投入的 31.96% 和

27.67%；淤积在水库中的泥沙能值投入为 3.20×10^{18} sej/a，占总投入的 11.39%。而购买的社会经济资源为 1.45×10^{18} sej/a，只占系统总投入的 6.73%，有 6.31% 来自对化石燃料、矿物质等非可再生资源的消耗，而在购入资源中体现的可再生能源、生态系统服务损失分别为 5.67×10^{16} sej/a 和 5.92×10^{16} sej/a。

张家渡－所街水电站形成的二级开发系统 2012 年生产水电 2.77×10^{14} J，能值总投入为 5.59×10^{19} sej。其中，由水电站过度运行导致的河流生态系统退化依然是整个系统最大的能值投入项，为 2.40×10^{19} sej/a，占总投入的 42.97%，所街水电站的建成运行使得河流生态系统进一步退化，尤其是大坝与厂房之间的河段（725 m），因河水全部进入引水隧洞，流至厂房带动水轮发电机组发电之后才由尾水渠返回主河段，该河段河床裸露，不能为水生动植物提供生境；厂房下游的河段也因每日水轮机停止运转时无法获得发电下泄河水，生态系统发生严重退化。河水重力势能的能值投入在系统能值结构中只占到 18.17%；建设石材的消耗和淤积在水库中的泥沙投入占总投入的 31.69%。而购买的社会经济资源总投入为 4.01×10^{18} sej/a，占能值总投入的 7.18%，其中对于化石燃料、矿物质等非可再生资源的使用为 3.76×10^{18} sej/a，体现可再生能源和生态系统服务损失分别为 1.22×10^{17} sej/a 和 1.27×10^{17} sej/a。

张家渡－中军渡水电站形成的二级水电系统 2012 年生产水电 3.78×10^{14} J，所需的能值总投入为 6.77×10^{19} sej。其中，下游河流退化导致的生态系统服务损失为 2.75×10^{19} sej/a，占总投入的 40.60%，也是最大的能值投入项，对河流生态系统的影响要大于张家渡－所街水电站形成的二级开发系统，这是因为中军渡水电站为累积高水头，人工引水渠道长达 2.6 km，对河流的干扰要大于所街水电站；其次为本地非可再生资源投入包括建设石材的消耗和淤积在水库中的泥沙，占总投入的 32.06%；可再生的河水重力势能投入为 1.35×10^{19} sej/a，占总投入的 19.95%。系统购入的社会经济资源能值为 5.02×10^{18} sej/a，占总投入的 7.41%，其中对于化石燃料、矿物质等非可再生资源的消耗为 4.72×10^{18} sej/a，体现的可再生能源、生态系统服务损失分别为 1.48×10^{17} sej/a、1.54×10^{17} sej/a。

张家渡－所街－中军渡水电站形成的三级梯级开发系统 2012 年生产的水电为 4.87×10^{14} J，而能值总投入增加至 9.56×10^{19} sej。从图 8-5 中可以看出，在三级梯级水电开发系统中，连续筑坝拦水、人工引水的过度开发方式对河流生态系统的影响进一步增大，使开发河段的河流生态系统发生严重退化，2012 年梯级水电站过度运行导致的河流生态系统服务损失为 4.24×10^{19} sej/a，占系统能值总投入的 44.35%。另外，本地非可再生的建设石材和淤积泥沙的能值投入为 2.85×10^{19} sej/a；而利用的可再生的河水重力势能为 1.76×10^{19} sej/a。购入的社会经济资源能值为 7.15×10^{18} sej/a，其中，非可再生的化石燃料、矿物质等资源投入为 6.71×10^{18} sej/a，体现的可再生能源与生态系统服务损失分别为 2.13×10^{17} sej/a 和 2.22×10^{17} sej/a。

8.4.3 能值指标对比分析

由以上案例系统的能值流动可以计算得到一级水电站（张家渡水电站）、二级水电站（分别为张家渡和所街水电站、张家渡和中军渡水电站）和三级水电站（张家渡、所街和中军渡水电站）不同开发强度的系统能值指标，本节仍选取包括水电能值转换率、可再生比例（%R）、能值产出率（EYR）、环境负载率（ELR）和能值可持续指标（ESI）等指标，以探讨溇水河流不同开发强度的梯级小水电的生态影响的不同。同样地，为比较不同强度梯级水电开发的资源投入-电力产出的效应以及河流断流对水电站系统可持续能力的影响，以下分为考虑和不考虑下游河流生态系统退化两种情况，结果如表 8-13 所示；相应地，不同梯级开发强度的系统能值指标如图 8-7 和图 8-8 所示。

表 8-13　不同梯级开发强度的小水电系统能值指标

	项目	张家渡	张家渡+所街	张家渡+中军渡	张家渡+所街+中军渡
不考虑河流生态系统服务损失	UEV/（sej/J）	1.13×10^5	1.15×10^5	1.06×10^5	1.09×10^5
	%R	32.26%	32.24%	33.96%	33.53%
	EYR	10.01	7.94	8.01	7.45
	ELR	2.09	2.11	1.94	1.98
	ESI	4.77	3.78	4.12	3.75
考虑河流生态系统服务损失	UEV/（sej/J）	1.68×10^5	2.02×10^5	1.79×10^5	1.96×10^5
	%R	24.42%	21.97%	23.55%	22.34%
	EYR	2.54	1.99	2.08	1.93
	ELR	3.10	3.55	3.25	3.48
	ESI	0.82	0.56	0.64	0.55

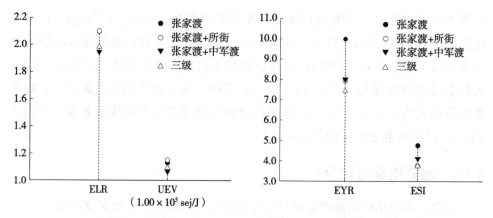

图 8-7　不同强度的案例梯级水电站系统能值指标（不包含河流生态系统退化）

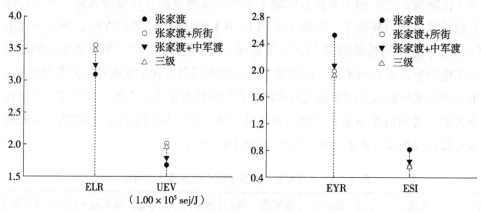

图 8-8　不同强度的案例梯级水电站系统能值指标（包含河流生态系统退化）

8.4.3.1　水电能值转换率

若不考虑下游河流生态系统退化，只有张家渡水电站一级开发时，系统 2012 年生产的水电能值转换率为 1.13×10^5 sej/J，即每生产 1 J 水电，需要投入 1.13×10^5 sej 的太阳能值；当在其下游增加所街水电站时，整个系统每生产 1 J 水电，需要投入的太阳能值增加到 1.15×10^5 sej，表明所街水电站的开发降低了系统的生产效率（Zhang et al.，2011；Odum，1996），这是因为所街水电站在建设阶段投入了大量的建筑材料和机电设备，但运行期间可利用的河水重力势能少，年发电量低；若在张家渡水电站下游增加中军渡水电站形成张家渡 - 中军渡水电站二级开发，系统生产水电的能值转换率为 1.06×10^5 sej/J，意味着中军渡水电站的开发提高了整个水电系统的生产效率，这是因为中军渡水电站虽在建设阶段也投入了大量资源，但运行期间利用的河水重力势能高，年发电量高；当形成目前的三级梯级水电开发时，系统生产水电的能值转换率为 1.09×10^5 sej/J，生产效率高于只有张家渡水电站一级开发，低于张家渡 - 中军渡水电站的二级开发，从资源投入 - 电力产出的角度考虑，中军渡水电站的开发有利于提高流域整体开发的效益，但所街水电站的开发降低了流域整体开发的效益，如图 8-7 所示。

当考虑由水电站过度利用水资源导致的下游河流生态系统退化时，在 4 个系统中，只有张家渡水电站一级开发时，系统的生产效率最高，其水电能值转换率为 1.68×10^5 sej/J；在其下游增加中军渡水电站形成二级开发时，水电能值转换率为 1.79×10^5 sej/J，系统生产效率低于只有张家渡水电站一级开发，这是因为单从资源投入的角度考虑，中军渡水电站因装机容量大而年发电量高，提高了生产效率，但考虑到河流生态系统的退化，中军渡水电站要累积 22.5 m 的水头，需要长达 2.6 km 的人工引水渠道，过度开发水资源导致原河道的生态系统服务损失增大。此外，三级水电开发的系统水电能值转换率为 1.96×10^5 sej/J，仍低于张家渡 - 所街水电站形成的二级开发系统的水电能值转换率（2.02×10^5 sej/J）。

8.4.3.2 可再生比例

若不考虑下游河流生态系统退化，张家渡水电站一级开发的 %R 为 32.26%；增加所街水电站形成张家渡 - 所街水电站二级开发之后，%R 值降至 32.24%，降低了系统的可持续性（Zhang et al.，2011）；而张家渡 - 中军渡水电站的二级开发，系统 %R 增至 33.96%；张家渡 - 所街 - 中军渡水电站形成的三级梯级开发，系统 %R 为 33.53%，表明中军渡水电站的开发使得系统可持续性能力增强。

若考虑下游河流生态系统退化，河流生态系统服务损失的投入使得每个系统的 %R 都显著降低，可持续能力显著下降。其中张家渡水电站一级开发的系统 %R 降至 24.42%，在 4 个系统中最高，其次为张家渡 - 中军渡水电站的二级开发系统（23.55%），张家渡 - 所街 - 中军渡水电站形成的三级开发开发系统 %R 为 22.34%，张家渡 - 所街水电站形成的二级开发系统 %R 最低，为 21.97%。

8.4.3.3　能值产出率

若不考虑下游河流生态系统服务损失，在溧水河流的梯级水电开发中，当只有张家渡水电站一级时，系统的能值产出率（EYR）最大，约为 10，对当地资源的开发能力最强；形成张家渡 - 中军渡水电二级开发时，EYR 值明显下降（约为 8.01），表明系统对投入的社会经济资源依赖程度增大；张家渡 - 所街水电站形成的二级开发，系统对投入的社会经济资源依赖程度进一步增大（EYR 值为 7.94）；张家渡 - 所街 - 中军渡水电站形成的三级开发，EYR 值为 7.45，系统对投入的社会经济资源依赖程度最大，对当地免费资源的开发能力最弱。数据对比表明，随着梯级开发强度的增大，系统对社会经济资源投入的依赖程度逐渐增大。

将梯级水电过度开发水资源导致的河流生态系统服务损失包含在核算体系内，可以看出每个系统的 EYR 值都显著降低，其中只有张家渡一级水电站时，EYR 值最高，为 2.54，张家渡 - 所街 - 中军渡水电站的三级开发系统 EYR 最低，为 1.93，表明下游河流生态系统退化严重降低了梯级小水电开发对当地资源的利用能力。

8.4.3.4　环境负载率

在不考虑下游河流生态系统退化时，若只有张家渡水电站一级开发，其系统环境负载率（ELR）为 2.09；而张家渡 - 所街水电站的二级开发，系统 ELR 为 2.11，略大于只有张家渡水电站一级开发；而张家渡 - 中军渡水电站的二级开发，系统 ELR 为 1.94，说明相比所街水电站，中军渡水电站可以利用较少的非可再生资源开发更多的可再生资源，而张家渡 - 所街 - 中军渡水电站形成的三级水电开发，系统 ELR 为 1.98（Zhang et al., 2011）。

考虑河流生态系统退化之后，不同强度的梯级开发水电系统的 ELR 值均明显增大，这说明水电站由于过度开发挤占河流生态需水，增大了水电站对生态环境的压力。其中，张家渡 - 所街水电站形成的二级开发，ELR 值最大，为 3.55，这主要是因为水电过度运行对河流生态系统造成破坏，尤其是不能为濒危动物大鲵提供栖息地，使水电站系统对生态环境的压力增大，若系统持续处于较高的环境负载率，将会造成系统不可逆转的功能退化（Zhang et al., 2011；李双成等，2001）。

8.4.3.5 能值可持续指标

综合能值产出率和环境负载率，可以得到不同强度的梯级小水电系统的能值可持续指标（ESI）（Ulgiati and Brown，1998）。在不考虑下游河流生态系统退化时，张家渡水电站系统的 ESI 值最高，为 4.77；在其下游增加水电站开发时，会使得系统可持续能力降低，其中，张家渡－所街水电站形成的二级开发系统可持续能力要低于张家渡－中军渡水电站系统（ESI 值分别为 3.78 和 4.12）；张家渡－所街－中军渡水电站形成的三级梯级开发，ESI 值最低，为 3.75，可持续能力最差。

将下游河流生态系统退化包含在核算体系内之后，4 个不同强度的水电开发系统的 ESI 值均小于 1，长久来看均为不可持续的，表明河流生态系统的退化严重影响了水电系统的可持续发展进程，进而表明小水电单纯追求发电效益，挤占下游河段生态用水、以生态环境破坏为代价的开发方式是不可持续的（Giannetti et al.，2011）。值得注意的是，梯级水电开发的强度越大，ESI 值越低，系统可持续能力越差。

8.5 梯级小水电开发的相对适宜边界探讨

通过混合 Eco-LCA 模型的核算，从资源投入－电力产出的角度来看，溇水河流不同强度的梯级水电开发的生态影响不同，其中张家渡－中军渡水电站形成的二级水电开发系统环境表现最好，其次为只有张家渡水电站一级开发时；而张家渡－所街水电站形成的梯级水电系统的环境表现与张家渡－所街－中军渡水电站形成的三级梯级开发水电系统环境表现相近，在 4 种水电开发强度中是最差的 2 种。这是因为在 3 个水电站中，位于最上游的张家渡水电站和最下游的中军渡水电站累积水头较高（分别为 20.5 m 和 22.5 m），所利用的水能资源较为丰富，利用单位河水重力势能所需的资源投入较少；而位于两个水电站之间的所街水电站距离张家渡水电站非常近，累积水头低，仅为 12.5 m，在同等来水情况下，所街水电站发电量远小于张家渡水电站和中军渡水电站，难以达到满负载运行，设备利用率偏低，对所街水电站的多年发电量进行统计显示，其多年平均发电量为 2 473 万 kW·h，平均利用小时数只有 1 649 h，远小于我国小水电 2012 年的平均利用小时数（3 308 h）（中国统计年鉴，2013）。中军渡水电站距离所街水电站较远，累积水头高（22.5 m），单机装机容量大（8.8 MW），虽因水轮机引水流量相应也较大，和所街水电站同样面临来水不足的问题，但电力产出相比所街水电站较好。这说明适当强度的梯级水电开发可以提高河流的水电开发效益，但过于密集的水电开发会使得梯级水电开发的资源投入－电力产出出现边际效应。

事实上，张家渡水电站所在位置的水资源量可以使其装机达到31 MW，目前装机只有15 MW，从河水流量与发电过程模拟也可以看出，在汛期大量的水资源通过溢流的形式通过张家渡水电站，没有发电就被排向下游，可见张家渡水电站站址处的水资源未得到充分利用。而按照枯水的河水径流量，所街水电站应装2台5 MW机组，但开发商为充分利用汛期的河水，水电站在建设期改装3台5 MW机组。过大的装机容量使得水电站建设期所需社会经济资源增多，提高了建设成本。

若将河流生态系统服务损失包含在核算体系内，在4种不同强度的水电开发系统中，只有张家渡一级水电站时系统环境表现最好，张家渡－中军渡水电站形成的二级开发系统，因过度开发导致的生态系统服务损失使系统环境表现要差于只有张家渡水电站的系统，这是因为中军渡水电站为累积高水头，引水渠道长达2.6 km，河流受影响面积大，系统生态影响增大；张家渡－所街水电站形成的二级水电开发和张家渡－所街－中军渡水电站形成的三级水电开发系统环境表现相近，是4种开发强度的系统中最差的。由此可见，过于密集的梯级水电开发不仅不能获得经济效益，也会对生态环境产生更多的破坏。

整体来看，无论是资源投入－电力产出视角，还是考虑了河流生态系统退化之后，所街水电站的开发都明显增大了对生态环境的压力。

此外，需要说明的是，因本研究中的梯级水电开发属于同一家公司，上下游水电站在运行期间调度较好，不会产生水资源利用的矛盾，而通过实地调研发现，一些河流的梯级水电开发，缺乏流域的整体规划，不同资源点被出售于不同的水电开发商，造成了上下游梯级水电站开发中的水位不衔接，下游水电站蓄水抬升上游水电站尾水位，对上游水电站的运行产生影响；因隶属不同的水电管理公司，上游水电站拦水导致下游水电站无电可发，或上游水电站突然泄水，导致下游水电站产生大量溢流，不能发电便排至河流下游，严重影响下游水电站的发电效益。这种不协调的梯级水电开发严重影响了水电开发效益，但在我国小水电开发过程中普遍存在。

综合以上分析可以看出，梯级水电的开发需要严谨的流域整体规划，对于中小河流的开发尤其如此。但自20世纪90年代民间资本允许进入小水电投资行业开始，快速甚至"过热"的小水电开发呈现盲目、无序等趋势，如第1章所述，在贵州省赤水市境内长48.6 km的习水河干流上，所建小水电达十级之多，每隔几千米就有一级小水电的修建，各级水电站水坝拦截与引流无序分配河水，导致在多数年份下河流基本生态需水得不到满足，许多河段出现断流，河流生态系统退化严重，削弱了河流生态系统服务功能，也严重影响了河流景观。这种现象在我国小水电开发过程中普遍存在，缺乏流域整体规划，不仅导致梯级小水电开发的经济效益较差，也引发了政府决策者及公众对小水电环境友好性的质疑，严重阻碍了小水电的可持续发展。因此，梯级小水电的开发应系统评估水电资源，做好流域小水电总体开发规划，遵循适度开发原则，保障水电站的经济效益，并且保障河流最基本的生态需水底线，协调好小水电开发和河流健康矛盾，以实现梯级小水电站的可持续发展。

8.6 本章小结

本章首先通过系统动力学模型模拟了湖南省石门县渫水河流中上游的3个梯级小水电入库-出库流量与发电量之间的关系，并采用混合Eco-LCA模型，分别从资源投入-电力产出及梯级开发水电的实际运行两个角度对不同开发强度的小水电的生态影响进行了分析，通过对比不同开发强度（第一级、第一级和第二级、第一级和第三级、三级）的梯级水电全生命周期的生态成本，得出以下结论：

（1）从案例梯级水电站来水与发电量过程的系统动力学模型的模拟结果来看，上游水电站对下游水电站的影响主要体现在两个方面，一是在设计规划时，上游水电站决定了下游水电站的年发电量和大坝与厂房之间可能的生态影响；二是在运行期间，上游水电站不会影响下游水电站的发电总量，但会影响下游水电站的发电时间，也就是厂房下游河道的断流时间。从整个生命周期来看，上游水电站影响了下游水电站的年发电量以及生态影响。

（2）从混合Eco-LCA模型分析结果可以看出，从资源投入-电力产出角度来看，在 4 种强度的开发系统中，第一级和第三级形成的梯级水电开发系统环境表现最好，优于只有第一级时的系统表现，其次为三级开发，只有第一级和第二级的开发系统的环境表现最差，这是因为第二级水电站距离第一级较近，累积水头低，发电所需水量大，受来水不足影响，水电站发电效益严重受损，以上数据对比表明，适当密度的梯级开发有利于优化河流的水电开发效益，而过于密集的梯级开发则会降低整体效益，出现边际效应。

考虑梯级水电开发对河流生态系统的影响之后，只有第一级水电开发时，系统的环境表现最好，但因其过度开发，导致下游河流生态系统退化，系统 ESI 值为 0.86，小于 1，亦为不可持续；第一级和第三级形成的梯级开发系统，因第三级在累积高水头过程中需要很长的引水渠道，过度开发水资源导致原河道长距离地断流，生态系统严重退化，ESI 值为 0.56，环境表现要差于只有第一级系统时；4 种强度的开发系统中仍以第一级和第二级形成的梯级开发系统环境表现最差。因此，在梯级水电开发中，要保障河流生态需水的有序下泄，防止河流生态系统退化。

综上所述，在未来梯级水电开发的规划中，要系统评估整个流域的河流水电资源，做好流域梯级水电开发规划，防止过于密集的梯级开发强度，以避免出现水电开发的边际效应；并且在梯级水电运行过程中，要加强监督与管理，保障各级水电站下游河流生态需水的有序下泄，这也是保障梯级水电开发的经济效益与规避梯级水电开发产生严重生态影响的重要前提。

参考文献

陈凯，李就好，余长洪，等，2015. 广东省引水式梯级小水电生态环境效应评价 [J].
　水电能源科学，33(8): 116-119.

陈绍金，王勇泽，刘华平，等，2010. 湖南皂市大坝对河流生态系统的影响因子
　辨析 [J]. 水资源保护，26(6): 47-50.

国家遥感中心，2012. 全球生态环境遥感监测（陆表水域面积分布状况）2012 年
　度报告（中文版）[R/OL]. http://www.csi.gov.cn/lbsymjfbzk/index_3.html.

李帅，2010. 天全河流域梯级开发对环境的累积影响研究 [D]. 雅安：四川农业
　大学.

李双成，傅小峰，郑度，2001. 中国经济持续发展水平的能值分析 [J]. 自然资源学报，16(4): 297-304.

刘军，2004. 长江上游特有鱼类受威胁及优先保护顺序的定量分析 [J]. 中国环境科学，24(4): 395-399.

刘良国，杨品红，杨春英，等，2013. 湖南境内澧水鱼类资源现状与多样性研究 [J]. 长江流域资源与环境，22(9): 1165-1170.

石门县畜牧水产局，2015. 石门县养殖业发展"十三五"规划 [R/OL]. http://www.shimen.gov.cn/site/xmscj/listzw/7305.html.

王欢，韩霜，邓红兵，等，2006. 香溪河河流生态系统服务功能评价 [J]. 生态学报，26(9): 2971-2978.

王朋，2015. 梯级小水电优化运行技术研究 [D]. 郑州：郑州大学.

吴乃成，2007. 应用底栖藻类群落评价小水电对河流生态系统的影响——以香溪河为例 [J]. 北京：中国科学院.

杨宏，2007. 流域水电梯级开发累积环境影响评价研究 [D]. 兰州：兰州大学.

姚兴佳，刘国喜，朱家玲，等，2010. 可再生能源及其发电技术 [M]. 北京：科学出版社.

殷梦光，曹宇，李灿，2014. 中国大鲵资源现状及保护对策 [J]. 贵州农业科学，42: 197-202.

曾华丽，2008. 水电工程建设生态环境影响的价值核算与分析 [D]. 成都：西南交通大学.

郑江涛，2013. 水电开发对山区河流生态系统影响模型及应用研究 [D]. 保定：华北电力大学.

中华人民共和国国家统计局，2013. 中国统计年鉴 2012[M]. 北京：中国统计出版社.

Campbell D E, Lu H F, Lin B L, 2014. Emergy evaluations of the global biogeochemical cycles of six biologically active elements and two compounds[J]. Ecological Modelling, 271: 32-51.

Fang Y P, Deng W, 2011. The critical scale and section management of cascade hydropower exploitation in Southwestern China[J]. Energy, 36(10): 5944-5953.

Feng Y Y, Chen S Q, Zhang L X, 2013. System dynamics modeling for urban energy consumption and CO_2 emissions: A case study of Beijing, China[J]. Ecological Modelling, 252: 44–52.

Giannetti B F, Ogura Y, Bonilla S H, et al., 2011. Accounting emergy flows to determine the best production model of a coffee plantation[J]. Energy Policy, 39(11): 7399–7407.

Hennig T, Wang W L, Feng Y, et al., 2013. Review of Yunnan's hydropower development. Comparing small and large hydropower projects regarding their environmental implications and social–economic consequences[J]. Renewable and Sustainable Energy Reviews, 27: 585–595.

Kibler K M, Tullos D D, 2013. Cumulative biophysical impact of small and large hydropower development in Nu River, China[J]. Water Resources Research, 49: 3104–3118.

Liu J E, Zhou H X, Qin P, et al., 2009. Comparisons of ecosystem services among three conversion systems in Yancheng National Nature Reserve[J]. Ecological Engineering, 35: 609–629.

Odum H T, 1996. Environmental accounting: Emergy and environmental decision making[M]. New York: Wiley.

Paish O, 2002. Small hydro power: Technology and current status[J]. Renewable and Sustainable Energy Reviews, 6: 537–556.

Ulgiati S, Brown M T, 1998. Monitoring patterns of sustainability in natural and man-made ecosystems[J]. Ecological Modelling, 108: 23–36.

Zhang L X, Ulgiati S, Yang Z F, et al., 2011. Emergy evaluation and economic analysis of three wetland fish farming systems in Nansi Lake area, China[J]. Journal of Environmental Management, 92: 683–694.

第 9 章

基于生命周期评价的我国小水电环境影响分析

9.1 引言

　　水能本身是一种取之不尽、用之不竭、可再生的清洁能源，小水电在日常运行过程中几乎没有化石燃料消耗，从这个意义上说，它是一种清洁的发电方式。但是，小水电并不是真正的"零碳"技术，而是像其他可再生能源技术一样，小水电在前期建设过程中需要大量的建设材料、运输燃料和发电设备等初始投资，以及运行期间需要润滑油、电力等投入，这些投入在其上游生产过程中都伴随资源消耗，并与化石能源的消耗和环境污染间接相关（Varun et al.，2009）。一直以来，小水电的环境表现在全球范围内都受到了广泛关注，就中国小水电过去的快速发展和即将到来的进一步扩张而言（Pang et al.，2015），特别需要对中国小水电建设和运行情况进行系统和定量的评估。

　　生命周期评价（Life Cycle Assessment，LCA）是一种系统的、整体的评价方法，用于评估与产品或服务在其整个生命周期内（即从原材料开采、加工、制造和使用到最终处置）相关的资源流动和潜在的环境影响（Finnveden et al.，2009；ISO，2006a，2006b；Guinee et al.，2002）。LCA 将环境影响评价的范围从直接影响扩展到间接影响，因为有些情况下系统的间接影响会高于直接影响，因此在能源比较或政策决策中不应该忽视这些间接影响。在过去的 20 年中，LCA 已被广泛应用于评估各种发电系统的环境表现，尤其是在系统的温室气体排放和能源使用等方面（Fu et al.，2015；Arvesen et al.，2014；Turconi et al.，2013；Dolan and Heath，2012；Whitaker et al.，2012；Raadal et al.，2011；Varun et al.，2009）。关于水电项目，LCA 的结果表明，由于水电站的类型、规模和开发地点不同，环境表现也会有所不同，在一定范围内波动（Varun et al.，2009；Gagnon et al.，2002；Gagnon and Vate，1997）。如果考虑水电站的规模，一些研究认为，就系统单位电力产出而言，装机规模较大的水电站往往比装机规模小的水电站环境表现更好，因为这些系统通常有更长的运行年限和更多的电力产出（Ribeiro and Silva，2010；Zhang et al.，2007）。至于小水电工程，在其他国家已经进行了一些 LCA 研究。例如，Suwanit 和 Gheewala（2011）采用过程生命周期评价（Process-based Life Cycle Assessment，PLCA）方法对泰国的 5 个微型水电站进行了系统评估，结果表明，微型水电站的环境表现远远优于联合循环天然气电站。同样在泰国，Pascale 等（2011）使用 PLCA 方法对某社区水力发电系统进行了评估，结果表明，小水电比柴油发电机和电网连接的替代方案更环保。此外，Varun 等（2012）运用经济投入产出生命周期评价（Economic Input-Output LCA，EIO-LCA）方法评估了印度不同模式的小水电工程的温室气体排放量，发现这些小水电项目的温室气体排放随着装机容量的增加而减少。关于中国小水电的情况，Zhang 等（2007）也使用 EIO-LCA 评估了两个水电项目的能源使用和温室气体排放量，其中包括一个装机容量为 44 MW 的小型水电站（另一个装机容量为 3 600 MW）。本章将在下文就 PLCA 和 EIO-LCA 方法之间的比较进行介绍。需要指出的是，对于这两种方法，评价结果往往都是有吸引力的，但由于评价对象的不同，两者之间的差异较大（Zhang et al.，2014a；Zhang et al.，2013；Suh and Huppes，2005；Lenzen，2000）。

本章在概述生命周期评价理论的基础上，将遵循 ISO 14040 系列标准，选取贵州省观音岩小型水电站作为典型案例，对其进行生命周期评价，主要目标包括以下 3 个方面：第一，对观音岩水电站全生命周期产生的环境影响及节能减排收益进行系统评估，并确定对环境影响贡献最大的"热点"；第二，将观音岩水电站的环境表现与世界其他小型水电站进行比较；第三，为决策者提供可靠的信息，来制定相关战略，减小水电站开发的环境影响，以期促进我国小水电行业的绿色低碳可持续发展。

9.2 生命周期评价理论

生命周期评价思想萌芽于 20 世纪 60 年代末 70 年代初，最初被称为资源与环境状况分析。开始的标志是美国中西部资源研究所对可口可乐的产品包装展开的定量化分析，结果表明，塑料瓶与玻璃瓶相比更为环境友好，该研究结果使可口可乐公司转而使用塑料瓶包装。1990 年，国际环境毒理学与化学学会（Society of Environmental Toxicology and Chemistry，SETAC）首次提出了 LCA 的概念，并后续召开多次学术讨论会，对 LCA 理论和方法进行了探讨。1993 年，国际标准化组织（International Organization for Standardization，ISO）开始起草 ISO 14000 环境管理系列标准，并将 LCA 纳入体系。1997 年 6 月，ISO 14040 标准《环境管理生命周期评价原则与框架》正式颁布，之后以其为总纲，陆续发布了 LCA 系列标准（环境管理－生命周期评价），包括 ISO 14040：原则与框架标准、ISO 14041：目的与范围确定以及清单分析标准、ISO 14042：生命周期影响评价标准、ISO 14043：生命周期解释标准、ISO 14044：要求与指南标准、ISO 14048：数据文件化格式标准。标准化的 LCA 方法作为一种科学的环境管理标准和定量化的决策工具，目前已被广泛应用于清洁生产评估、产品设计和优化、政策制定等领域。

9.2.1 生命周期评价定义

根据 ISO 14040 的定义，生命周期评价是指对一个产品整个生命周期中的输入、输出及其潜在的环境影响进行汇编和评价。具体来讲，LCA 是一种对产品或服务整个生命周期中，包括从原材料的开采、产品的生产直至产品使用后的处置整个生命周期全过程中的资源、能源投入和环境排放进行量化分析、辨识和评价减少物料消耗及环境影响的机会（王长波等，2015；ISO，2006a）。

9.2.2 生命周期评价的主要内容

根据 ISO 的定义，一个完整的 LCA 包括四个有机组成部分：目标与范围的确定（Goal and Scope Definition）、清单分析（Inventory Analysis）、影响评价（Impact Assessment）和改善评价（Improvement）或结果解释（Interpretation），如图 9-1 所示。

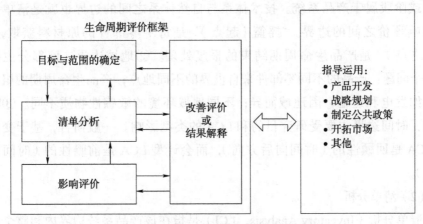

图 9-1 生命周期评价方法体系的主要框架

（1）目标与范围的确定

首先需要根据研究对象的地域广度、时间跨度等因素，确定生命周期评价的目标；然后根据评价目标来界定研究对象的功能单位（Functional Unit）、系统边界（System Boundary）、生命周期环节（Unit Process）、影响类型等因素，这些因素随研究目标的不同而不同，必须根据评价目标的实际情况进行综合分析判断，确定适合评价对象目标的研究范围和研究内容。

同时，在生命周期研究过程中可以根据搜集的数据和信息，对最初设定的研究范围进行修订，以满足研究目标。对于评价范围的界定，也可以根据研究的限制条件、数据获取的难易程度或其他因素进行合适的修改。

其中，功能单位即用来作为基准单位的量化的产品系统性能，为相关的输入和输出提供参考，对确保 LCA 结果具有可比性具有重要意义。具体来讲，功能单位为输入和输出提供一个统一的计量标准，它是系统中其他模拟流的基准流，功能单位的定义应该明确、可测量，且与输入 / 输出数据相关。该步骤将决定如何组织数据和展示结果。谨慎选择功能单位和展示 LCA 结果可以提高计算精度和结果的可信度。为了使研究产品系统的所有输入和输出具有可比性，需要把它们与该产品的指定功能单位关联起来。

系统边界，即要纳入所研究产品或服务系统模型的单元过程，是目的与范围的确定阶段最重要的内容之一。无论对何种类型的产品系统进行研究，必须确定或限定以下几点：①自然边界，确定自然边界是为了定义哪些环节或阶段属于产品系统。技术体系与自然体系之间的边界也就是清单分析与影响评价之间的边界。"摇篮（起点）"是每个零部件的原材料获取，"坟墓（终点）"是产品生命周期结束的报废处理。②地域边界，该部分主要考虑 3 个问题：产品的不同零部件来自世界的不同地点；产品生命周期的组成部分，如发电和运输，因地域而异；不同地域环境的敏感性物质不同。③时间范围，时间边界主要受研究目的和 LCA 的类型影响。一般而言，基于变化型的 LCA 是回顾性的（时间向后方向），而会计型 LCA 是前瞻性的（时间前进方向）。

（2）清单分析

清单分析（Inventory Analysis，LCI）是指在该产品系统边界内和整个生命周期内，对所有输入与输出物质进行数据收集与整理，并通过计算得出所需要的数据清单，作为环境影响评价的分析基础和依据。

输入物质主要包括生产该目标产品所需要的所有物质和能源，输出物质主要包括产品、废弃物，以及对大气、水和土壤环境的排放。对于产品生产中的内部物质循环不包括在输入/输出清单中。能源包括各种形式的燃料和电力输入，同时要考虑能源与电力的转化、分配效率等多种因素。

（3）影响评价

生命周期影响评价（Life Cycle Impact Assessment，LCIA）是对清单分析中的环境影响作定量或定性的描述和评价，进行环境影响分析。生命周期影响评价主要包括以下4个步骤：环境影响分类、特征化、归一化和加权评价。

环境影响分类是指将从清单分析得来的数据进行归类分析，将数据归到属性相关的环境影响类型。环境影响类型可分为中间点（Mid-point）环境影响和终结点（End-point）环境影响，如表9-1所示，由荷兰Leiden大学构建的CML 2001生命周期环境影响评价方法的中间点环境影响类别主要包括资源耗竭、温室效应、光化学烟雾、富营养化效应、臭氧层破坏、酸化效应、水污染、土壤污染、人体健康损坏和土地使用等。此外，终结点环境影响包括资源消耗、人体健康和生态环境影响3个方面。

表9-1 生命周期影响评价的主要中间点环境影响类别

环境影响类别	功能单位	描述
全球变暖潜能（100年）（Global Warming Potential，GWP）	kg CO_2-eq	导致气候变化的温室气体排放（在100年水平上）
非生物资源（元素）消耗潜能（Abiotic Depletion Potential elements，ADP elements）	kg Sb-eq	非生物资源的消耗（元素）
非生物资源（化石燃料）消耗潜能（Abiotic Depletion Potential fossil，ADP fossil）	MJ	非生物资源的消耗（化石燃料）
酸化潜能（Acidification Potential，AP）	kg SO_2-eq	酸化环境物质排放
富营养化潜能（Eutrophication Potential，EP）	kg PO_4-eq	富营养化环境物质排放
淡水生态毒性潜能（Freshwater Aquatic Eco-toxicity Potential，FAETP）	kg DCB-eq	有毒物质对淡水水生生态系统的影响
臭氧层消耗潜能（Ozone Layer Depletion Potential，ODP）	kg R11-eq	臭氧损耗的潜势值

续表

环境影响类别	功能单位	描述
陆地生态毒性潜能（Terrestrial Eco-toxicity Potential，TETP）	kg DCB-eq	有毒物质对陆地生态系统的影响
海洋水生生态毒性潜能（Marine Aquatic Eco-toxicity Potential，MAETP）	kg DCB-eq	有毒物质对海洋水生生态系统的影响
人体毒性潜能（Human Toxicity Potential，HTP）	kg DCB-eq	有毒物质对人体健康的影响
光化学氧化潜能（Photochemical Ozone Creation Potential，POCP）	kg C_2H_4-eq	通过光的作用形成臭氧的主要空气排放物

特征化则是根据环境影响类型分类，依据特征化因子（Characterization Factor），将清单分析数据转化为统一单位的环境影响类型。对于每一种环境影响类型，根据相关环境负荷项目，用对应的环境影响参照物表示。主要目的是增加不同影响类型数据的可比性，为下一步的归一化评价提供依据。生命周期影响评价方法主要包括 CML 2001、EDIP、EPS 2000、TRACI、Eco-indicator99、IMPACT 2002+、ReCiPe 等。其中 CML 2001 是基于传统生命周期清单分析特征及标准化的方法，采用了中间点分析，大幅减少了假设的数量和模型的复杂性，易于操作。此外，ReCiPe 是近年来常用的特征化方法，该方法由欧洲联合研究中心（JRC）研发，旨在为决策者和利益相关者提供全球统一的、科学可靠的环境评价指南。ReCiPe 方法将环境影响分为 18 个中间类别和 3 个最终类别，中间类别包括人类健康、生态系统和资源。最终类别包括人类健康、生态系统和资源的中间类别之间的权衡。

通过归一化可以更好地比较所研究的产品系统中每个环境影响类型的相对大小。将环境影响类型的计算结果与选定的基准值进行比较，得到归一化结果。全球、区域、国家或当地的地域范围内总排放量或资源消耗量可以选定为归一化的基准值。

根据环境影响类型的加权因子，将不同的影响类型指标的归一化结果进行加权计算，并对加权结果进行加和，可以得到产品的总体环境影响。各种环境影响类型的权重大小主要考虑对环境总体影响的贡献，以及生态重要性因素。由于地理环境、经济条件等实际情况的差异，采用不同方法考虑环境影响类型指标的权重大小有所不同。加权是一个可选步骤，目前主要采用层次分析法和德尔菲法进行加权分析。

（4）生命周期解释

根据一定的评价标准，对影响评价结果作出分析解释，识别出产品的薄弱环节和潜在的改善机会，为达到产品的生态最优化目的提出改善建议。

9.2.3　生命周期评价软件和数据库

LCA 的研究与应用不仅依赖于标准的制定，也依赖于数据与结果的积累。在绝大多数的 LCA 案例研究中，都需要一些基本的生命周期清单分析数据。如果 LCA 评估要从产品生命周期的原材料开采阶段开始，其工作量是巨大且难以承受的。因此，不断积累评估数据，并将这些数据组织成数据库的形式，是 LCA 研究中一项非常重要的工作。

LCA 的研究基本上经历了从具体的 LCA 个案分析到建立环境影响数据库的过程。目前，世界上已有几千个 LCA 相关数据库。不同国家和地区的资源与能源禀赋不同，各自的科技和生产水平也不同，从而导致 LCA 数据库表现出很强的地域性，因此几乎各个国家和地区都需要建立本土化的 LCA 数据库。目前国际上著名的 LCA 数据库有十几个，由不同的国家、组织或研究机构建立，这些数据库在 LCA 研究中发挥着重要作用，如瑞士的 Ecoinvent 数据库、欧洲的 ELCD 数据库、德国的 Gabi 扩展数据库、美国的 U.S.LCI 数据库和韩国的 LCI 数据库等。

由于 LCA 研究中需要处理大量的数据，借助计算机可以更好地完成 LCA 工作。近年来，国际上已经开发出数十个用于 LCA、LCI 的计算机软件，用户较多的有 SimaPro®、GaBi®、Ecopro® 等。它们支持用户管理大量的数据，为产品系统建立 LCA 模型，能够进行不同类型的计算，并帮助生成评估报告。大多数 LCA 评估软件的功能都符合 ISO 14040 对 LCA 方法的定义。其中，SimaPro 软件由荷兰 Leiden 大学环境科学中心（CML）开发与发展，可针对不同生命周期阶段，包括清单分析、分类及特征化等开展分析；Gabi 软件由德国斯图加特大学 IKP 研究所开发，其数据库主要由 BUWAL 与 APME 发展而得，包括世界和工业企业与研究单位的清单分析数据库。Gabi 模块结构可分为面向对象的模块单位与考察生命周期各阶段的模块两种。软件数据库管理完整，分析严谨，适用于企业内部对产品的评估或改良设计。

此外，国内也有部分研究团队开发了基于本土企业生产过程的原始数据集合基础上的中国生命周期清单基础数据库，但尚未完善，目前我国的 LCA 研究仍面临本土化有效基础数据匮乏等难题。

9.2.4　生命周期评价方法的发展

如引言中所述，LCA 随着其评价对象不断复杂化、系统化，逐渐发展出包含基于详细的过程模型量化资源输入和环境输出的过程生命周期评价方法，即 Processed-based LCA（PLCA），基于经济投入 - 产出数据和公开的资源消耗以及环境排放数据的生命周期评价方法，即 Economic Input-output LCA（EIO-LCA），可为一个产品或服务相关的整个供应链提供清单分析，以及将 PLCA 的优点与 EIO-LCA 的优点结合在一起的混合生命周期评价，即 Hybrid LCA（HLCA）。

PLCA 是一种自下而上的分析方法，理论上它要求考虑被研究产品全生命周期的所有环节，从最初自然资源的获取直至产品最终报废向自然界排放的所有过程。其优点在于针对性强，然而该评价方法需要大量的数据支持，通常需要花费大量的时间和成本，在大多数情况下这是不可能实现的。因此，基于清单分析的 PLCA 方法不可避免地存在截断误差，即核算是不完整的，截断不确定性可高达 20%～50%。

为了克服 PLCA 研究中的一些难题，Lave 等将经济投入 - 产出表分析方法引入生命周期评价中，创建了投入产出生命周期评价模型，即基于投入 - 产出的生命周期评价方法（EIO-LCA）。投入产出表是由列昂惕夫（Leontief）于 20 世纪 30 年代研究并创立的一种反映经济系统各部分之间投入与产出数量依存关系的分析方法。这种分析方法在 1965 年以前主要用于经济分析，之后随着资源环境问题日益凸显，逐渐被引入自然资源开发利用与环境保护等各个领域。该方法是基于投入产出表建立的一种自上而下的生命周期评价方法，它首先利用投入产出表计算出部门层面的能耗及排放水平，再通过评价对象与经济部门的对应关系评价具体产品或服务环境影响。由于投入产出表的边界为整个国民经济系统，因而环境投入产出模型的核算边界也为整个国民经济系统，因此能够完整地核算产品或服务的能耗及环境影响。EIO-LCA 方法是使用产品部门的平均生产水平来近似作为该产品的生产水平，并且被评价产品必须是属于投入产出表中的产品部门的产品，否则需要对产品的生产过程按照工艺分解。尽管该方法可以带来一个全面的、全行业范围的环境影响评价，但是它无法提供 PLCA 所达到的细节水平。表 9-2 为 PLCA 与 EIO-LCA 的比较。

表 9-2　PLCA 与 EIO-LCA 的比较

主题	问题	PLCA	EIO-LCA
边界	边界确定	根据数据质量主观确定边界	整个国民经济系统
	直接和间接	必须通过反复迭代才能计算间接影响	自动包含直接和间接影响
	进出口	可以准确计算进口原料的环境影响	一般视评价对象为本国生产的产品，采用多尺度投入产出分析方法可在一定程度上区分国内外产品
数据	类型	公共数据或私人数据	公共数据
	时效性	可根据需要收集近期数据	间隔数年定期发布
	完整性	不完整	完整的国民经济数据
	针对性	可对具体产品进行评价	只能将部门内产品统一评价
	单位	实物单位	货币单位
生命周期阶段	运行、使用阶段	依数据条件而定	不包括
	最终处置阶段	依数据条件而定	不包括
结果分析	结果重现	公共数据情况下可以	可以
	产品比较	可以比较	不能比较归属同一部门的产品
	产品改进	具体到产品	只能到部门层面
投入	时间	多	少
	成本	高	低

HLCA 是指将 PLCA 和 EIO-LCA 结合使用的方法，该方法由 Bullard 等于 20 世纪 70 年代第一次石油危机之后提出，主要用于能源投入产出分析，如对于自然资源开采过程，可以将交通运输、机械耗能等现场能耗及排放采用 PLCA 计算，而开采设备等投入产生的上游影响则用 EIO-LCA 核算。通过将 PLCA 和 EIO-LCA 结合，既可以消除截断误差，又可以加强对具体评价对象的针对性，还能将产品的使用和报废阶段纳入评价范围。

9.3　小水电案例选择和生命周期评价模型构建

9.3.1　小水电案例选择

　　观音岩水电站是一个典型的筑坝式小型水电站工程，位于贵州省西北部赤水市的习水河干流上（N28°32′24.89″，E106°06′39.81″）。观音岩水电站的主要作用是发电，大坝蓄水后形成一个容积为 1.21×10^6 m^3 的水库，平均水头为 11.75 m。通过压力水管，水流被引至水轮机，平均引水流量为 32.2 m^3/s，通过它将流水的动能转换成机械能，从而驱动发电机运转。该水电站由两台水力发电机组组成，每台的装机容量为 1.6 MW。所生产的电力经升压后出售给当地电网。最后，流经水轮发电机组的河水通过尾水渠返回到河流主渠道。除去水电站自用电，水电站的年均净发电量（即上网电量）为 6.28 GW · h，占设计年发电量的 57.3%。也就是说，年满负荷运行小时数为 1 965 h。水电站每年使用的来自电网的热备用电源（用于支撑水电站的日常运行）约为 4 700 kW · h。观音岩水电站的设计运行年限为 30 年。

9.3.2　目标和范围的确定

　　根据 ISO 系列标准，本研究采用传统的过程生命周期评价方法对观音岩水电站的全球和区域环境影响进行系统性评估。如图 9-2 所示，本研究的系统边界包括水电站生命周期中的以下 3 个阶段：水电站的施工（建筑工程和设备安装）、

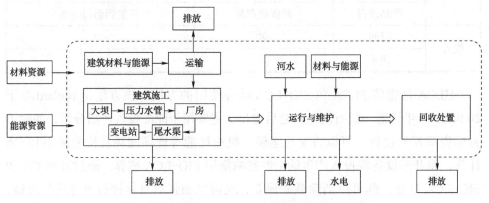

图 9-2　观音岩水电站的生命周期评价系统边界

运行和维护，以及最后的回收处置阶段。建筑材料和机械设备从生产地到电站所在地的运输阶段也被考虑在内。由于观音岩水电站的唯一功能是生产电力，因此LCA评价的功能单位（Functional Unit，FU）被定义为该水电站生产的1MW·h净电量，电站的各生命周期环境影响以此功能单位为基础进行定量评估。

9.3.3 清单分析

生命周期清单分析（Life Cycle Inventory，LCI）包括两个方面的数据收集，分别为原始数据（Primary Data）和生命周期环境影响因子数据（Background Data）（Cao et al.，2011）。与观音岩水电站生命周期直接相关的输入和输出数据从水电站的可行性研究报告以及与水电站负责人的访谈中收集。而生命周期环境影响因子数据，即前期物质能源投入的生命周期环境影响，如设备制造、运输和电力等，来自Gabi6平台下的PE国际数据库和Ecoinvent 2.2数据库。需要注意的是，本研究中水电站建设运行的重要投入的大部分生命周期环境影响因子数据，包括水泥和电力，都是中国本土化的数据，而其余较少部分的生命周期环境影响因子则来自欧洲，如钢铁和炸药，这将不可避免地对LCA评价结果造成一定程度上的不确定性，在结果与讨论部分会进一步定量分析。在本研究中，观音岩水电站的生命周期清单的构建主要分为以下4个阶段。

9.3.3.1 建设阶段

电站的建设是小水电整个生命周期中最复杂的阶段，主要包括水工建筑物的建设和机械设备的安装。其中，水工建筑物的建设包括在施工前使用炸药等对周边土地进行平整，以及随后的各水工建筑物部分（包括大坝、压力水管、发电厂房、尾水渠和变电站等）的施工。这个阶段需要一定的能源投入，主要包括电力和柴油，为水工建筑物施工和机械设备安装提供必要的电力和动力。不同的机械设备被分解成设备制造过程中所使用的不同材料，例如，水轮机的生产制造需要钢、不锈钢、铁和铝等材料的投入。在本研究中，机械设备在上游生产制造过程中所消耗的能源没有包括在内，因为与金属材料的开采和冶炼等生命周期过程中所造成的资源环境影响相比，其产生的环境影响可以忽略不计。此外，由于机械设备的设计使用寿命与电站的寿命相同，因此本研究假定在水电站的整个运行周期没有大规模的机械设备更换，只有一些小的维修和维护，这在我们对水电站负责人的访谈中也得到了证实。

9.3.3.2 运输阶段

运输阶段主要涉及将建设材料和机械设备通过柴油车运输到水电站站址。根据水电站可行性研究报告和现场调研得知，观音岩水电站的建设材料，包括炸药、钢材、木材和柴油等，均是从赤水市（距离电站 76 km）购买的，水泥则是从习水县（距离电站 51 km）购买的。所有的机械设备都是从生产厂家直接运输到水电站的。现场调研得知，水电站中的水力发电机组和调速器是在杭州市生产的，距离水电站 1 891 km；而变压器、励磁机、起重机和主阀等是在武汉市生产的，距离水电站 1 329 km。水闸和筛网以及压力钢管则是在遵义市生产的，到水电站的距离为 206 km。

9.3.3.3 运行和维护阶段

与其他水电系统一样，除用于推动水轮发电机组运转的自然河水外，观音岩水电站在运行和维护阶段需要的资源投入较少。由于水力发电机组的运转不产生直接的燃烧排放，这一阶段的环境影响主要与运行维护材料的上游生产过程有关。例如，润滑油是确保水电站机械设备安全运行的必要投入。当水轮机停止运行时，需要从电网中购买一定的电力来支撑电站的正常运转。通过实地调研得知，观音岩水电站每年的运行和维护需要从电网购买大约 4 700 kW·h 的电力，另外需要约 200 kg 的润滑油。此外，需要说明的是，变压器和输电线路等造成的电力损失不在本研究的系统边界内。因此，从水电站每年生产的水电总量中减去自用的电力，确定水电站年平均上网电量为 6.28 GW·h。值得注意的是，本研究中没有考虑水库温室气体的排放，尽管有研究表明水库是水电系统中温室气体排放的一个重要来源（Hertwich，2013）。除了缺乏数据的原因，本研究的主要关注点是评估小水电站生命周期中因材料和能源消耗所产生的环境影响。

9.3.3.4 处置回收阶段

一般来说，水电站废弃之后的处置回收是 LCA 研究中的一个重要阶段。然而，目前尚没有关于类似小水电项目废弃后回收处置的案例可供参考。因此，在本研究中，参考其他可再生能源项目的案例，我们假设 20% 的机械设备材料被回收，其余的被送到附近的废渣填埋场进行填埋处理（Wang et al.，2012；Ardente et al.，2008）。假设与流水直接接触的机械设备约有 2% 的初始重量会因水的冲刷腐蚀而减少（Suwanit and Gheewala，2011）。因为大多数水坝在其设计寿命结束后仍保留在现场，我们假设观音岩水电站的整个水工建筑物在水电站废弃后将保留在原地（Zhang et al.，2007）。

综合以上分析，观音岩水电站生产 1 MW·h 净电量详细的生命周期清单数据见表 9-3。

表 9-3　观音岩水电站的生命周期清单数据

材料		总投入	单位投入
建设施工阶段			
建设材料			
建设石材		1.70×10^7 kg	8.80×10^1 kg/（MW·h）
土地占用		9.60×10^4 m²	5.10×10^{-1} m²/（MW·h）
水泥		5.00×10^6 kg	2.70×10^1 kg/（MW·h）
钢铁		2.40×10^5 kg	1.30 kg/（MW·h）
木材		1.40×10^2 m³	7.40×10^{-4} m³/（MW·h）
炸药		1.50×10^4 kg	7.70×10^{-2} kg/（MW·h）
柴油燃料		6.30×10^4 kg	3.30×10^{-1} kg/（MW·h）
建设用电		3.70×10^5 kW·h	2.00 kW·h/（MW·h）
机械设备			
水轮机	钢铁	4.10×10^4 kg	2.20×10^{-1} kg/（MW·h）
	不锈钢	1.30×10^3 kg	7.10×10^{-3} kg/（MW·h）
	铸铁	7.30×10^2 kg	3.80×10^{-3} kg/（MW·h）
	铝	5.40×10^1 kg	2.80×10^{-4} kg/（MW·h）
发电机	钢铁	3.00×10^4 kg	1.60×10^{-1} kg/（MW·h）
	铜	2.10×10^4 kg	1.10×10^{-1} kg/（MW·h）
调速器（钢）		4.70×10^3 kg	2.50×10^{-2} kg/（MW·h）
励磁机（钢）		4.80×10^2 kg	2.50×10^{-3} kg/（MW·h）
主阀（钢）		1.00×10^4 kg	5.50×10^{-2} kg/（MW·h）
起重机（钢）		1.30×10^4 kg	6.80×10^{-2} kg/（MW·h）
水闸和筛网（钢）		2.20×10^4 kg	9.40×10^{-2} kg/（MW·h）
压力钢管（钢）		6.50×10^4 kg	3.50×10^{-2} kg/（MW·h）
变压器		9.60×10^3 kg	5.10×10^{-2} kg/（MW·h）

续表

材料	总投入	单位投入
运输阶段		
卡车运输	5.90×10^5 t·km	3.10 t·km/(MW·h)
运行维护阶段		
电力	1.40×10^5 kW·h	7.50×10^{-1} kW·h/(MW·h)
润滑油	6.00×10^3 kg	3.20×10^{-2} kg/(MW·h)
河水	6.80×10^9 m³	3.60×10^4 m³/(MW·h)
回收处置阶段		
钢铁废渣填埋	1.80×10^5 kg	9.50×10^{-1} kg/(MW·h)
铸铁废渣填埋	7.10×10^2 kg	3.80×10^{-3} kg/(MW·h)
铝废渣填埋	5.20×10^1 kg	2.80×10^{-4} kg/(MW·h)
不锈钢废渣填埋	1.30×10^3 kg	7.00×10^{-3} kg/(MW·h)
铜废渣填埋	2.10×10^4 kg	1.10×10^{-1} kg/(MW·h)

9.3.4 影响评估

在生命周期影响评价（Life Cycle Impact Assessment，LCIA）阶段，为了更好地解释清单分析结果的环境意义，可以根据相应的特征化模型将清单分析结果转化为相关的环境影响潜能（ISO，2006a）。目前，在 LCA 研究中已经开发了数十种特征化方法，主要包括 CML 2001、IMPACT 2002+、ReCiPe 2008 和 ILCD 2009 方法等（EC-JRC，2010；Goedkoop et al.，2009；Jolliet et al.，2003；Guinee et al.，2002），一般来说，在 LCIA 阶段对于特征化方法的选择没有明显的倾向性（Finnveden et al.，2009）。在本研究中，考虑到我们希望与之进行比较的其他对应研究工作采用的是 CML 2001 方法（Pascale et al.，2011；Suwanit and Gheewala，2011），为了确保一致和进行有意义的比较，我们采用了相同的特征化方法来计算环境影响。表 9-4 列出了本研究中所考虑的环境影响指标，所有的环境影响都是以功能单位为基础来展示的。此外，我们对 LCIA 的结果没有进行进一步的归一化或加权，因为这些步骤都是 LCA 研究中的可选要素（Guinee et al.，2002）。同时需要说明的是，借助 Gabi6 平台，所有的评估结果都可以轻松更新为使用其他特征化模型后的评估结果，如使用 ReCiPe 2008

方法（Goedkoop et al.，2009）。

表9-4　本研究考虑的环境影响指标

环境影响指标	功能单位
全球变暖潜能（100年）（Global Warming Potential，GWP）	kg CO_2-eq
非生物资源消耗潜能（Abiotic Depletion Potential，ADP）	g Sb-eq
酸化潜能（Acidification Potential，AP）	g SO_2-eq
淡水生态毒性潜能（Freshwater Aquatic Eco-toxicity Potential，FAETP）	kg DCB-eq
人体毒性潜能（Human Toxicity Potential，HTP）	kg DCB-eq
光化学氧化潜能（Photochemical Ozone Creation Potential，POCP）	g C_2H_4-eq

9.4　结果和讨论

9.4.1　生命周期影响评估

表9-5列出了观音岩水电站每生产1 MW·h净上网电量的LCIA结果。我们对4个生命周期阶段进行了不同环境影响指标的贡献度分析，以确定每个环境影响指标的关键贡献者（图9-3）。可以看出，对于本研究考虑的所有环境影响指标来说，包括全球变暖潜能（GWP）、非生物资源消耗潜能（ADP）、酸化潜能（AP）、淡水生态毒性潜能（FAETP）、人体毒性潜能（HTP）和光化学氧化潜能（POCP），建设施工阶段都是最大的贡献者。运行和维护阶段也是一个重要的贡献者，而运输阶段在所有影响指标中的贡献都很小。值得注意的是，运输阶段对POCP影响的贡献值为负，这是因为在这个阶段有大量的NO排放，能够分解臭氧，从而减小了对POCP的影响（Guinee et al.，2002）。此外，我们还针对案例水电站生命周期过程中不同材料和能源投入导致的环境影响进行了贡献度分析，结果如图9-4所示。可以看出，水泥是GWP、ADP、AP和POCP等环境影响的主要贡献者，而钢铁对FAETP和HTP等影响贡献最大。电力也是所有考虑的环境影响指标的一个重要贡献者。此外，我们通过ReCiPe 2008特征化方法重新计算观音岩水电站系统的环境影响指标，得到的GWP、ADP、AP和POCP等环境影响的指标值相似，而FAETP和HTP环境影响的指标值较

低，这主要是由于 CML 2001 和 ReCiPe 2008 两种特征化方法中对有害物质的特征化因子不同（Goedkoop et al., 2009; Guinee et al., 2002）。然而，在不同环境影响指标的贡献度分析方面，采用这两种特征化方法得到的结果没有太大的区别。下面进一步详细分析了采用 CML 2001 方法得到的观音岩水电站系统产生的 GWP、ADP 和 AP 3 个环境影响指标，它们一般是电力生产项目生命周期中最受关注的环境影响类别（Turconi et al., 2013; Varun et al., 2009; Zhang et al., 2007）。

表 9-5　观音岩水电站系统生产 1 MW·h 净上网电量造成的生命周期环境影响

环境影响指标	总计[a]	建设	运输	运行与维护	处置回收
GWP/kg CO_2-eq	28.4	27.3	0.2	0.9	0.0
ADP/g Sb-eq	91.6	86.0	1.2	4.3	0.1
AP/g SO_2-eq	109.2	98.5	1.5	9.1	0.0
FAETP/kg DCB-eq	4.1	3.9	0.0	0.1	0.0
HTP/kg DCB-eq	11.1	10.9	0.0	0.2	0.0
POCP/g C_2H_4-eq	9.3	9.6	−0.7	0.4	0.0

注：[a] 由于四舍五入，各个生命周期阶段的环境影响数值加和可能不等于总数。

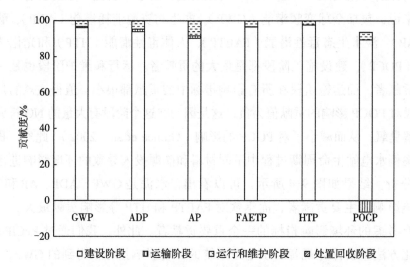

图 9-3　观音岩水电站生产单位电量的生命周期不同阶段的环境影响贡献度分析

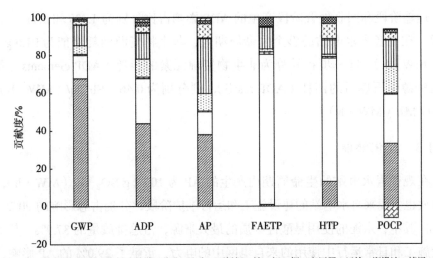

图 9-4　观音岩水电站生产单位电量的不同能源和材料投入的环境影响贡献度分析

9.4.1.1　全球变暖潜能

经核算，观音岩水电站的全生命周期温室气体排放量为 28.4 kg CO$_2$-eq/（MW·h），其中建设施工阶段贡献了 96.1% 的温室气体排放。由于水电站的建设施工阶段需要大量的建设材料和机械设备投入，在这些投入的上游生产过程需要大量的能源投入，从而造成了大量的温室气体排放。例如，水泥和钢铁的使用贡献了观音岩水电站全生命周期温室气体总排放量的 80.0%。在水电站的日常运行和维护期间，由于水电站运行不稳定，需要从电网购买电力，该投入占 GWP 影响的 3.0%。与建设施工和运行维护两个阶段相比，水电站的运输阶段和回收处置阶段对 GWP 指标的贡献度都非常小，运输阶段占 0.7%，回收处置阶段占比不足 0.1%。

9.4.1.2　非生物资源消耗潜能

如 9.4.1.1 节所述，由于水电站建设材料和发电设备的上游生产消耗了大量的能源，ADP 的影响也以建设施工阶段为主，占总影响的 93.8%。在水电站运行和维护阶段，电网电力和润滑油的消耗也产生了相对显著的影响（占总影响的 4.7%），这些投入在观音岩水电站 30 年的运行期内都是必需的。此外，运输阶段和回收处置阶段产生的 ADP 影响占比分别为 1.4% 和 0.1%。总体来说，在观音岩水电站的整个生命周期内，非生物资源消耗潜能为 91.6 g Sb-eq/（MW·h），进一步将其分为非生物资源元素的消耗（ADP elements）和非生物资源化石燃料的消耗（ADP fossil），则分别为 0.46 g Sb-eq/（MW·h）和 189.47 MJ/（MW·h）。

9.4.1.3　酸化潜能

在观音岩水电站的生命周期内产生的 AP 为 109.2 g SO_2-eq/（MW·h），相关排放也主要来自水电站的建设施工和运行维护阶段，分别占总影响的 90.2% 和 8.3%。其中，水泥的使用是酸性物质的最大来源，占总排放量的 37.9%，其次是建设施工和日常运行中使用的来自电网中的电力，贡献了 29.0% 的 AP 影响，这在很大程度上与中国目前以煤炭为主的电力结构有关，截至 2019 年，我国煤炭发电量占比仍高达 58.4%。使用含硫量低于煤炭的电源电力，如天然气或核能生产的电力，可以大幅减少 AP 影响。

9.4.2　与其他小水电比较

为了更好地了解案例小水电站的系统环境表现，我们选择了 8 个相似的小水电生产系统，包括泰国的 6 个、瑞士的 1 个和日本的 1 个小水电站来作进一步的对比分析（Suwanit and Gheewala，2011；Pascale et al.，2011；Dones and Gantner，1996；Uchiyama，1995）。这些研究采用了相似的系统边界，LCIA 结果的比较可以有效地促进我们对中国小水电的深入了解。

不同小水电 LCIA 的对比结果如表 9-6 所示，当对 8 个兆瓦级小水电站进行比较时，本研究中的观音岩水电站的整体环境表现与泰国和日本的水电站相似。然而，在 GWP 影响方面，该电站的系统表现要差于瑞士的水电站，这可以归因于瑞士的水电站在更长的使用寿命内（80 年）可以生产出更多的电力。如果将泰国装机容量为 3 kW 的微型水电站也纳入比较，可以看到 8 个装机容量在兆瓦级的水电站的环境表现更优。这一结果进一步论证了"装机容量较小的水电系统往往比较大的水电系统生产单位电量的环境影响更高"的观点（Pascale et al.，2011；Ribeiro and Silva，2010；Zhang et al.，2007）。

表 9-6　观音岩水电站与世界其他小水电站的 LCIA 结果比较

位置	类型	设计寿命/年	装机容量	GWP/kg CO₂-eq	ADP/g Sb-eq	AP/g SO₂-eq	FAETP/kg DCB-eq	HTP/kg DCB-eq	POCP/g C₂H₄-eq
中国	筑坝式	30	3.2 MW[a]	28.4	91.6	109.2	4.1	11.1	9.3
泰国	径流式	50	2.25 MW[b]	22.7	151.6	110.4	7.0	28.3	7.5
泰国	径流式	50	2.5 MW[b]	16.3	101.5	76.6	6.6	33.2	4.6
泰国	径流式	50	5.1 MW[b]	11.0	76.4	57.3	4.6	23.0	2.9
泰国	径流式	50	6 MW[b]	23.0	150.0	116.9	7.6	39.9	6.5
泰国	径流式	50	1.15 MW[b]	16.5	104.7	80.4	9.1	52.1	4.5
瑞士	径流式	80	3.2 MW[c]	3.7	—	—	—	—	—
日本	径流式	30	10 MW[d]	18	—	—	—	—	—
泰国	径流式	20	3 kW[e]	52.7	264	372	—	—	30

　　注：对应各自序号，参考文献分别：[a] 本研究；[b] Suwanit and Gheewala，2011；[c] Dones and Gantner，1996；[d] Uchiyama，1995；[e] Pascale et al.，2011。

　　通过进一步对比不同水电站生命周期清单可以发现，观音岩水电站对建设材料的需求，尤其对水泥的需求，远高于泰国的水电站。观音岩水电站的平均水泥投入量为 26.5 kg/（MW·h），而泰国的微型水电站平均水泥投入量仅为 4.5～7.0 kg/（MW·h）。出现这种差异可以归因于不同水电站的水能资源丰富度不同以及这些电站采用的开发技术不同。观音岩水电站属于筑坝式水电站，且水头较低，只有 11.75 m，大坝的建设需要大量的水泥和钢材。此外，水电站所在的贵州省属于典型的喀斯特地貌，易受水的侵蚀，需要大量的水泥和石材形成混凝土以加固不稳定的地表，防止河水下渗。然而，泰国的微型水电站是径流式的，水头要高得多，98.1～137.1 m 不等，且水工建筑物结构相对简单，因为它们主要是起调节水头的作用，不需要建坝。因此，可以明显看出，在小水电开发地理位置的不同特点中，水能资源的丰富度是影响小水电系统环境表现的一个关键因素。

　　此外，观音岩水电站与泰国的 6 个水电站之间的另一个显著区别是运输阶段对总体环境影响的贡献。在泰国微型水电站中，运输阶段是其系统环境影响的一个"热点"，贡献度仅次于建设施工阶段（Suwanit and Gheewala，2011）；而在观音岩水电站中，运输阶段只占环境影响的很小部分。这种差异主要源于机械设备运输距离的不同。中国拥有本土的小水电机械设备制造技术，该技术是从20世纪60年代开始发展的（Paish，2002）。相反，泰国的微型水电站和社区水电站的机械设备必须从海外进口，长距离的运输不可避免地产生显著的环境影响。因此，机械设备的生产技术获取和本地化生产对于减小泰国小水电开发与运输相关的环境影响至关重要。

9.4.3　敏感性分析和不确定性

在本小节中，我们对观音岩水电站系统的环境表现进行了敏感性分析，探究若水电站生命周期过程中水泥、钢材和电力的投入量发生变化，系统的环境表现会如何变化，因为它们是在所有考虑的环境影响指标中贡献最大的 3 个投入。对于每一个参数，我们都模拟了两种情景，即总投入量分别减少 10% 和增加 10%，然后与基准情景（即水电站全生命周期中的实际投入）进行比较，结果如表 9-7 所示。可以看出，水泥投入量的变化对 GWP 指标的影响最大。例如，水泥投入量变化 ±10% 会导致 GWP 影响变化 ±6.8%。正如预期，FAETP 影响对钢材投入量的变化最为敏感，钢材投入量减少 10% 将会导致 FAETP 指标值下降 7.9%。在建设施工和运行维护 2 个阶段取自电网中的电力投入量的变化对 AP 指标的影响最大，如果电力消耗量变化 10%，AP 值则会发生约 2.9% 的变化。

表 9-7　观音岩水电站系统 LCA 敏感性分析结果　　　　　单位：%

投入	变化	GWP	ADP	AP	FAETP	HTP	POCP
水泥	-10	-6.8	-4.4	-3.8	-0.1	-1.3	-3.8
	+10	6.8	4.4	3.8	0.1	1.3	3.8
钢铁	-10	-1.2	-2.4	-1.2	-7.9	-6.5	-3.0
	+10	1.2	2.4	1.2	7.9	6.5	3.0
电力	-10	-1.1	-1.4	-2.9	-1.2	-0.8	-1.6
	+10	1.1	1.4	2.9	1.2	0.8	1.6

事实上，由于每年用于水电站发电的水资源量不稳定，以及机械设备会发生故障等因素，观音岩水电站每年的发电量是不稳定的，这也是不确定性的一个重要来源，在很大程度上影响了最终的评价结果（Turconi et al.，2013）。由于每年降水量不均匀以及农田灌溉用水或梯级水电开发等各种因素，会导致河流水流量

发生变化，从而导致年度可用水资源量的变化和水电站的不稳定运行（Zhang et al.，2014b；Huang and Yan，2009）。而由机械设备质量相对较差或水电站工作人员的不正确操作引起的设备故障会进一步加剧水电站不稳定运行。因此，观音岩水电站不同年份之间的发电量变化很大。

根据过去几年的运行记录，观音岩水电站的年发电量一般为设计年发电量的 50%～70%（设计年发电量为 1 220 万 kW·h）。因此本研究考虑了 3 种情景，即基准情景（平均年发电量）、设计发电量的 50% 和设计发电量的 70%，以进行 LCIA 结果的分析。正如预期，水电站的环境表现在很大程度上受到年发电量的影响。如果年发电量能够达到设计年发电量的 70%，与基准情景相比，LCA 每个环境影响指标的值将降低 16%～18%。相反，如果年发电量下降到设计年发电量的 50%，那么所有环境影响指标的值将增加约 14%。图 9-5 为不同年发电量情景下观音岩水电站 GWP 和 ADP 两个环境影响指标的变化情况。

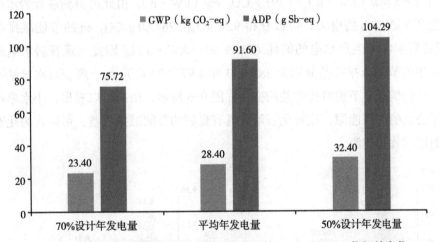

图 9-5 不同年发电量情景下观音岩水电站系统 GWP 和 ADP 指标的变化

对于一个特定的小水电站，如果其装机容量超过了可利用的水资源量，由于水电站的建设和运行需要投入更多的材料，低负荷的运行将产生装机容量的浪费，从而导致水电站的系统环境表现变差。此外，如果水电站因机械设备出现故障而频繁停止运行，那么水资源将直接流经水轮机而不发电，这也会使水电站的整体环境表现变差。

在本研究中，另一个可能的不确定性则是在 LCA 核算过程中，水电站的有些材料投入使用了 PE 和 Ecoinvent 数据库中反映欧洲生产水平的生命周期环境影响因子，而这些材料在中国和欧洲的生产技术水平有所不同，例如，钢铁和炸药的 LCI 数据。粗略核算表明，如果钢铁生命周期环境影响因子的不确定性假定为 5%，则 LCIA 结果的不确定性分别如下：GWP 为 0.6%，ADP 为 1.2%，AP 为 0.6%，FAETP 为 3.9%，HTP 为 3.2%，而 POCP 为 1.5%。由于其他材料投入对水电站总体环境影响的贡献值很小，这些材料的生命周期环境影响因子造成的不确定性要小得多。今后，随着生命周期环境影响因子数据在中国的本地化研究的不断发展，LCIA 结果的准确性也有望提高。

9.4.4　小水电的节能减排收益

通过与传统煤电的能耗与温室气体排放进行对比，即可得到观音岩水电站的节能减排收益。参考 Chen 等（2011）的研究，我国煤电的能耗和温室气体排放分别为 9.5 MJ/（kW·h）和 791 g CO_2-eq/（kW·h），由此可得到观音岩水电站每生产 1 kW·h 的电力，可以获得 9.31 MJ 和 762.60 g CO_2-eq 的节能减排收益［观音岩水电站生产水电的能耗为 0.19 MJ/（kW·h）］。因此，观音岩水电站平均每年的节能减排收益分别为 58.55 TJ 和 4 975.37 t CO_2-eq。观音岩水电站不同年发电量情景下节能减排收益的变化如图 9-6 所示，由此可以看出，小水电作为国际公认的清洁能源，相较化石能源具有良好的节能减排收益，可以作为化石能源的清洁替代能源。

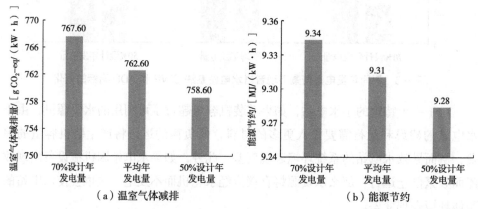

（a）温室气体减排　　　　　　　（b）能源节约

图 9-6　不同年发电量情景下观音岩水电站系统节能减排收益的变化

9.4.5　改善小水电环境表现的策略探讨

本研究的 LCA 评价结果证实，观音岩水电站在生命周期过程中确实产生了一些负面的环境影响，而不是所谓的"零碳"系统。与其他小水电站的 LCA 结果相似，由于大量的建设材料和能源投入，这些影响主要集中在水电站的建设施工阶段。在运行和维护阶段，由于水电站的不稳定运行，利用电网中的电力补充也会产生较大的环境影响。这些环境"热点"在未来需得到改善，以优化小水电站的环境表现，并促进我国小水电行业的绿色可持续发展。相关优化措施主要可以从以下几个方面开展：

首先，优化小水电站的工程结构设计，以减少对建设材料的需求，可以显著改善水电站的环境表现。例如，我们通过敏感性分析发现，电站建设的水泥投入量减少 10%，可使 GWP 影响降低 6.8%，这对筑坝式小水电工程尤其重要，因为对筑坝式小水电工程来说，大坝的建设需要投入大量的水泥等建设材料。此外，使用环境友好型的建设材料可以进一步改善水电站的环境表现，例如，在建设过程中采用玻璃钢管替代钢管（林雷，2013；Zhang et al.，2007）。

其次，在水电站的建设施工阶段，采用新的施工技术和良好的施工方法，以减少电力和柴油等能源投入。可以采用新的施工机械来提高效率，以减少建设材料在传输过程中的摩擦损失。施工人员还可以考虑合理安排施工程序，减少电动机的空转。另一个优化方案则是合理规划小水电的开发，以确保其相对稳定的运行，这样可以减少水电站在运行和维护期间所需的来自电网中的电力。

最后，也是最重要的一点，应确保小水电站的最佳电力产出，正如敏感性分析结果所示，这可能比减少对建设材料和能源消耗的需求量更具有环保意义。因此，在小水电开发过程中，确定合适的装机规模和更新机械设备技术尤为重要。在确定小水电站的规模时，综合评估和有效分配水资源，充分考虑不同的利益相关者的用水需求，如居民、农业和工业部门，是水电站避免装机容量闲置的关键。

与此同时，我们应该牢记，单一的方法往往很难完整地反映一个系统的环境表现。尽管 LCA 方法可以为我们提供关于小水电站在全生命周期过程中导致的环境影响的有用信息，但它在衡量小水电开发对当地生态系统造成的影响等方面仍存在方法上的缺陷。因此，为了作出正确的决策，应该对 LCA 的评估结果辅以其他方法的评价，例如，采用能值分析方法来评估其生态影响等（Pang et al.，2015）。

9.5　本章小结

本章通过对我国贵州省赤水市观音岩水电站进行过程生命周期评价，评估了小水电站在全生命周期产生的环境影响，主要得出以下结论：

首先，通过 LCA 核算，得到了观音岩水电站生产 1 MW·h 电力的生命周期环境影响，即 GWP 为 28.4 kg CO_2-eq，ADP 为 91.6 g Sb-eq，AP 为 109.2 g SO_2-eq，FAETP 为 4.1 kg DCB-eq，HTP 为 11.1 kg DCB-eq，POCP 为 9.3 g C_2H_4-eq。其中，针对生命周期不同阶段，建设施工阶段是所有考虑环境影响指标的最大贡献者；针对不同材料和能源投入，水泥、钢铁和电力是所考虑的环境影响指标的 3 个主要投入。

其次，与其他国家的小水电站相比，对于装机容量在兆瓦级上的小水电来说，观音岩水电站系统的环境表现与泰国和日本的水电站相似，但要差于瑞士的水电站。这些兆瓦级水电站的环境表现远优于泰国 3 kW 的小水电站。在小水电开发地理位置的不同特点中，水能资源的丰富度是影响小水电系统整体环境表现的一个关键因素。此外，相较煤电，小水电具有显著的节能减排收益。

最后，本研究得到的结果提供了在我国乃至世界范围内能够采取的改善小水电环境表现的可能策略，其中包括水电站优化结构设计、应用新的建设材料和良好的施工方法。特别是，加强区域水资源的合理规划，确定小水电合适的装机规模，创新小水电设备技术以确保水电站的运行时间和最佳电力产出，这些对于改善我国小水电站的系统环境表现至关重要，因为大多数小水电站都面临着由可利用的水资源量不足和设备频繁故障而导致的运行不稳定问题。

参考文献

林雷，2013.凉头水电站技改项目风险管理研究 [D]. 昆明：昆明理工大学.
王长波，张力小，庞明月，2015.生命周期评价方法研究综述——兼论混合生命周期评价的发展与应用 [J]. 自然资源学报，30(7): 1232-1242.

Ardente F, Beccali M, Cellura M, et al., 2008. Energy performances and life cycle assessment of an Italian wind farm[J]. Renewable and Sustainable Energy Reviews, 12(1): 200–217.

Arvesen A, Nes R N, Hertwich EG, et al., 2014. Life cycle assessment of an offshore grid interconnecting wind farms and customers across the North Sea[J]. The International Journal of Life Cycle Assessment, 19(4): 826–837.

Cao L, Diana J S, Keoleian G A, et al., 2011. Life cycle assessment of Chinese Shrimp Farming Systems Targeted for export and domestic sales[J]. Environmental Science and Technology, 45(15): 6531–6538.

Chen G Q, Yang Q, Zhao Y H, et al., 2011. Non–renewable energy cost and greenhouse gas emissions of a 1.5 MW solar power tower plant in China[J]. Renewable and Sustainable Energy Reviews, 15: 1961–1967.

Dolan S L, Heath G A, 2012. Life cycle greenhouse gas emissions of utility–scale wind power: Systematic review and harmonization[J]. Journal of Industrial Ecology, 16(S1): S136–S154.

Dones R, Gantner U, 1996. Greenhouse gas emissions from hydropower full energy chain in Switzerland[C]. In: IAEA advisory group meeting on "Assessment of Greenhouse Gas Emission from the full energy chain for hydropower, nuclear power and other energy sources".

EC–JRC, 2010. General guide for life cycle assessment–detailed guidance. ILCD Handbook–International Reference Life Cycle Data System, European Union EUR24708[R]. http://lct.jrc.ec.europa.eu/.

Finnveden G, Hauschild M Z, Ekvall T, et al., 2009. Recent developments in life cycle assessment[J]. Journal of Environmental Management, 91(1): 1–21.

Fu Y Y, Liu X, Yuan Z W, 2015. Life–cycle assessment of multi–crystalline photovoltaic (PV) systems in China[J]. Journal of Cleaner Production, 86: 180–190.

Gagnon L, Vate J F V, 1997. Greenhouse gas emissions from hydropower: The state of research in 1996[J]. Energy Policy, 25(1): 7–13.

Gagnon L, Belanger C, Uchiyama Y, 2002. Life–cycle assessment of electricity generation options: The status of research in year 2001[J]. Energy Policy, 30(14):

1267-1278.

Goedkoop M J, Heijungs R, Huijbregts M, et al., 2009. ReCiPe 2008. A life cycle assessment method which comprises harmonized category indicators at the midpoint and the endpoint level; First edition Report I: characterization, first edition[R]. http: // www.lcia-recipe.net/.

Guinee JB, Gorree M, Heijungs R, et al., 2002. Handbook on life cycle assessment - Operational guide to the ISO standards[R]. Series: Eco-efficiency in Industry and Science, the Kluwer Academic Publishers, Dordrecht.

Hertwich E G, 2013. Addressing biogenic greenhouse gas emissions from hydropower in LCA[J]. Environmental Science and Technology, 47: 9604-9611.

Huang H L, Yan Z, 2009. Present situation and future prospect of hydropower in China[J]. Renewable and Sustainable Energy Reviews, 13(6-7): 1652-1656.

ISO, 2006a. ISO 14040: Environmental management-Life Cycle Assessment-Principles and Framework[S]. International Organization for Standardization, Geneva.

ISO, 2006b. ISO 14044: Environmental management-Life Cycle Assessment-Requirements and Guidelines[S]. International Organization for Standardization, Geneva.

Jolliet O, Margni M, Charles R, et al., 2003. IMPACT 2002+: a new life cycle assessment methodology[J]. The International Journal of Life Cycle Assessment, 8: 324-330.

Lenzen M, 2000. Errors in conventional and input-output-based life-cycle inventories[J]. Journal of Industrial Ecology, 4(4): 127-148.

Paish O, 2002. Small hydro power: Technology and current status[J]. Renewable and Sustainable Energy Reviews, 6(6): 537-556.

Pang M Y, Zhang L X, Ulgiati S, et al., 2015. Ecological impacts of small hydropower in China: Insights from an emergy analysis of a case plant[J]. Energy Policy, 76: 112-122.

Pascale A, Urmee T, Moore A, 2011. Life cycle assessment of a community hydroelectric power system in rural Thailand[J]. Renewable Energy, 36(11): 2799-

2808.

Raadal H L, Gagnon L, Modahl I S, et al., 2011. Life cycle greenhouse gas (GHG) emissions from the generation of wind and hydro power[J]. Renewable and Sustainable Energy Reviews, 15(7): 3417-3422.

Ribeiro F M, Silva G A, 2010. Life-cycle inventory for hydroelectric generation: a Brazilian case study[J]. Journal of Cleaner Production, 18(1): 44-54.

Suh S, Huppes G, 2005. Methods for life cycle inventory of a product[J]. Journal of Cleaner Production, 13(7): 687-697.

Suwanit W, Gheewala S H, 2011. Life cycle assessment of mini-hydropower plants in Thailand[J]. The International Journal of Life Cycle Assessment, 16(9): 849-858.

Turconi R, Boldrin A, Astrup T, 2013. Life cycle assessment (LCA) of electricity generation technologies: Overview, comparability and limitations[J]. Renewable and Sustainable Energy Reviews, 28: 555-565.

Uchiyama Y, 1995. Life cycle analysis of electricity generation and supply systems[C]. In: Symposium on electricity, health and the environment: comparative assessment in support of decision making.

Varun, Prakash R, Bhat I K, 2012. Life cycle greenhouse gas emissions estimation for small hydropower schemes in India[J]. Energy, 44(1): 498-508.

Varun, Bhat I K, Prakash R, 2009. LCA of renewable energy for electricity generation systems-A review[J]. Renewable and Sustainable Energy Reviews, 13(5): 1067-1073.

Wang C B, Zhang L X, Yang S Y, et al., 2012. A hybrid life-cycle assessment of nonrenewable energy and greenhouse-gas emissions of a village-level biomass gasification project in China[J]. Energies, 5: 2708-2723.

Whitaker M, Heath G A, Donoughue P O, et al., 2012. Life cycle greenhouse gas emissions of coal-fired electricity generation: Systematic review and harmonization[J]. Journal of Industrial Ecology, 16(S1): S53-S72.

Zhang L X, Wang C B, Bahaj A S, 2014a. Carbon emissions by rural energy in China[J]. Renewable Energy, 66: 641-649.

Zhang L X, Pang M Y, Wang C B, 2014b. Emergy analysis of a small hydropower plant in southwestern China[J]. Ecological Indicators, 38: 81-88.

Zhang L X, Wang C B, Song B, 2013. Carbon emission reduction potential of a typical household biogas system in rural China[J]. Journal of Cleaner Production, 47: 415-421.

Zhang Q F, Karney B, MacLean H L, et al., 2007. Life cycle inventory of energy use and greenhouse gas emissions for two hydropower projects in China[J]. Journal of Infrastructure Systems, 13: 271-279.

第 10 章

我国小水电开发的绿色转型策略研究

10.1　小水电开发的争议

　　我国中东部大多数省份的小水电资源开发比例较高，小水电相较化石能源具有良好的节能减排收益，但近年来其密集且无序的开发已经在生态方面和社会方面引起了诸多负面影响。同时，我国小水电产业也面临着越来越多的外部挑战，例如，国家主电网的不断延伸和逐渐多样化的电力来源，使得小水电作为点亮山村的"第一根火柴"在实现农村电气化方面的作用不断被削弱。因此，需要重新思考和调整我国小水电的开发策略。我们必须认识到小水电不一定是环境友好的可再生能源，只有当下游河流生态需水得到保障，才可以实现小水电的低影响开发。此外，受技术可开发资源量的限制，小水电很难在大规模开发上同其他可再生电力来源形成竞争，如风电、太阳能发电等。截至 2018 年年底，我国风电、太阳能发电的装机容量分别达到 1.84 亿 kW、1.74 亿 kW，而小水电装机容量为 8 044 万 kW。图 10-1 为我国电力行业中不同电源的装机容量和年发电量占比，可以看出，风电（9.70%）、太阳能发电（9.19%）的装机容量在整个电力行业中的占比已远超过小水电（4.24%）。

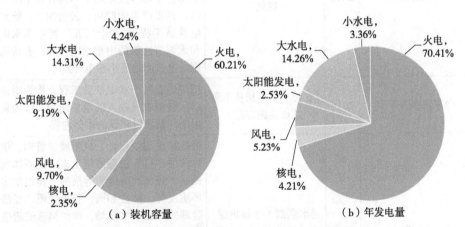

图 10-1　2018 年我国电力行业装机容量和年发电量占比

数据来源：中国统计年鉴，2019。

　　表 10-1 为 2013—2023 年我国国家和地方层面关于小水电的开发政策，可以看出，小水电的开发政策已发生了较大变化。尤其在 2018 年 12 月，水利部、国

家发展改革委、生态环境部和国家能源局联合印发《关于开展长江经济带小水电清理整改工作的意见》指出，开展长江经济带小水电生态环境突出问题清理整改工作，以保护和修复河流生态系统。但在此后小水电清理整改过程中，一些地区出现了"一刀切"的无差别拆除现象，小水电退出比例高达97.8%。更有甚者，有观点认为我国小水电已完成了其实现偏远山区农村电气化和推动贫困地区经济发展的历史使命，应该退出历史舞台。由此，小水电开发引起了更大的争议。

表 10-1　2013—2023 年我国国家和地方层面小水电开发政策梳理

部门	年份	文件	政策内容
国务院	2013	《能源发展"十二五"规划》	统筹考虑中小流域的开发与保护，科学论证、因地制宜积极开发小水电
国家发展改革委、国家能源局	2016	《能源发展"十三五"规划》	坚持生态优先、统筹规划、梯级开发，有序推进流域大型水电基地建设，加快建设龙头水电站，控制中小水电开发
国家能源局	2016	《水电发展"十三五"规划》	水能资源丰富、开发潜力大的西部地区重点开发资源集中、环境影响较小的大型河流、重点河段和重大水电基地，严格控制中小水电开发；开发程度较高的东部、中部地区原则上不再开发中小水电。弃水严重的四川、云南两省，除水电扶贫工程外，"十三五"暂停小水电和无调节性能的中型水电开发；支持离网缺电贫困地区小水电开发
国家发展改革委	2016	《农村小水电扶贫工程试点实施方案》	把实施农村小水电扶贫工程，作为增加山区贫困农民收入的重要途径，作为贫困地区新农村建设的重要内容
水利部	2016	《水利部关于推进绿色小水电发展的指导意见》	通过科学规划设计、规范建设管理、优化调度运行、治理修复生态、创新体制机制、强化政府监管等措施，建设生态环境友好、社会和谐、管理规范、经济合理的绿色小水电站，维护河流健康生命。对国家级自然保护区及其他具有特殊保护价值的地区，原则上禁止开发小水电；在部分生态脆弱地区和重要生态保护区，严格限制新建小水电；原则上限制建设以单一发电为目的的跨流域调水或长距离引水的小水电

部门	年份	文件	政策内容
国务院办公厅	2017	《兴边富民行动"十三五"规划》	在保护生态前提下,积极稳妥开发建设水电,因地制宜发展太阳能光伏发电和风力发电,支持离网缺电贫困地区小水电开发,研究建立水电开发便民共享利益机制
水利部、国家发展改革委、生态环境部、国家能源局	2018	《关于开展长江经济带小水电清理整改工作的意见》	限期退出涉及自然保护区核心区或缓冲区、严重破坏生态环境的违规水电站,全面整改审批手续不全、影响生态环境的水电站,完善建设管理制度和监管体系,有效解决长江经济带小水电生态环境突出问题,促进小水电科学有序可持续发展。2020 年年底前完成清理整改;严控新建项目。除与生态环境保护相协调的且是国务院及其相关部门、省级人民政府认可的脱贫攻坚项目外,严控新建商业开发的小水电项目。对已审批但未开工建设的项目,全部进行重新评估
国务院	2018	《乡村振兴战略规划(2018—2022 年)》	大力推进荒漠化、石漠化、水土流失综合治理,实施生态清洁小流域建设,推进绿色小水电改造
中共中央办公厅、国务院办公厅	2019	《国家生态文明试验区(海南)实施方案》	全面禁止新建小水电项目,对现有小水电有序实施生态化改造或关停退出,保护修复河流水生态
云南省水利厅、省发展和改革委员会、省生态环境厅、省能源局	2019	《云南省小水电清理整改实施方案》	清理整改范围为全省装机容量 5 万 kW(不含)以下的已建、在建小水电站
湖南省水利厅、湖南省发展和改革委员会、湖南省生态环境厅、湖南省能源局	2019	《湖南省小水电清理整改实施方案》	稳妥推进清理整改工作,严控新建小水电项目准入

部门	年份	文件	政策内容
水利部、发展改革委、自然资源部、生态环境部、农业农村部、能源局、林草局	2021	《关于进一步做好小水电分类整改工作的意见》	以恢复河流连通性和妥善处置为目标，确保电站有序退出；要严格落实国土空间规划、流域综合规划要求，严禁在禁止开发河段开发小水电，提升河流生态系统质量和稳定性；除巩固脱贫攻坚成果、保障海岛边防等偏远地区和电网未覆盖地区供电安全、建设引调水等综合利用水利工程兼顾发电外，原则上不再新建小水电项目。对于已审批但未开工建设项目，应当重新进行评估
国务院	2021	《2030年前碳达峰行动方案》	推动小水电绿色发展
中共中央、国务院	2021	《关于新时代推动中部地区高质量发展的意见》	因地制宜发展绿色小水电、分布式光伏发电，支持山西煤层气、鄂西页岩气开发转化，加快农村能源服务体系建设
广东省人民政府	2021	《广东省小水电清理整改工作实施方案》	有序退出涉及自然保护区、严重破坏生态环境和严重影响防洪安全的违规小水电站；对审批手续不全、影响生态环境的小水电站进行有效整改；完善建管制度和监管体系，促进小水电绿色可持续发展。对已审批但未开工建设的小水电站，全部进行重新评估，并按本方案提出的三类处置意见实施整改。今后严格控制新建小水电项目，在清理整改任务完成之前原则上不得审批新建项目
福建省人民政府	2021	《福建省水电站清理整治行动方案》	落实中央生态环境保护督察整改要求，按照退出、整改、完善三类，实施水电站分类整治；禁止新建、扩建以发电为主的水电站；禁止增加装机容量的水电站技术改造项目，防止以技术改造名义扩建水电站，产生新的生态环境问题

续表

部门	年份	文件	政策内容
广西壮族自治区人民政府办公厅	2021	《广西水安全保障"十四五"规划》	按照因地制宜、分类处置原则，组织开展小水电生态环境清理整改工作。以确保生态流量下泄、修复水生态环境为目标，持续开展绿色小水电站创建，完善小水电站生态流量泄放设施，做好小水电站生态流量监测监控，推动小水电站开展生态调度运行
云南省人民政府	2021	《云南省国民经济和社会发展第十四个五年规划和二〇三五年远景目标纲要》	加强中小水电有序规范管理
国家发展改革委、国家能源局	2022	《"十四五"现代能源体系规划》	实施小水电清理整改，推进绿色改造和现代化提升
江西省人民政府办公厅	2022	《江西省推动湘赣边区域合作示范区建设行动方案》	充分利用罗霄山脉有利条件，因地制宜发展绿色小水电、光伏发电和风力发电，有序推动新能源发展
湖北省人民政府	2022	《湖北省能源发展"十四五"规划》	积极推进小水电绿色转型，促进流域生态恢复
新疆维吾尔自治区水利厅、发展改革委、自然资源厅、生态环境厅、农业农村厅、林草局	2023	《自治区小水电分类整改工作实施意见》政策解读	新疆地域广阔，水能资源丰富，小水电整体开发利用程度相对较低，小水电对促进新疆偏远地区经济社会发展、保障偏远地区供电质量，发展农村经济，推动节能减排仍具有十分积极的意义，结合自治区"十四五"能源发展规划，该实施意见仍鼓励在生态红线外，合理、有序开发小水电

我国尚有一些偏远地区难以被大电网覆盖，这些地区地域广阔、人口稀少，且能源需求极为分散（Pang et al.，2018）。相较其他可用于实现农村电气化的技术（如分布式的风电、太阳能发电等），小水电仍是相对稳定且经济性较好的电力来源（Cheng et al.，2015；Wang and Qiu，2009）。从2018年我国电力行业装机容量和年发电量的对比中可以看出，小水电的装机容量占电力行业总装机容量的4.24%，但年发电量占比达到了3.36%，而太阳能发电装机容量占比

已高达 9.19%，但年发电量占比仅为 2.53%。此外，根据联合国可持续发展目标（Sustainable Development Goals，SDGs），我们应该采取一切可能的行动来确保人人获得可负担、可靠和可持续的现代能源（SDG 7）、应对气候变化（SDG 13），以及消除贫困（SDG 1）。在"双碳"背景下，小水电作为具有良好节能减排收益的清洁能源，也是我国减少对化石能源的依赖、实现能源转型的关键要素。

因此，未来我国小水电的开发，尤其是偏远的西部地区，不应一味地大规模开发或严格停止所有工程项目，而是应该探索其绿色转型策略，针对不同区域通过采取差异化的开发和管理策略，在发挥小水电多重作用的同时，尽量减少其对生态环境的干扰，以及对周边居民生产生活的干扰，以达到低影响开发的目的，最终实现小水电的可持续发展，为其他发展中国家乃至全球开发小水电提供真正的"样板"。

10.2 小水电开发的绿色转型策略

所谓小水电的绿色转型策略，就是不同区域应采取差异化的小水电开发策略，通过不同的转型路径实现小水电的绿色可持续发展，从而推动能源转型，助力实现碳中和目标。

（1）对于小水电开发密集且无序的中东部地区而言，重点在于实现已建水电站的精细化管理，并采用先进的运行管理技术优化其环境表现，而不是开发新的小水电。考虑到充分下泄下游河道生态需水是小水电低生态影响开发的前提，因此，所有已建成的小水电站都应该保证安装有下泄生态需水的设施。对于一些年代久远、工程质量较差、不适合增加下泄生态需水设施又对生态系统扰动较大的水电站，废弃则是比较好的选择，这些小水电的拆除和退出对于恢复河流生态系统健康十分重要。

除此之外，要建立科学的方法来确定小水电运行过程中的下游河道生态需水量，以更好地维护河流生态健康。当前，小水电最小下泄流量的取值和确定方法仍不明确，政策制定者一般将多年平均流量的 10% 确定为维持水生生物生存的最小流量（李小强和刘建新，2015）。这类方法都是基于历史水文数据，未考虑到河流的地貌，然而对于不同河流来说，在相同的生态需水条件下，真实的栖息地数量差别很大（Yin et al.，2018）。水力学方法可以考虑到地貌的不同，根据河道水力参数（实测或曼宁公式计算），如宽度、深度、流速和湿周等确定生态需水量（Reinfelds et al.，2004）。栖息地模拟法考虑了特定物种的栖息地偏好（如深度和流速），通过栖息地 - 流量曲线来模拟最佳流量作为生态需水，可以更加有效地保护特定物种（Yin et al.，2018）。

在此基础上，相关部门要采取有效措施加强对小水电利用水资源的监督和检查，尤其是强化小水电下泄生态流量的监督检查，保证小水电站在每日的运行期间下泄充足的生态流量，防止其为追求经济利益过度开发水资源，以维护河流生态健康。事实上，由于小水电多数位于偏远的山区，交通不便，难以到达，日常的现场监管很难实现。因此，在线运行监测系统成为实时监督小水电站运行情况的有效方式。考虑到小水电作为企业，要保障其经济效益，相关部门可以考虑适当制定生态电价，当小水电站为下泄河流生态需水而减少发电效益时，可以适当提高小水电的上网电价，保障水电站的经济利益，如此可以更好地维护河流生态系统健康。相反地，如果小水电站挤占了河流生态需水来追求发电的经济效益，可以采取相应的经济惩罚措施，如罚款等手段。也可参考发达国家的立法形式，20世纪末，美国、瑞士等发达国家开始逐步关注水电工程，尤其是小水电生态流量泄放不达标对河流生态环境的影响，并通过立法和建立绿色水电标准体系等方式，明确要求小水电在设计、建设及运行过程中采取针对性保护措施，有效实现了对下游河道生态需水的保障。

（2）对于尚有丰富的、未开发的小水电资源的西部地区来说，应因地制宜、合理适度地开发小水电，尤其要考虑小水电站在建设和运行过程中对周边陆地和河流生态系统潜在的干扰。如果当地生态系统较为脆弱，如西藏自治区，其小水电开发应采取保守策略，即以满足当地居民用电需求为目的，在此基础上，尽量减少小水电的开发，以保护当地脆弱的生态环境。对其他区域来说，在开发流域小水电资源时，应坚持生态优先、规划先行，以确定小水电合理的开发规模和开发位置，并加强小水电的系统优化设计，在确定小水电的开发模式时，相较筑坝式和混合式的小水电，引水式是优先推荐的开发模式，因为引水式小水电的工程结构较为简单，系统环境表现更优（Zhang et al.，2016），同时应采用环境友好的工程方案和建筑材料。当然，所有的小水电在设计和建设时，应该达到高标准，采用高水平的施工队伍以及先进的机械设备，保证水电站的工程质量，以安全、可持续的方式开发小水电资源，减少对当地生态系统的干扰，最终达到小水电开发和生态环境协调发展的目的。

（3）应积极探索当地居民与小水电开发的利益共享机制。为促进小水电的可持续开发，需要解决当地居民在小水电建设和运行中的社会关切。首先，需要加强农村水能资源的配置，在干旱季节农田灌溉用水、居民生活用水必须得到保障。同时，避免私人资本无偿占用小水电资源，建成的电站单纯进行商品电输出，因此，相关部门需要探索切实可行的当地居民与小水电开发的利益共享机制。例如，当私人投资者新建小水电时，可以考虑投资如地方交通、农业灌溉设施、教育及医疗等可惠及"三农"的设施。此外，应充分考虑小水电资源开发过程中农村集体和农民参与开发经营的公平机会和公正待遇，可以考虑农村集体的和农民的股权，形成长效机制，促进和保障农民增收。

除以上推动小水电绿色转型的路径外，近年来依托主要流域水电开发，充分利用水电灵活性，在合理范围内配套建设一定规模的、以风电和光伏为主的新能源发电项目，建设水 - 风 - 光协同运行多能互补的可再生能源一体化综合基地，成为近年来探索的新型电力系统。具体来说，风电和太阳能发电作为新能源，具有间歇性、波动性、随机性和离散性等特点，而水电作为较为稳定的电源，可以为风、光能源的开发利用提供关键支撑，提高风电、光伏的利用效率，形成能源互补。同时，风、光与水电在一年内的发力峰谷存在错位，在水电发力的雨季往往风和光利用小时不济、发电量走低，而旱季往往风、光利用小时较高。因此在发力时间段上水电与风、光存在较好的互补性，风、光"枯期"水电发力，而水电"枯期"风、光可提供一定支撑。这种互补项目的风、光电站还可以利用水电站周边土地资源就近建设，从而节约建设成本，提高项目收益率。

此外，已建成的小水电梯级电站也可以改造成抽水蓄能电站，在夏季洪水期可以利用丰富的来水发电，在枯水期发挥抽水蓄能作用更好地调节风电和光伏等新能源电力，从而促进可再生能源的消纳，也可以推动小水电的绿色转型。

参考文献

李小强，刘建新，2015. 农村水电站最小下泄流量研究探讨 [J]. 小水电 (5): 14-17.

中华人民共和国国家统计局，2019. 中国统计年鉴 2018[M]. 北京：中国统计出

版社 .

Cheng C T, Liu B X, Chau K W, et al., 2015. China's small hydropower and its dispatching management[J]. Renewable and Sustainable Energy Reviews, 42: 43-55.

Pang M Y, Zhang L X, Bahaj A S, et al., 2018. Small hydropower development in Tibet: Insights from a survey in Nagqu Prefecture[J]. Renewable and Sustainable Energy Reviews, 81: 3032-3040.

Reinfelds I, Haeusler T, Brooks A J, et al., 2004. Refinement of the wetted perimeter breakpoint method for setting cease-to-pump limits or minimum environmental flows[J]. River Research and Applications, 20(6): 671-685.

Wang Q, Qiu H N, 2009. Situation and outlook of solar energy utilization in Tibet, China[J]. Renewable and Sustainable Energy Reviews, 13: 2181-2186.

Yin X A, Yang Z F, Zhang E Z, et al., 2018. A new method of assessing environmental flows in channelized urban rivers[J]. Engineering, 4: 590-596.

Zhang L X, Pang M Y, Wang C B, et al., 2016. Environmental sustainability of small hydropower schemes in Tibet: An emergy-based comparative analysis[J]. Journal of Cleaner Production, 135: 97-104.

第 11 章

结论与展望

11.1　主要结论

（1）我国小水电开发具有显著的节能减排效益，但同时不可避免地会直接或间接造成一定程度的生态影响。Eco-LCA 模型可以较好地评估经济产品生产过程中的生态影响。本研究从系统生态学出发，基于投入产出分析方法的最新进展，通过能值核算 2012 年国民经济系统的可再生能源、非可再生资源消耗及其导致的生态系统服务损失，并将其与 2012 年国家经济投入产出表结合，构建Eco-LCA 模型，得到了 2012 年我国国民经济各部门的生态成本强度。该数据库不仅可以用于构建混合 Eco-LCA 模型，开展小水电开发全生命周期生态影响研究，也可以用于其他工程项目的生态影响研究。

（2）在不同地区的小水电开发中，水能资源丰富程度是其生态影响的关键影响因素。对贵州、湖南和西藏 3 个装机容量相似、同为引水式开发的小水电生态影响核算后，发现 3 个水电站的直接影响均占全生命周期生态影响的 80% 左右，其中水能资源最为丰富的贵州案例小水电生态影响最小，ESI 为 8.22，可持续能力最强；其次为水能资源稍为贫乏的湖南案例小水电系统，ESI 为 3.34；西藏虽然水能资源丰富，由于小水电为离网运行，装机容量小，但仍要修筑相当规模的水工建筑物，因而可持续能力最差，ESI 仅为 1.98。对各小水电实际运行的生态影响进行敏感性分析，发现在水能资源丰富的贵州，小水电即使达不到设计发电量，系统环境表现也要优于其他地区；而一旦过度开发，挤占了下游河道生态需水，导致河流断流，其生态影响要高于其他地区。而湖南小水电即使不考虑河流生态系统退化，发电量不足就已使得其生态影响明显增大。对西藏小水电来说，实际年发电量和水电站的运行年限都会严重影响其系统环境表现，导致其生态影响增大。

（3）在小水电不同开发模式中，水工建筑结构简单的引水式水电站生态影响最小。在对西藏那曲地区 3 个装机容量相似、开发模式不同的案例小水电生态影响分析中，引水式小水电系统的环境表现最好，可持续能力最强；筑坝式和混合式小水电因需修建成规模的大坝，需要大量的非可再生资源投入，还包括淤积在水库中的泥沙投入，对生态系统的影响较大。总体来说，3 种开发模式的小水电环境表现按从好到差可以排序为引水式＞混合式＞筑坝式。结合第 6 章对不同地区小水电生态影响的核算，对不同维度下小水电开发的相对适宜条件进行探讨，发现在不同开发模式下，引水式小水电是相对最为适宜的开发模式；在不同区域，贵州是相对最适宜开发小水电的地区，湖南次之，而西藏无论哪种模式的小水电，其生态影响都要高于其他地区，相对最不适宜开发小水电；而在不同水资源利用程度下，保障下游河道生态需水是相对适宜的开发边界。鉴于此，提出了我国未来小水电开发在优先模式、优先区域的选择及不同地区小水电规划、运行中的相关建议，以提高小水电的环境友好性。

（4）在不同强度的梯级小水电开发中，适当密度的梯级开发可以优化河流的水电开发效益，而过于密集的梯级开发则会降低整体效益，产生边际效应。首先，通过系统动力学模型模拟了湖南省石门县渫水中上游 3 个梯级水电站来水与发电量的过程，结果表明，上游水电站的建设运行严重影响了下游水电站的电力产出和生态影响；然后通过构建的混合 Eco-LCA 模型，从资源投入 - 电力产出和考虑河流生态系统退化两个角度核算并对比分析了 4 种不同强度（第一级、第一级和第二级、第一级和第三级、第三级）的小水电开发的生态影响，从资源投入 - 电力产出角度来看，在 4 种强度的开发系统中，环境表现可排序为第一级和第三级＞第一级＞第三级＞第一级和第二级，这是因为第二级水电站距离第一级较近，累积水头低，发电所需水量大，受来水不足影响，水电站发电效益严重受损。考虑梯级水电开发对河流生态系统的影响之后，环境表现可排序为第一级＞第一级和第三级＞第三级＞第一级和第二级，尽管第一级系统的环境表现最好，因其过度开发，导致下游河流生态系统退化，系统 ESI 值为 0.86，小于1，亦为不可持续。无论是资源投入 - 电力产出视角，还是考虑了河流生态系统退化之后，第二级水电站的开发都降低了河流的开发效益，增大了对生态环境的压力。

11.2　研究展望

本研究尝试采用能值分析核算我国国民经济活动的资源消耗及其导致的国家生态系统服务损失，进而利用投入产出分析法构建混合 Eco-LCA 模型，用于小水电全生命周期过程中生态影响的系统核算，但仍有不足之处，有待进一步改善，今后的研究将在以下两个方面拓展：

（1）完善国家生态系统退化的能值核算

本研究中国民经济活动导致的国家生态系统退化主要包括土地利用类型变化和土地利用强度变化两方面，没有考虑到因污染导致的生态系统退化，如河流接纳工农业污染物造成的生态系统服务损失。在今后的研究中，需获取更多数据，对这部分内容进行核算，完善国家生态系统退化的能值核算。

（2）补充小水电研究案例

本研究限于案例数据的可得性，选取了贵州、湖南、西藏 3 个省份的小水电案例，对其建设运行的生态影响进行研究；未能获取四川、云南等小水电开发大省的案例数据。考虑到我国目前未开发小水电资源也主要集中在这些地区，后续研究中需要进一步补充案例，采用混合 Eco-LCA 模型对这些省份的小水电生态影响进行评估，以全面反映我国不同区域小水电的生态影响。

除此之外，小水电的开发涉及水电站发电产能、河流供水（包括居民生活用水、农业灌溉用水等）与生态系统保护等多个方面，因此，其优化开发也应综合考虑发电、河流供水、生态保护等需求，而这三者之间存在密不可分、错综复杂的关联关系，即小水电建设运行中"水－能源－生态系统"间的关联关系（Water-Energy-Ecosystem nexus，WEE nexus）。因此，亟须厘清小水电开发的"水－能源－生态系统"关联关系，解析其中的权衡（Trade-off）与协同（Synergy）机制，寻找最佳的小水电布局与运行策略，以期减少各要素间权衡关系、促进资源的协同管理，提高系统资源使用效率（Efficiency），科学地优化我国小水电开发。

11.3　我国小水电生态影响的争议回答

我国水电开发是从小水电开始的。小水电曾被誉为山区"小太阳"，为我国农村电气化作出不可替代的贡献。但政府决策、公众认知的转变却是对目前我国小水电生态影响的真实反映，近 20 年来，各地区小水电盲目、无序地快速发展，尤其是梯级小水电的混乱开发，使无数中小河流生境遭到毁灭性破坏。那么，小水电的生态影响究竟是本身禀赋所致，还是人们利用方式不当，可以通过本研究的核算分析结果来回答。

贵州、湖南等地的小水电开发，在没有造成河流生态系统退化的前提下，对生态系统造成的压力较小；一旦过度开发，造成了河流断流，生态影响则会明显增大，是否"过度开发"下游河流生态需水是决定小水电生态影响的关键因素。因此，公众争议的小水电严重的生态影响并不是其本身性质所造成的，而是因人类过度开发水资源导致的，这种"开发过度"主要源于以下两个方面：

（1）规划不合理，小水电装机容量大于河流可开发水能资源量，呈现"小马拉大车"的格局，我国多数山区河流都为季节性河流，开发者为充分利用汛期的来水，盲目选择大容量装机，为保证资金回收，尤其是在小水电上网电价低的情况下，在枯水季挤占河流生态需水、过度开发水资源成为必然，在课题组的实地调研中，多数受访小水电站管理者表示不会考虑到下泄生态需水，以达到发电效益的最大化。

（2）相关政府部门监督和管理的缺失，首先是在地方政府对小水电工程进行项目审批时，对小水电下泄生态需水部分没有特殊的要求；在运行期间，也几乎没有政府部门会到现场检查小水电是否下泄了生态流量，加之小水电经营者对维护河流生态系统健康意识薄弱，小水电过度开发水资源成为必然。

可以看出，这种因小水电过度开发水资源导致的严重生态影响可以通过加强合理规划及有效监督减缓，最终实现小水电开发与河流保护的平衡。此外，从本研究的核算结果来看，小水电过度开发导致的生态影响增大，主要是由濒危水生动植物在受影响河段消失导致的，这也启示我们应谨慎甚至停止在有濒危物种存在的中小河流上开发小水电，以保护相应的濒危物种。

附录

附表 1 2012 年我国经济投入产出表部门分类

部门编号	部门名称	部门编号	部门名称
1	农产品	23	酒精和酒
2	林产品	24	饮料和精制茶加工品
3	畜牧产品	25	烟草制品
4	渔产品	26	棉、化纤纺织及印染精加工品
5	农、林、牧、渔服务	27	毛纺织及染整精加工品
6	煤炭采选产品	28	麻、丝绸纺织及加工品
7	石油和天然气开采产品	29	针织或钩针编织及其制品
8	黑色金属矿采选产品	30	纺织制成品
9	有色金属矿采选产品	31	纺织服装服饰
10	非金属矿采选产品	32	皮革、毛皮、羽毛及其制品
11	开采辅助服务和其他采矿产品	33	鞋
12	谷物磨制品	34	木材加工品和木、竹、藤、棕、草制品
13	饲料加工品	35	家具
14	植物油加工品	36	造纸和纸制品
15	糖及糖制品	37	印刷品和记录媒介复制品
16	屠宰及肉类加工品	38	文教、工美、体育和娱乐用品
17	水产加工品	39	精炼石油和核燃料加工品
18	蔬菜、水果、坚果和其他农副食品加工品	40	炼焦产品
19	方便食品	41	基础化学原料
20	乳制品	42	肥料
21	调味品、发酵制品	43	农药
22	其他食品	44	涂料、油墨、颜料及类似产品

部门编号	部门名称	部门编号	部门名称
45	合成材料	72	化工、木材、非金属加工专用设备
46	专用化学产品和炸药、火工、焰火产品	73	农、林、牧、渔专用机械
47	日用化学产品	74	其他专用设备
48	医药制品	75	汽车整车
49	化学纤维制品	76	汽车零部件及配件
50	橡胶制品	77	铁路运输和城市轨道交通设备
51	塑料制品	78	船舶及相关装置
52	水泥、石灰和石膏	79	其他交通运输设备
53	石膏、水泥制品及类似制品	80	电机
54	砖瓦、石材等建筑材料	81	输配电及控制设备
55	玻璃和玻璃制品	82	电线、电缆、光缆及电工器材
56	陶瓷制品	83	电池
57	耐火材料制品	84	家用器具
58	石墨及其他非金属矿物制品	85	其他电气机械和器材
59	钢、铁及其铸件	86	计算机
60	钢压延产品	87	通信设备
61	铁合金产品	88	广播电视设备和雷达及配套设备
62	有色金属及其合金和铸件	89	视听设备
63	有色金属压延加工品	90	电子元器件
64	金属制品	91	其他电子设备
65	锅炉及原动设备	92	仪器仪表
66	金属加工机械	93	其他制造产品
67	物料搬运设备	94	废弃资源和废旧材料回收加工品
68	泵、阀门、压缩机及类似机械	95	金属制品、机械和设备修理服务
69	文化、办公用机械	96	电力、热力生产和供应
70	其他通用设备	97	燃气生产和供应
71	采矿、冶金、建筑专用设备	98	水的生产和供应

部门编号	部门名称	部门编号	部门名称
99	房屋建筑	120	租赁
100	土木工程建筑	121	商务服务
101	建筑安装	122	研究和试验发展
102	建筑装饰和其他建筑服务	123	专业技术服务
103	批发和零售	124	科技推广和应用服务
104	铁路运输	125	水利管理
105	道路运输	126	生态保护和环境治理
106	水上运输	127	公共设施管理
107	航空运输	128	居民服务
108	管道运输	129	其他服务
109	装卸搬运和运输代理	130	教育
110	仓储	131	卫生
111	邮政	132	社会工作
112	住宿	133	新闻和出版
113	餐饮	134	广播、电视、电影和影视录音制作
114	电信和其他信息传输服务	135	文化艺术
115	软件和信息技术服务	136	体育
116	货币金融和其他金融服务	137	娱乐
117	资本市场服务	138	社会保障
118	保险	139	公共管理和社会组织
119	房地产		

附表 2　2012 年我国 139 个部门体现生态成本强度　　　　单位：sej/ 万元

部门	可再生能源	非可再生资源	生态系统服务损失	总计	部门	可再生能源	非可再生资源	生态系统服务损失	总计
1	8.63×10^{14}	1.34×10^{15}	4.10×10^{14}	2.62×10^{15}	3	2.31×10^{15}	6.29×10^{14}	8.34×10^{14}	3.77×10^{15}
2	1.84×10^{16}	9.46×10^{14}	2.15×10^{16}	4.08×10^{16}	4	1.24×10^{15}	6.90×10^{14}	1.00×10^{14}	2.03×10^{15}

部门	可再生能源	非可再生资源	生态系统服务损失	总计	部门	可再生能源	非可再生资源	生态系统服务损失	总计
5	3.42×10^{14}	9.55×10^{14}	2.01×10^{14}	1.50×10^{15}	32	6.62×10^{14}	1.15×10^{15}	3.08×10^{14}	2.12×10^{15}
6	1.60×10^{14}	3.03×10^{16}	1.75×10^{14}	3.07×10^{16}	33	4.14×10^{14}	1.78×10^{15}	3.62×10^{14}	2.55×10^{15}
7	5.64×10^{13}	1.06×10^{16}	5.77×10^{13}	1.07×10^{16}	34	3.88×10^{15}	2.13×10^{15}	4.50×10^{15}	1.05×10^{16}
8	1.16×10^{14}	2.78×10^{16}	1.22×10^{14}	2.80×10^{16}	35	1.83×10^{15}	2.20×10^{15}	2.09×10^{15}	6.13×10^{15}
9	1.18×10^{14}	1.25×10^{16}	1.22×10^{14}	1.27×10^{16}	36	9.78×10^{14}	2.96×10^{15}	1.08×10^{15}	5.02×10^{15}
10	1.09×10^{14}	1.35×10^{16}	1.13×10^{14}	1.37×10^{16}	37	4.47×10^{14}	2.12×10^{15}	4.86×10^{14}	3.05×10^{15}
11	1.58×10^{14}	3.41×10^{15}	1.70×10^{14}	3.74×10^{15}	38	4.69×10^{14}	2.76×10^{15}	4.68×10^{14}	3.70×10^{15}
12	6.33×10^{14}	1.26×10^{15}	3.07×10^{14}	2.20×10^{15}	39	6.44×10^{13}	7.95×10^{15}	6.49×10^{13}	8.08×10^{15}
13	6.31×10^{14}	1.17×10^{15}	2.63×10^{14}	2.06×10^{15}	40	9.74×10^{13}	1.42×10^{16}	1.04×10^{14}	1.44×10^{16}
14	5.71×10^{14}	1.18×10^{15}	2.82×10^{14}	2.03×10^{15}	41	1.20×10^{14}	6.99×10^{15}	1.17×10^{14}	7.22×10^{15}
15	4.65×10^{14}	1.38×10^{15}	2.33×10^{14}	2.08×10^{15}	42	1.78×10^{14}	5.71×10^{15}	1.45×10^{14}	6.04×10^{15}
16	1.43×10^{15}	7.83×10^{14}	5.33×10^{14}	2.75×10^{15}	43	1.58×10^{14}	4.18×10^{15}	1.35×10^{14}	4.48×10^{15}
17	7.96×10^{14}	8.51×10^{14}	1.05×10^{14}	1.75×10^{15}	44	2.10×10^{14}	4.22×10^{15}	2.01×10^{14}	4.63×10^{15}
18	6.21×10^{14}	1.30×10^{15}	3.14×10^{14}	2.23×10^{15}	45	1.21×10^{14}	5.23×10^{15}	1.23×10^{14}	5.48×10^{15}
19	4.64×10^{14}	1.18×10^{15}	2.32×10^{14}	1.87×10^{15}	46	6.29×10^{14}	4.51×10^{15}	6.76×10^{14}	5.81×10^{15}
20	1.01×10^{15}	1.12×10^{15}	4.32×10^{14}	2.56×10^{15}	47	2.88×10^{14}	2.32×10^{15}	2.28×10^{14}	2.83×10^{15}
21	4.38×10^{14}	1.48×10^{15}	2.27×10^{14}	2.15×10^{15}	48	4.55×10^{14}	1.68×10^{15}	2.34×10^{14}	2.37×10^{15}
22	5.65×10^{14}	1.28×10^{15}	2.71×10^{14}	2.12×10^{15}	49	1.55×10^{14}	4.86×10^{15}	1.53×10^{14}	5.16×10^{15}
23	3.19×10^{14}	1.44×10^{15}	1.85×10^{14}	1.94×10^{15}	50	1.98×10^{15}	3.20×10^{15}	2.29×10^{15}	7.47×10^{15}
24	3.36×10^{14}	1.47×10^{15}	2.19×10^{14}	2.03×10^{15}	51	1.88×10^{14}	3.53×10^{15}	1.92×10^{14}	3.91×10^{15}
25	1.32×10^{14}	5.61×10^{14}	9.96×10^{13}	7.92×10^{14}	52	1.43×10^{14}	6.77×10^{15}	1.51×10^{14}	7.06×10^{15}
26	3.23×10^{14}	1.94×10^{15}	1.89×10^{14}	2.45×10^{15}	53	1.91×10^{14}	5.21×10^{15}	2.04×10^{14}	5.60×10^{15}
27	1.00×10^{15}	1.55×10^{15}	4.02×10^{14}	2.96×10^{15}	54	1.60×10^{14}	6.43×10^{15}	1.68×10^{14}	6.75×10^{15}
28	5.61×10^{14}	1.64×10^{15}	2.68×10^{14}	2.47×10^{15}	55	1.35×10^{14}	4.94×10^{15}	1.38×10^{14}	5.21×10^{15}
29	2.83×10^{14}	2.10×10^{15}	1.78×10^{14}	2.56×10^{15}	56	1.55×10^{14}	5.05×10^{15}	1.52×10^{14}	5.35×10^{15}
30	2.73×10^{14}	1.81×10^{15}	1.75×10^{14}	2.25×10^{15}	57	1.05×10^{14}	4.75×10^{15}	1.05×10^{14}	4.96×10^{15}
31	2.88×10^{14}	1.59×10^{15}	1.65×10^{14}	2.04×10^{15}	58	9.91×10^{13}	6.08×10^{15}	1.01×10^{14}	6.28×10^{15}

部门	可再生能源	非可再生资源	生态系统服务损失	总计	部门	可再生能源	非可再生资源	生态系统服务损失	总计
59	8.79×10^{13}	1.10×10^{16}	9.02×10^{13}	1.11×10^{16}	86	1.25×10^{14}	2.18×10^{15}	1.28×10^{14}	2.43×10^{15}
60	8.98×10^{13}	1.11×10^{16}	9.18×10^{13}	1.13×10^{16}	87	1.27×10^{14}	2.26×10^{15}	1.27×10^{14}	2.52×10^{15}
61	8.87×10^{13}	1.12×10^{16}	8.96×10^{13}	1.14×10^{16}	88	1.25×10^{14}	2.32×10^{15}	1.23×10^{14}	2.57×10^{15}
62	8.42×10^{13}	6.27×10^{15}	8.52×10^{13}	6.44×10^{15}	89	1.18×10^{14}	2.13×10^{15}	1.20×10^{14}	2.37×10^{15}
63	7.95×10^{13}	4.87×10^{15}	8.04×10^{13}	5.03×10^{15}	90	1.43×10^{14}	2.59×10^{15}	1.48×10^{14}	2.88×10^{15}
64	1.39×10^{14}	5.58×10^{15}	1.45×10^{14}	5.86×10^{15}	91	1.30×10^{14}	2.30×10^{15}	1.34×10^{14}	2.57×10^{15}
65	1.10×10^{14}	3.96×10^{15}	1.12×10^{14}	4.18×10^{15}	92	1.33×10^{14}	2.65×10^{15}	1.35×10^{14}	2.92×10^{15}
66	1.25×10^{14}	3.74×10^{15}	1.29×10^{14}	3.99×10^{15}	93	4.18×10^{14}	3.60×10^{15}	3.71×10^{14}	4.39×10^{15}
67	1.44×10^{14}	4.06×10^{15}	1.50×10^{14}	4.35×10^{15}	94	3.69×10^{13}	8.62×10^{14}	3.65×10^{13}	9.36×10^{14}
68	1.48×10^{14}	4.21×10^{15}	1.55×10^{14}	4.52×10^{15}	95	1.41×10^{14}	3.78×10^{15}	1.46×10^{14}	4.07×10^{15}
69	1.74×10^{14}	2.82×10^{15}	1.84×10^{14}	3.17×10^{15}	96	8.38×10^{13}	9.41×10^{15}	8.72×10^{13}	9.58×10^{15}
70	1.40×10^{14}	3.81×10^{15}	1.46×10^{14}	4.10×10^{15}	97	6.02×10^{13}	8.29×10^{15}	6.05×10^{13}	8.41×10^{15}
71	1.34×10^{14}	3.80×10^{15}	1.39×10^{14}	4.07×10^{15}	98	9.36×10^{13}	2.45×10^{15}	9.37×10^{13}	2.64×10^{15}
72	1.04×10^{14}	4.73×10^{15}	1.05×10^{14}	4.94×10^{15}	99	2.93×10^{14}	4.26×10^{15}	3.25×10^{14}	4.88×10^{15}
73	2.39×10^{14}	3.54×10^{15}	2.60×10^{14}	4.04×10^{15}	100	2.03×10^{14}	4.44×10^{15}	2.19×10^{14}	4.86×10^{15}
74	1.49×10^{14}	3.75×10^{15}	1.53×10^{14}	4.05×10^{15}	101	1.17×10^{14}	3.82×10^{15}	1.19×10^{14}	4.06×10^{15}
75	1.80×10^{14}	2.97×10^{15}	1.85×10^{14}	3.34×10^{15}	102	7.72×10^{14}	2.52×10^{15}	8.82×10^{14}	4.18×10^{15}
76	1.63×10^{14}	3.53×10^{15}	1.69×10^{14}	3.86×10^{15}	103	4.38×10^{13}	5.44×10^{14}	3.97×10^{13}	6.27×10^{14}
77	1.50×10^{14}	3.79×10^{15}	1.57×10^{14}	4.10×10^{15}	104	8.73×10^{13}	2.05×10^{15}	8.29×10^{13}	2.22×10^{15}
78	1.12×10^{14}	3.51×10^{15}	1.16×10^{14}	3.74×10^{15}	105	1.07×10^{14}	2.26×10^{15}	1.01×10^{14}	2.46×10^{15}
79	2.04×10^{14}	3.38×10^{15}	2.20×10^{14}	3.81×10^{15}	106	7.93×10^{13}	2.64×10^{15}	6.66×10^{13}	2.79×10^{15}
80	1.09×10^{14}	3.83×10^{15}	1.11×10^{14}	4.05×10^{15}	107	9.63×10^{13}	3.31×10^{15}	8.56×10^{13}	3.49×10^{15}
81	1.35×10^{14}	3.66×10^{15}	1.36×10^{14}	3.93×10^{15}	108	6.53×10^{13}	2.31×10^{15}	6.28×10^{13}	2.43×10^{15}
82	1.21×10^{14}	3.99×10^{15}	1.26×10^{14}	4.24×10^{15}	109	6.88×10^{13}	2.79×10^{15}	6.52×10^{13}	2.92×10^{15}
83	1.34×10^{14}	4.11×10^{15}	1.38×10^{14}	4.38×10^{15}	110	3.18×10^{14}	1.73×10^{15}	2.04×10^{14}	2.25×10^{15}
84	1.47×10^{14}	3.20×10^{15}	1.50×10^{14}	3.50×10^{15}	111	9.51×10^{13}	1.39×10^{15}	9.47×10^{13}	1.58×10^{15}
85	1.45×10^{14}	3.60×10^{15}	1.51×10^{14}	3.90×10^{15}	112	1.69×10^{14}	1.20×10^{15}	1.13×10^{14}	1.48×10^{15}

续表

部门	可再生能源	非可再生资源	生态系统服务损失	总计	部门	可再生能源	非可再生资源	生态系统服务损失	总计
113	4.96×10^{14}	6.47×10^{14}	1.76×10^{14}	1.32×10^{15}	127	1.83×10^{14}	1.63×10^{15}	1.37×10^{14}	1.95×10^{15}
114	6.15×10^{13}	1.01×10^{15}	5.59×10^{13}	1.13×10^{15}	128	1.09×10^{14}	1.06×10^{15}	9.13×10^{13}	1.26×10^{15}
115	1.08×10^{14}	1.12×10^{15}	1.07×10^{14}	1.34×10^{15}	129	1.24×10^{14}	1.44×10^{15}	1.20×10^{14}	1.68×10^{15}
116	6.99×10^{13}	5.99×10^{14}	6.27×10^{13}	7.32×10^{14}	130	6.81×10^{13}	5.83×10^{14}	5.07×10^{13}	7.01×10^{14}
117	5.21×10^{13}	4.24×10^{14}	4.57×10^{13}	5.22×10^{14}	131	2.02×10^{14}	1.09×10^{15}	1.14×10^{14}	1.40×10^{15}
118	8.64×10^{13}	5.49×10^{14}	6.41×10^{13}	7.00×10^{14}	132	1.21×10^{14}	8.17×10^{14}	8.88×10^{13}	1.03×10^{15}
119	4.43×10^{13}	3.78×10^{14}	4.38×10^{13}	4.66×10^{14}	133	2.61×10^{14}	1.48×10^{15}	2.70×10^{14}	2.01×10^{15}
120	6.95×10^{13}	1.79×10^{15}	6.58×10^{13}	1.92×10^{15}	134	1.10×10^{14}	8.92×10^{14}	8.74×10^{13}	1.09×10^{15}
121	1.67×10^{14}	1.88×10^{15}	1.52×10^{14}	2.19×10^{15}	135	1.61×10^{14}	8.52×10^{14}	1.56×10^{14}	1.17×10^{15}
122	1.95×10^{14}	1.71×10^{15}	1.33×10^{14}	2.04×10^{15}	136	1.02×10^{14}	1.03×10^{15}	8.49×10^{13}	1.21×10^{15}
123	1.07×10^{14}	1.66×10^{15}	9.86×10^{13}	1.87×10^{15}	137	1.22×10^{14}	6.17×10^{14}	7.43×10^{13}	8.13×10^{14}
124	1.18×10^{14}	2.05×10^{15}	1.10×10^{14}	2.28×10^{15}	138	6.84×10^{13}	4.53×10^{14}	6.11×10^{13}	5.82×10^{14}
125	1.35×10^{14}	1.86×10^{15}	1.30×10^{14}	2.12×10^{15}	139	8.96×10^{13}	9.02×10^{14}	7.90×10^{13}	1.07×10^{15}
126	2.02×10^{14}	1.92×10^{15}	1.93×10^{14}	2.31×10^{15}					